羊城学术文库·岭南研究专题

广州城市公共空间
形态及其演进

（ 1759 ~ 1949 ）

Research on the Form and Evolution of Urban
Public Space in Guangzhou (1759-1949)

周　祥　著

社会科学文献出版社
SOCIAL SCIENCES ACADEMIC PRESS (CHINA)

羊城学术文库
总　序

　　学术文化作为文化的一个门类，是其他文化的核心、灵魂和根基。纵观国际上的知名城市，大多离不开发达的学术文化的支撑——高等院校众多、科研机构林立、学术成果丰厚、学术人才济济，有的还产生了特有的学术派别，对所在城市乃至世界的发展都产生了重要的影响。学术文化的主要价值在于其社会价值、人文价值和精神价值，学术文化对于推动社会进步、提高人的素质、提升社会文明水平具有重要的意义和影响。但是，学术文化难以产生直接的经济效益，因此，发展学术文化主要靠政府的资助和社会的支持。

　　广州作为岭南文化的中心地，因其得天独厚的地理环境和人文环境，其文化博采众家之长，汲中原之精粹，纳四海之新风，内涵丰富，特色鲜明，独树一帜，在中华文化之林中占有重要的地位。改革开放以来，广州成为我国改革开放的试验区和前沿地，岭南文化也以一种崭新的姿态出现在世人面前，新思想、新观念、新理论层出不穷。我国改革开放的许多理论和经验就出自岭南，特别是广州。

　　在广州建设国家中心城市、培育世界文化名城的新的历史进程中，在"文化论输赢"的城市未来发展竞争中，需要学术文化发挥应有的重要作用。为推动广州的文化特别是学术文化的繁荣发展，广州市社会科学界联合会组织出版了"羊城学术文库"。

　　"羊城学术文库"是资助广州地区社会科学工作者的理论性学术著作出版的一个系列出版项目，每年都将通过作者申报和专家评审程序出版若干部优秀学术著作。"羊城学术文库"的著作涵盖整个人文社会科学，将按内容分为经济与管理类，文史哲类，政治、法律、社会、教育及其他等三个系列，要求进入文库的学术著作具有较高的学术品位，以期通过我们持之以恒的组织出版，将"羊城学术文库"打造成既在学界有一定影响力的学术品牌，推动广州地区学术文化的繁荣发展，也能为广州增强文化软实力、培育世界文化名城发挥社会科学界的积极作用。

广州市社会科学界联合会

2016 年 6 月 13 日

摘　要

　　城市设计以城市的公共空间为研究对象。区别于一般的城市空间，城市公共空间以其公共性为特征，在形态上表现出一定的文化、结构等特征，具有复杂的场所意义。因此，从一般层面来说，对城市公共空间的理解必须建立在特殊的文化环境基础上。而且，城市空间的形态学研究也包括历时性与共时性两部分内容，这就促使我们以特殊时段下的特定城市公共空间为个案，研究其历史形态及演变情况并得出相关结论，并希望能够以此为契机，为下一步研究城市公共空间创造可能。

　　广州城有着 2000 多年的历史，国际贸易一直是广州城市发展的直接动力，从 1759 年开始的一口通商贸易政策促使广州城市公共空间向更大范围的西关地区迅速扩展。1759 年至 1949 年的 190年间是近世社会文化转型时期，这个时期的广州城市公共空间形态具有典型的岭南地域特征，其演进也代表了中国社会的变化。在认清城市公共空间的概念以及内涵的基础上，本书运用历史的方法、类型学的方法和结构联系的方法，从城市设计与形态学的角度研究广州城市公共空间的形态及其演变过程。笔者将城市公共空间看作各部分相互联系的结构，并采用历史研究、类型学等方法，注重物质实体空间的精神内涵，结合广州城市空间的地域特点，将城市公共空间分为自然山水、整体形态、商业街道、滨江空间等几个方面，以此总结建筑、空间和街块的类型。本书研究的主要内容包括广州城市公共空间的宏观与微观、二维与三维形态，即对形态结构的描述以及拼贴、中心、网格等特征的全面分析，努力还原城市公共空间的历史本来面目及其对当时人们生活的真实意义。在这个分析的基础上，笔者对广州城市公共空间历史发展的渐进演变过程进行综合描述，结合政治经济环境，注重演变与社会文化思想要素的关联，揭示转型期形态的深刻文化内涵与内制因素。最终，笔者总结广州城市公共空间的历史形态特点，以及演变规律，得出研究结论。本书在广州城市公共空间的形态描述、类型分析以及城市公共空间深层内涵方面提炼出具有创新意义的观点，为全面研究广州城市公共空间发展和城市设计打下基础。

关键词：广州　城市公共空间　城市形态　空间演进　城市设计

Abstract

Generally, urban public space is the study object of urban design. Being different from normal urban space, urban public space characterizes publicity and presents certain cultural feature with complex spirit of place for its form. Thereby, the normal understanding about it must be based on special cultural environmental situation. Besides, the morphological research on urban space includes synchronic and diachronic aspects. All these above reasons make us take the urban public space of a particular city during a particular period as a case not only to study its historic form but to seek to draw some further conclusions about its existence and evolution process.

Guangzhou city has a history of more than 2000 years, during which world trade was always the motive force of urban development. The trade policy of "unique trading port" beginning from 1759 resulted in the rapid expansion of urban public space to a larger area of Xiguan to the west of Guangzhou. The public space form of Guangzhou showed a typical characteristic of Lingnan area and its evolution process represented the change of Chinese society from 1759 to 1949, a 190 – year history, which was the social cultural transition period. On the base of understanding the concept and connotation of urban public space, the methods of history, typology and structure are used to study the form of urban public space and its evolution process in Guangzhou. The urban public space here is recognized as a structure interrelated by several inner parts. Paying more attention to the spiritual meaning of the physical space and the feature of Chinese traditional city, connecting the local geological features of Guangzhou, the urban public space is categorized as natural hill and river, overall form, commercial street and space along river, etc. The building, space and block is analysed typologically. The research mainly includes the description and analysis of macro and micro, two-dimension and three-dimension form, which is the structure of Guangzhou urban public space, in order to reduce the real historic situation of the urban public space and the true meaning of it to the life of that time. And then, stressing the relationship between evolution and social cultural thought, the political and economic condition, the progressive evolution of urban public space of Guangzhou city is comprehensively studied and the profound cultural meaning and inner decisive factors of space form in transition time is revealed. At last, the historical formal feature and evolutional rule was sumerized as a conclusion. The formal description, typological analyses and profound meaning of public space was the creative idea, which lay a foundation for the further research on urban design.

Keywords: Guangzhou; Urban Public Space; Urban Form; Space Evolution; Urban Design Typology

目　录
CONTENTS

图表目录及主要计量单位说明

清代 1 营造尺 = 320 毫米　民国初期 1 尺 = 320 毫米

民国 1928 年以后 1 尺 = 333.3 毫米　　1 英尺 = 304.8 毫米

1 井 = 1 平方丈，约为 11.1 平方米

第一章
绪　论

第一节　研究课题的缘起

虽然城市设计的内涵深刻、外延广泛，但是一般的共识是城市公共空间是城市设计的对象。于是，研究城市公共空间的构成规律、形态模式等方方面面的问题，就成了全面认识城市设计的途径之一。虽然研究城市公共空间似乎并不比直接研究城市设计容易多少，研究任务也并没有就此简化，但是相对城市设计这个抽象的行为而言，在实体与空间相互依存的关系下，城市公共空间毕竟是实实在在的存在。既然以史为鉴是认识事物的一个常用方法，那么我们就可以通过研究以往城市公共空间的历史形态以认识其一般性问题。目前历史研究的方法已经从原来的宏大叙事传统转为重视具体地区和矛盾突出的历史时段，这也给笔者提供了一个研究的视角。

在清代中后期至民国时期，地处岭南地区的广州的城市公共空间存在于和国内其他大城市不同的特定历史背景条件下。广州具有2200多年的城建历史，一直是我国对外贸易的口岸城市，其外贸历史最早可以追溯到秦汉时期①。商业贸易作为促进广州城市发展的传统因素，影响了广州城市形态的形成。在 18 世纪中后期至 19 世纪中叶，广州成为我国唯一对外开放的独口通商口岸。此时正值欧洲步入现代化的关键时期，殖民贸易开始在全世界范围内大规模展开，独口通商的条件带给广州独一无二的发展机遇。虽然在 1840 年鸦片战争之后，广州成为五口通商口岸之一，进出口贸易规模有所萎缩，但是由于受到近代世界经济形势的影响，广州的外贸进出

---

①　杨万秀、钟卓安：《广州简史》，广东人民出版社，1996，第 44 页。

口总值在 1870～1910 年的 40 年间仍然增长了 450%[①]。民国以后，虽然社会尚不稳定，但是外商以及华侨的投资继续增加、近代工业持续发展，市民生活水平已经开始提高。"过去那种生活简朴、消费单一的生活方式，已日益为新型的多样性的消费模式所替代，从而逐步形成一种以追求生活质量、丰富业余生活为主调的消费娱乐文化。"[②] 社会形态发生转变，新型的市民生活也需要城市公共空间提供相应的活动场所。民国时期的广州，曾经是反帝反封建革命的策源地，也曾经是民国的首都，在中国近代史上具有独特的地位。由于广州城市形态的历史特点，此时城市公共空间的建设主要在旧城区展开，民国政府做出很大的努力，取得了相当的成就。广州的城市公共空间既呈现自己的特点，在很多方面也是民国城市公共空间建设的代表。

综上，处于社会转型期特定历史时段的广州城市公共空间，既具有传统形态，又显现时代特征，既具有地域个性，又具有普遍共性，因此可以成为我们研究的个案对象。但是，当笔者站在研究的起点时，却面对一个不得不回答的问题，那就是怎样更加严谨地解读城市公共空间及其形态内涵。问题看似简单，但是当笔者真正面对它的时候，却发现其实还有很多模糊的认识。因此，笔者首先需要建立一个理论平台，表明笔者对城市公共空间及其形态的基本理解，唯有如此，笔者才能够在此基础上展开进一步的论述。

总之，本书明确阐述笔者对城市公共空间及其形态的一般认识，进而研究特定历史时期广州的城市公共空间形态及其演进过程。笔者希望通过这个视角，努力把握城市公共空间存续的脉搏，总结提炼出一定的理论观点，形成今后对城市设计进一步研究的基础。

第二节　研究内容与意义

1.2.1　时空范围

广州城市空间的架构经历了两千多年的白云苍狗、沧海桑田，

---

① 广州近代史博物馆：《近代广州》，中华书局，2003，第 12 页。
② 张富强：《西势东渐与民初广州城市的发展》，《近代史研究》1993 年第 3 期，第 147～168 页。

浸润着古老的中华文明，一直在缓慢却步伐坚定地向前发展着。就像中国历史上其他的城市一样，直到被欧洲文明强势改变，广州城市才开始发生变化，以一种新的姿态走上了现代化的道路，奠定了现代广州城市空间结构的基础。本书将焦点集中在这个转变过程上，理解广州城市空间的物质构成和内涵意义，既然如此，就必须确定这个变化过程发生发展的历史时空范围。

按照普遍的理解，这个过程主要发生在"近现代时期"，一般认为，1840 年的鸦片战争标志着近代的开始，我国从此进入半殖民地半封建社会，西方欧洲文明逐渐渗透影响我国社会生活的方方面面。1919 年以后，新民主主义革命开始，中国社会进入现代时期。也有学者认为我国近代时期的开端可以确定为 17 世纪早期，因为那时的古老中华文明虽然可以继续傲视其他文化，但是已经显露疲态，西方欧洲文明则生机勃发，经历了航海探险后，葡萄牙、西班牙殖民者踏上中国的土地。发生在 19 世纪的鸦片战争，正是这种接触的直接后果。这种认识强调了欧洲文化与中华文化的碰撞，有其合理性。但是，早期文化碰撞的影响很小，甚至可以忽略不计，所以，这种开端似乎过早。虽如此，这种观点却给我们一个提示，即历史是一个连续的过程，研究近代历史应该重视鸦片战争之前中国社会文化的变化，特别是与西方欧洲文明的交往过程①。

本书也涉及建筑史与城市史的近代分期问题。对于建筑史的时代分期，国内研究者有不同的观点，有的学者认为应该采用一般的历史分期②，有的学者认为应该根据建筑本身的发展特点进行分期。笔者认为，建筑的时代分期不一定与一般的历史分期完全吻合，二者有差异才符合建筑发展的实际情况，这也是研究所必需的。虽然社会历史大背景决定了社会文化的变化，城市建筑的发展与政治、经济社会和文化等外部因素有着十分密切的关系，但是，建筑学研究自有其发展的规律需要探寻。同时，我国幅员辽阔，各地城市建筑发展情况有较大的不同，确定建筑史的发展分期应该注意地方特色，不宜用"一刀切"的方式。笔者同意赖德霖的观点："今后中

---

① 徐中约：《中国近代史》第六版，世界图书出版公司北京公司，2008，第 2 ~ 4 页。

② 杨秉德：《中国近代建筑史分期问题研究》，《建筑学报》1998 年第 9 期，第 53 ~ 54 页。

国近代建筑史的写作不妨采取'纪事本末'的方式，以时刻范围都比较明确的专题研究为主导，兼顾年代先后。……不必遵循看似清晰其实却简单化的线性编年。"① 在城市史的研究方面，我国近代城市史研究始于20世纪80年代初期，随后得到了较大的发展，无论是在区域还是在个案城市的研究方面都取得了长足的进步，但是在历史分期方面，一般均是以1840年为近代的开端。在研究趋势方向上，有学者提出，"我国史学界以人为的分期，将历史时期分为古代史、近代史、现代史，……这无疑对自清代中期甚至之前就已经开始出现萌芽的城市化过程研究带来诸多负面影响，尤其是研究古代城市与近代城市的衔接与对比时，出现诸多断裂与空白，而作为转型研究所最需要的，恰恰是要了解具体城市前后发展的一脉相承的轨迹。"② 这个趋势对于近现代城市研究的个案尤其重要，从历史延续性的角度考虑，应该注意相对个案城市比较合理的分期方式，不应囿于一般的分期情况。

基于以上认识，本书的历史时段没有完全按照一般的近代历史分期，而是参照广州城市独有的发展历程寻找连续历史时段的断点。

从先秦时代开始，我国经广州的对外贸易即开始萌芽，经历秦汉、唐宋、明清，在两千多年的发展历史中，广州多次成为全国唯一的对外贸易口岸。除了几次海禁以外，广州的对外贸易具有一脉相承的连续性。在世界范围内，以当时中国的国力为基础，广州都是举足轻重的国际贸易城市。国际贸易也影响了广州城市空间的拓展。例如，唐代广州的城西就成为外籍客商聚居的地方——蕃坊。蕃坊的范围北到中山路，南达惠福和大德路，西抵人民路，东达解放路，其面积已经逐渐超过当时的城池（见图1－1）。到宋代时，城墙扩建，这部分就被纳入城内，成为宋代广州三城的西城部分。明代在城西的十八甫兴建怀远驿，建屋120间，供番商居住③。此

---

① 赖德霖：《从宏观的叙述到个案的追问：近15年中国近代建筑史研究评述》，《建筑学报》2002年第6期，第59～61页。

② 任吉东：《从宏观到微观　从主流到边缘——中国近代城市史研究回顾与展望》，《理论与现代化》2007年第4期，第122～126页。

③ "永乐四年，置怀远驿于广州蚬子埗，建屋一百二十间，以居番人，隶市舶提举司。"〔（清）郝玉麟《广东通志》〕

外，历代广州城向南的扩展，除了珠江冲积的自然原因以外，经贸发展对沿江用地的需求也是一个重要原因。清代以来，广州的对外

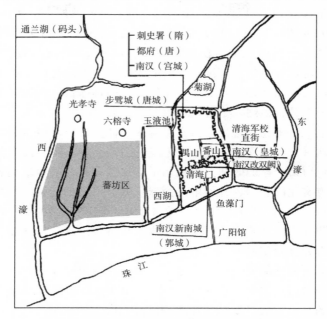

图1-1　唐代广州城墙范围和城西的蕃坊位置

资料来源：根据周霞著《广州城市形态演进》（中国建筑工业出版社，2005，第31页）唐代城郭示意图绘制。

贸易情况发生了较大的变化，贸易体制由原来的市舶制度转变为"行商"制度，或称"洋行制度""公行制度"，贸易对象由原来的东南亚、印度洋沿岸及非洲各国转向了政治、军事、经济实力强大的欧美列强[1]。这种变化从根本上转变了中外贸易的格局，中国不再具有强大的文化和商贸优势，无法再维持朝贡贸易体系。康熙二十四年（1685），清政府在江苏上海、浙江宁波、福建厦门、广东广州分设四个海关，负责税收，以及发展对外贸易。乾隆二十二年（1757），上谕宣布撤销上海、宁波、厦门三个海关，番商"将来只许在广东收舶交易"[2]，独留广州作为唯一的对外港口。两年后，

---

① 陈代光：《广州城市发展史》，暨南大学出版社，1996，第318~320页。
② 华文书局：《清高宗实录》卷550。

即乾隆二十四年（1759）发生的"洪任辉事件"彻底使清政府封闭其余三个海关，并明令限制外商在广州的活动①。由此时直到道光二十年（1840），广州成为中国唯一的对外开放城市。在这81年间（1759～1840），广州的对外贸易开始进入发展的黄金时代②，直接促进了广州西关地区的繁荣发展，出现了以洋行为主的商贸区、以机房区为主的生产区和以西关大屋为主的居住区，西关地区的发展成为广州市近代化的一个缩影。城墙拆除后，西关最终成为城区的一部分，被纳入了现代城市的整体架构。

综上，本书论述近世中西文化碰撞条件下的广州城市公共空间形态与演进，将时间范围的前沿确定在1759年，即清代广州作为唯一对外贸易口岸的时间，既强调了广州城在鸦片战争之前就已经接受西方文化的影响，开始融入全球化城市发展的进程，也反映了广州城市发展的一个连续过程。在1759年至1949年的190年时间里，广州城市公共空间形态架构完成了从古代到现代的转型，本书称为近世社会转型时期。

根据研究的需要，笔者将这个时期分为两个阶段。

第一阶段：清代中后期（1759～1910），此阶段是城市公共空间建设的自由发展时期。鸦片战争以前，广州的城市公共空间基本是自主自由发展；鸦片战争之后，受租界建立和晚清新政的影响，

---

① 乾隆二十四年（1759）英国东印度商人洪任辉不顾清政府已经撤销江、浙、闽三海关的规定，前往宁波。受阻后又直航天津，通过行贿将一纸诉状告到乾隆皇帝，控告粤海关官员贪污及刁难洋商，并代表东印度公司希望清政府改变外贸制度。这件事最终的处理结果是，中国相关人等受到惩罚，洪任辉被囚禁后驱逐回国。清廷将广州作为唯一口岸的力度加强，颁布《防夷五事》，限制外商活动。"洪任辉事件"也成为清政府彻底实行独口贸易的标志。

② 据樑廷枏《粤海关志》卷二十四《市舶》记载，广州独口通商后外国商船进入广州的不断增多。独口通商后的最初18年（乾隆二十二年至三十九年，即1757～1774），欧洲各国到广州贸易的商船平均每年为21.6艘，比独口通商前八年的每年平均约20艘，只增加1.6艘。自乾隆四十年（1775）后，外国商船进入广州的数量增加较快，特别是乾隆五十年至六十年（1785～1795），平均每年达到57.5艘，比独口通商前八年，平均每年增加37.5艘，比独口通商后最初十八年，平均每年增加35.9艘。此后，自嘉庆元年至二十五年（1796～1820），欧美各国进入广州的商船，平均每年多至76.2艘，道光元年至十八年（1821～1838），平均每年更多至110艘。商船的吨位也不断地增加，在1730年到1830年的100年中，外国商船的吨位增加25倍，其中英国商船的吨位增加36倍。

城市公共空间虽然在局部开始有所规划建设，但是总体来看仍然缺少政府的主导控制。

第二阶段：民国时期（1911～1949），此阶段是城市公共空间建设的全面现代化时期。民国政府改造了广州旧城，建设了马路、公园等多种形式的城市公共空间。其中的主要建设时段为1911年至1938年。1938年至1945年，广州被日寇占领，建设基本停顿；1945年至1949年，建设则处于恢复战争损失时期。

在空间范围方面，本书关注一定范围内的广州城域空间。1759年至19世纪末的广州，城墙还没有被拆除，城墙范围内是历史传统城区，而在城墙外围的西、南、东三面以及河南地区均有新的拓展①。与其他区域相比较，西关地区发展最快、面积最广，租界地沙面也位于城的西南地区，形成了广州城市公共空间具有特点的区域。东关和珠江以南的河南地区虽然有所拓展，但是发展相对来说并不充分。因此，本书中所提的19世纪末以前的广州城域范围包括城墙内以及珠江以北城墙外附近的西、南城关地区，相当于现在的越秀区、荔湾区部分。20世纪初至1949年新中国成立前，广州城市公共空间的现代化建设逐渐全面展开，但是珠江以南地区仍以郊区为主，本书的研究对象是城市的公共空间，因此这个时段研究的城域范围是珠江以北的广州城市区域（见图1-2）。

1.2.2　研究内容

本书围绕1759～1949年广州城市公共空间展开研究，主要研究内容概括如下。

首先，在加深对城市公共空间理论认识的基础上，研究广州城市公共空间的二维与三维形态。结合历史资料、实地调研，既深入内巷等典型空间局部，分析其平面、剖面，又从整体网络结构入手，全面分析研究各个尺度的城市公共空间形态，努力以历史的眼光还原其真实的意义。

其次，本书着眼于1759～1949年广州城市公共空间的演进。如果上述"形态"是公共空间的静态特征，那么"演进"则是公

---

① 实际上，明清以来，中国城市向关厢地区发展已经成为一个普遍现象。参见董鉴泓主编《中国城市建设史》（第三版），中国建筑工业出版社，2004，第123页。

图 1 - 2　本书的研究区域

注：用 1907 年地图表示本书的空间范围。

资料来源：1907 年广州历史地图，藏于广东省图书馆。

共空间的动态变化过程。城市公共空间形态的形成不可能一蹴而就，这 190 年时间是广州城市从古代走向现代的过渡时期，也是城市公共空间拓展变化的关键时期，研究这段时期公共空间的演变有利于探索相关的一般规律问题。

最后，结合理论认知与营造实践研究与城市公共空间相关的普遍性问题。如果深入思考，就会发现城市设计方面对城市公共空间的研究相对并不明晰，多数处于理论探索的阶段。本书将结合广州城市公共空间营造的个案实例，研究城市公共空间的深层次内涵以及各种特性的实践表征，从而进一步认识与城市公共空间相关的普遍性问题，为进一步研究城市设计打下基础。

1.2.3　研究意义

对于本书的研究时段，广州在城市发展的 190 年过程中，既经历了独口对外通商 81 年（1759~1840 年）的城市快速发展，也体现了鸦片战争后面积仅有 330 亩的沙面租界地及其对城市公共空间的有限影响，更涵盖了民国时期主要在旧城获得的城市公共空间建设成果。通过对社会转型时期城市公共空间的研究，可以了解中国城市空间的历史特点以及其中可以学习利用之处，是全面认识我国城市发展历史的重要一环。

民国以后，广州当局先后制订了几次城市整体发展计划，这些计划已经可以看作总体规划方案，城市公共空间设计是其中的重要内容。例如，1930 年制定的《广州工务之实施计划》已经包括对全市渠道与濠涌的整理，以及对公共建筑、娱乐场所及公园等的规划设计；1932 年公布的《广州市城市设计概要草案》是广州市第一份正式的城市规划设计文件，比原来的《广州工务之实施计划》更加全面、深入。以旧城改造为城建主体的广州市是民国时期城市建设的"模范市"，研究广州城市公共空间建设个案对于研究民国时期中国城市规划建设具有代表意义。

城市公共空间的演进是一个连续的过程，在这个过程中每一个历史时期形成的城市公共空间都是特有的历史文化积淀，都表现出一定的城市文化特点。在一个具有历史价值的城市环境中，公共空间形态的演进过程更是具备了一定的历史意义，构成了城市形态发展的重要部分。研究广州城市公共空间的演进过程，具有历史价值，对于广州近代城市历史风貌的保护，以及广州的旧城改造都具有重要的指导意义。

城市公共空间是城市设计的重要对象，我们认为城市公共空间不仅仅是客观实存，有秩序的城市公共空间环境也不仅仅具有审美的意义，其中所蕴含的深刻人文内涵，值得我们深入探讨。本书以广州为研究对象，阐述城市公共空间相关的诸多具有特性的理论观点，成果具有深刻的理论意义，对当今的城市设计也具有积极的参照作用。

研究城市公共空间的形态及其演进也具有多学科借鉴的意义。实际上，相关城市地理、城市社会学等学科对近世广州城市公共空间进行了较多的探索。本书主要从城市设计角度出发，在借鉴相关学科的理论内容条件下展开研究，研究成果将成为多学科、多角度全面认识近世广州城市公共空间的重要内容。

第三节　国内外研究综述

1.3.1　城市公共空间研究综述

国内外的相关研究从城市设计角度对城市公共空间进行认识的

内容比较多，国外的研究更深入，相当多的理论认识已经是耳熟能
详。19世纪末，卡米诺·西特在《城市建设艺术》①中运用艺术原
对城市空间中实体与空间的相互关系及形式美的规律进行了深入的
探讨。值得一提的是，西特在研究中认为中世纪很多城镇的街道和
广场所具有的品质在于其形成了具有空间界限的闭合领域，而这也
与诺伯格·舒尔茨研究存在空间时发现空间的界限帮助构成场所精
神的观点相一致；诺伯格·舒尔茨根据存在主义哲学和发生心理学
的相关认识，在《存在·空间·建筑》②中提出存在空间理论，并
认为存在空间有中心与场所、方向与路线、区域与领域三个要素
（见图1-3），舒尔茨毫不掩饰这三个要素与凯文·林奇提出的城
市意象五要素之间的关系；凯文·林奇在《城市意象》③中，提出
著名的城市意象理论，将城市空间分为道路、边沿、节点、区域和
标志五个要素（见图1-4），该理论成为城市设计的经典理论；当
然，诺伯格·舒尔茨的研究并没有就此止步，其在后来的《场所精
神——迈向建筑现象学》④中提出场所理论，认为建筑师工作的意

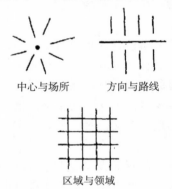

中心与场所　　　　方向与路线

区域与领域

图1-3　存在空间三要素

资料来源：〔美〕诺伯格·舒尔茨：《存在·空间·建筑》，尹培桐
译，中国建筑工业出版社，1984，第21页。

---

① 〔奥〕卡米诺·西特：《城市建设艺术》，仲德昆译，东南大学出版社，1990。
② 〔挪〕诺伯格·舒尔茨：《存在·空间·建筑》，尹培桐译，中国建筑工业出版
　　社，1984。
③ 〔美〕凯文·林奇：《城市意象》，方益萍、何晓军译，华夏出版社，2001。
④ 〔挪〕诺伯格·舒尔茨：《场所精神——迈向建筑现象学》，施植明译，田园城
　　市文化事业有限公司，2002。

义在于创造有意义的场所。场所的实质是存在空间，而"方向感"
与"认同感"是形成场所精神的关键。

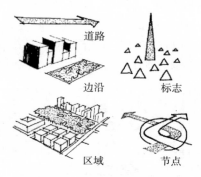

图 1 - 4　城市意象五要素

资料来源：〔美〕凯文·林奇：《城市意象》，方益萍、何晓军译，华夏
出版社，2001，第42～43页。

还有很多学者利用独特的研究方法认识城市空间。芦原义信在
《外部空间设计》[①] 中利用图底关系等分析方法，提出了加法空间
与减法空间等概念，对城市外部空间进行深入认识；C. 亚历山大在
《城市设计新理论》[②] 中提出城市设计细则，其中的"正向城市空
间"表明了他对城市公共场所的重视，并就此论述在城市空间形成
过程中如何组织公共空间；奥地利的罗伯特·克里尔在《城市空
间》[③] 一书中研究了众多欧洲广场并运用类型学的方法归纳城市空
间的形态和现象（见图1 - 5）；类型学的研究成果还有阿尔多·罗
西的著作——《城市建筑》[④]，他从历史建造的角度出发，将城市
人造物看作建筑，在结构主义的影响下，他试图运用类型学的方法
来探索城市建筑空间的深层结构；格哈德·库德斯对城市空间结构
进行了较深入的研究，在《城市结构与城市造型设计》[⑤] 中，他基

① 〔日〕芦原义信：《外部空间设计》，尹培桐译，中国建筑工业出版社，1988。
② 〔美〕C. 亚历山大：《城市设计新理论》，陈治业、童丽萍译，知识产权出版
社，2002。
③ 〔奥〕罗伯特·克里尔：《城市空间》，钟山、秦家濂、姚远编译，同济大学出
版社，1991。
④ 〔意〕阿尔多·罗西：《城市建筑》，施植明译，博远出版有限公司，1992。
⑤ 〔德〕格哈德·库德斯：《城市结构与城市造型设计》，秦洛峰、蔡永洁、魏薇
译，中国建筑工业出版社，2007。

于地理学和形态学的相关观点，引入结构概念，细致全面地论述了城市空间结构的构成与演变过程（见图 1 - 6）；还有学者基于人的行为对公共空间进行研究，杨·盖尔在《交往与空间》① 中基于对人的户外活动的三种分类，分析了公共空间的设计要求；Stephen Carr，Mark Francis 和 Leanne Rivlin 所著的 *Public Space*② 从社会、功能、设计几个方面论述了城市公共空间。

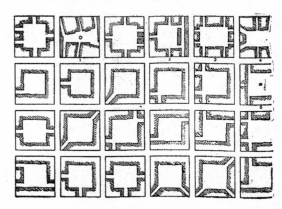

图 1 - 5　广场类型总结

资料来源：〔奥〕罗伯特·克里尔：《城市空间》，钟山、秦家濂、姚远编译，同济大学出版社，1991，第 21 页。

　　除了这些对总体城市空间的研究，也有一些学者将视角集中在具体城市公共空间要素方面。具有代表性的著作包括芦原义信所著的《街道的美学》③，他从视觉秩序的角度出发，对城镇街道进行审美研究，并分析了世界不同文化背景下的街道和城镇景观；克利夫·芒福汀在其著作《街道与广场》④ 中分析了优秀的城市设计先例，包括街道、广场、步行街和滨水区等实例方案，分析的内容涵盖了视觉景观、空间尺度与建筑界面等方面（见图 1 - 7）；迈克

① 〔丹麦〕杨·盖尔：《交往与空间》（第 4 版），何人可译，中国建筑工业出版社，2002。

② Stephen Carr, Mark Francis, Leanne Rivlin, *Public Space* (New York: Cambridge University Express, 1992).

③ 〔日〕芦原义信：《街道的美学》，尹培桐译，百花文艺出版社，2006。

④ 〔美〕克利夫·芒福汀：《街道与广场》（第 2 版），张永刚、陆卫东译，中国建筑工业出版社，2004。

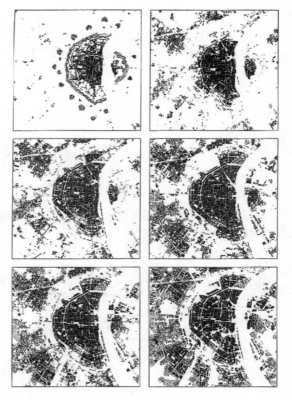

图 1-6　科隆城市形态的演变

资料来源:〔德〕格哈德·库德斯:《城市结构与城市造型设计》,秦洛峰、蔡永洁、魏薇译,中国建筑工业出版社,2007,第 39 页。

尔·索斯沃斯和伊万·本－约瑟夫所著的《街道与城镇的形成》[1]对街道进行了详细的研究,叙述了街道发展的历史,以及街道与城镇发展的关系,涵盖了各种街道产生的经济社会背景、施工方法、美学特征等多方面内容;德国学者汉斯·罗易德在《开放空间设计》[2]中通过其理论及实践的经验揭示了开放空间设计的中心要素以及设计应遵循的方向(见图 1-8),其中对空间—场地—路径的论述,表

① 〔美〕迈克尔·索斯沃斯、伊万－本－约瑟夫:《街道与城镇的形成》,李凌虹译,中国建筑工业出版社,2006。

② 〔德〕汉斯·罗易德、斯蒂芬·伯拉德:《开放空间设计》,罗娟、雷波译,中国电力出版社,2007。

明汉斯·罗易德的空间概念不仅仅具有视觉景观效果，也具有场所的某些特征；国内学者蔡永洁在《城市广场》① 中，研究了城市广场的发展历史，及其与城市空间结构的关系，并在总结广场活动的基础上归纳了广场的品质。

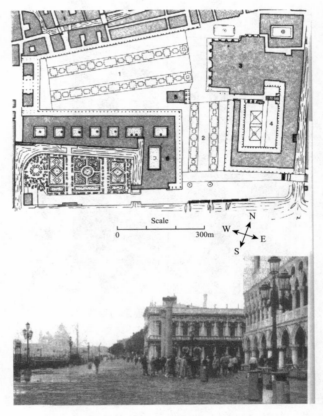

图 1-7　圣马可广场分析

资料来源：〔美〕克利夫·芒福汀：《街道与广场》第 2 版，张永刚、陆卫东译，中国建筑工业出版社，2004，第 92 页。

城市公共空间形态的演进以空间形成的动态过程为研究对象，这方面的主要研究包括以下几点。斯皮罗·科斯托夫所著的姊妹篇

---

① 蔡永洁：《城市广场》，东南大学出版社，2006。

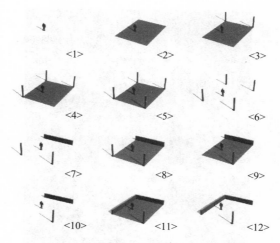

图 1 - 8　空间分析

注：图 1 - 8 中的 <1> 到 <12> 表示不同的开放空间形态。

资料来源：〔德〕汉斯·罗易德、斯蒂芬·伯拉德：《开放空间设计》，罗娟、雷波译，中国电力出版社，2007，第 40 页。

著作《城市的形成》和《城市的组合》。在《城市的形成》①中，科斯托夫讨论了从历史的视点观察到的城市形态的某些模式和要素，将城市形态主要分为有机、网格、图形和壮丽风格几个模式（见图 1 - 9、图 1 - 10），对城市公共空间的形态及演进也有详细的论述。《城市的组合》②一书考察了历史进程中的城市形态元素，包括城市公共场所、广场、街道等，并在功能、形态方面做了细致的研究；Wolfgang Braunfels 在 *Urban Design in Western Europe*③中将 900 ~ 1900 年的西欧城市分成几种类型，从城市设计的角度论述了城市空间的形成。Rodolphe el-Khoury 和 Edward Robbins 编写的 *Shaping the City*④分别论述了美国和世界其他国家几个城市的历史及其

---

① 〔美〕斯皮罗·科斯托夫：《城市的形成》，单皓译，中国建筑工业出版社，2005。

② 〔美〕斯皮罗·科斯托夫：《城市的组合》，邓东译，中国建筑工业出版社，2008。

③ Wolfgang Braunfels, *Urban Design in Western Europe* (Chicago: The University of Chicago Press, 1988).

④ Rodolphe el-Khoury, Edward Robins, *Shaping the City* (New York: Routledge, 2003).

图 1 - 9　城市形态的有机模式

资料来源：〔美〕斯皮罗·科斯托夫：《城市的形成》，单皓译，中
国建筑工业出版社，2005，第 161 页。

形成过程。L. 贝纳沃罗所著的《世界城市史》① 比较详细地阐述了
世界城市形成的历史，对形成过程中的社会经济等因素考虑得比较
周到。Simon Eisner 等人在 *Urban Pattern* 一书中，对城市的发展以
及城市规划历史的变迁进行了全面的说明②。刘易斯·芒福德的巨
著《城市发展史——起源、演变和前景》③ 则是一部集大成的著
作，对城市发展历史进程中的城市生活、社会经济条件、城市规

① 〔意〕L. 贝纳沃罗：《世界城市史》，薛钟灵、余靖芝、葛明义等译，科学出版
社，2000。

② Simon Eisner, Stanley A. Eisder, Arthur B. Gallion, *Urban Pattern*, *6th edition*
(New York: John Wiley & Sons, inc, 1993).

③ 〔美〕刘易斯·芒福德：《城市发展史——起源、演变和前景》，宋俊岭、倪文
彦译，中国建筑工业出版社，2005。

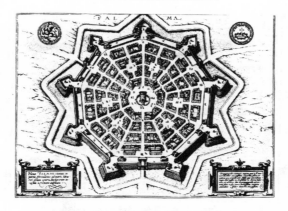

图 1 - 10　城市形态的图形模式

注：意大利某城镇鸟瞰景观。

资料来源：〔美〕斯皮罗·科斯托夫：《城市的形成》，单皓译，中国建筑工业出版社，2005，第 42 页。

划思想理论、城市空间形态等都有所涉及，堪称城市史研究的典范。

值得注意的是，城市地理学中对城市形态学的研究也与我们对城市公共空间的认识有密切关联。英国学者 M. R. G. Conzen 在对英国城镇 Alnwick 的研究中，将关注点落在了街区内实体与空间的演变过程上，他的著作 *Alnwick*, *Northumberland*：*A Study in Town-Plan Analysis*① 在论述相关分析方法的基础上，对城镇的历史演变进程进行了分析（见图 1 - 11）。国内学者梁江和孙晖的《模式与动因——中国城市中心区的形态演变》② 采用了与 Conzen 相近的方法，从产权地块着手，较深入地分析了城市中心区的街区肌理、实体空间结构，并得出了"宁小毋大"等相关原则以指导城市规划设计。

总之，城市空间的研究趋势是从单纯地将空间作为一般客观对象进行研究逐渐发展为强调其中人的主体性角色，突出人的感知作用。城市空间除了具有一般的审美意义以外，也与人的行为、社会生活和文化内涵紧密相关。其中对城市空间场所、空间结构、空间

---

① M. R. G. Conzen, *Alnwick*, *Northumberland*：*A Study in Town-Plan Analysis* (Institute of British Geographers, 1969).

② 梁江、孙晖：《模式与动因——中国城市中心区的形态演变》，中国建筑工业出版社，2007。

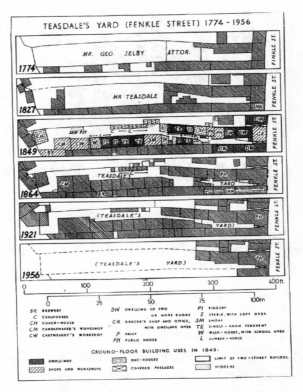

图 1 - 11　英国城镇 Alnwick 街块的演变

资料来源：M. R. G. Conzen, *Alnwick, Northumberland: A Study in Town-Plan Analysis*（Institute of British Geographers, 1969），p. 68.

类型等的论述，已经不再将城市空间看作简单的功能反映和几何表征，而是超越了城市空间的视觉形式，具有深刻的方法论意义，可以在研究中进一步借鉴；从研究内容来看，无论是针对总体城市空间形态还是针对街道、广场等局部空间的研究，都具有较广泛的一般性意义，比较缺乏针对城市个案的系统研究；对城市空间演变过程的探索，重视影响城市空间变化的因素以及中观、微观城市空间网络的变化。相对来说，研究国内城市空间演变的书籍并不多。虽然在全球化背景下，资本主义文化的扩张为城市空间的发展带来了很多共性，但是，我们也应该强调不同文化、不同地域条件下城市空间变化的特点。基于此，研究社会文化转型过程中广州城市公共空间的演变就有了特殊的意义。

另外，社会学、地理学等学科对城市公共空间的研究情况，本书将在后文结合对城市公共空间内涵的论述详细说明。

1.3.2 我国近代城市史研究综述

中国的城市史研究有悠久的历史文化传统，其渊源可追溯到中国古代沿革地理对于都城、城市的记录和考察上，形成了诸如《洛阳伽蓝记》《长安志》《唐两京城坊考》《东京梦华录》等一批与城市史相关的著述。现代的城市史研究则与国际城市史研究的发展变化有很大关系。第二次世界大战以后，随着战后城市的重建，城市史研究在德国、法国、英国等欧洲国家得到迅速发展，成为一门多学科交叉的学问，研究内容涵盖了建筑学、城市社会学、城市地理学和城市经济学等多门学科。自 20 世纪 80 年代以来，城市化进程加快，城市史研究在我国学术界也获得了新的重视，这一时期城市史研究的重点就在于近代城市。主要的内容集中在区域城市研究、单体城市研究、整体城市研究和城市各个层面的研究上[1]。单体城市研究早期的对象是近代上海、天津、武汉和重庆，继而扩展到北京、昆明、开封、宝鸡、成都等城市。研究成果包括了每个城市社会、经济、生活的方方面面。近代区域城市史研究集中在东南沿海、长江流域、长城沿线、上海等大城市及其周边地区，以及东北地区等区域。其中与广州城市发展有关的著作主要是张仲礼主编的《东南沿海城市与中国近代化》[2]，他以鸦片战争后开放的上海、宁波、厦门、福州和广州的城市发展为对象，在金融业、交通和工业等方面进行了比较研究。值得关注的是，美国学者对中国近代城市也做了较多的研究工作。除了大部分针对上海的研究以外，其中最有影响的就是施坚雅主编的《中华帝国晚期的城市》[3]，此书属于专题论文集，由三编 16 篇论文组成，施坚雅为各编写了长篇导言。此书研究的时段主要集中在明清，内容涉及广泛，大体侧重三方面：城市的建立与扩展，影响其形式与发展的原因；城市之间以及城市与乡村间的联系；城市内部的社会结构。

---

① 何一民：《中国近代城市史研究述评》，《中华文化论坛》2000 年第 1 期，第 62 ~ 70 页。

② 张仲礼：《东南沿海城市与中国近代化》，上海人民出版社，1996。

③ 〔美〕施坚雅：《中华帝国晚期的城市》，叶光庭等译，中华书局，2002。

另外，建筑学与城市规划领域内对近代城市规划建筑史的研究也逐渐增多。在《中国城市发展与建设史》① 中，部分内容从总体上叙述了中国近代城市的发展。杨秉德在《中国近代城市与建筑》② 中全面论述了我国近代城市规划建设的总体特征，并介绍了各个主要近代城市的情况，内容全面翔实。武汉理工大学的李百浩教授研究了近代中国的经济社会发展背景，近代城市规划的类型、理念、行政、技术、制度等③，以天津、武汉、济南、广州等近代大城市为实例，取得了相关的论文成果。

以上研究现状表明，近代城市史的研究在中外都取得了丰硕的成果。但是，在单体城市研究方面，研究对象多集中在以上海为首的长江流域城市，专门针对近世社会转型时期广州城市史的著作几乎没有。区域城市史中涉及广州的内容也不多，研究深度也不够。中国近代城市规划史的研究则刚刚展开，在历史分期、各城市地域特点等方面并未进行深入探讨。不过我们也可以看到，近代城市发展有共性，学科有交叉，因此，以上所有研究情况，都为本书提供了良好的学术背景，奠定了坚实的基础。

1.3.3 广州城市史研究综述

由于本书针对广州城市的个案展开论述，因此在此也对广州城市史的研究情况进行考察。这方面的成果中既有博士、硕士论文，也有一些专著和文章。

华南理工大学是研究广州城市空间的重要基地，周霞的《广州城市形态演进》④ 按照时间顺序描述了广州城市空间结构形态的演进，并得出了演进的历史规律。该书时间跨度长，引用资料丰富，论述比较全面。彭长歆的博士论文《岭南建筑的近代化历程研究》⑤ 对岭南城市的近代化有一定的论述。林冲的博士论文《骑楼

① 庄林德、张京祥：《中国城市发展与建设史》，东南大学出版社，2002。
② 杨秉德：《中国近代城市与建筑》，中国建筑工业出版社，1993。
③ 李百浩、韩秀：《如何研究中国近代城市规划史》，《城市规划》2000 年第 12 期，第 34～37 页。
④ 周霞：《广州城市形态演进》，中国建筑工业出版社，2005。
⑤ 彭长歆：《岭南建筑的近代化历程研究》，博士学位论文，华南理工大学建筑学院，2003。

型街屋的发展与形态研究》① 比较全面地考察了岭南独具特色的城市建筑形式——骑楼型街屋。还有一些研究近现代广州具体区域的硕士论文，比如陈建华的《广州山水城市营建及其形态演进的研究》②、袁粤的《广州越秀传统商市形态与城市设计策略研究》③ 等。

其他高校的研究生论文，例如李百浩指导研究生黄立的硕士论文《广州近代城市规划研究》④，在收集近代历史资料的基础上，主要研究了近代广州城市规划的历程与内容、机构与管理的演变、城市规划的特征等，论述有一定的深度。但是，该论文主要内容偏重于对近代城市规划的史实陈述，对于具体的城市公共空间塑造、形态分析以及结合实地调研的空间演进过程研究则比较缺乏。中山大学的人文地理专业有一些论文涉及广州近代城市的发展，包括对近代市政设施、局部交通道路等方面的研究⑤。

另外，在城市地理学科方面，关于广州城市发展历史的研究有更突出的成就。曾昭璇教授的《广州历史地理》⑥ 论述了两千多年广州自然地理和城市地理的演变过程；杨万秀和钟卓安所著的《广州简史》⑦、陈代光的《广州城市发展史》⑧ 从经济、社会、城建等几方面叙述了广州城市的发展历史。在学术刊物上也有一批与近代广州城市建设相关的文章发表，例如倪俊鸣的《广州城市道路近代化的起步》⑨、杨颖宇的《近代广州长堤的兴筑与广州城市发展的关

---

① 林冲：《骑楼型街屋的发展与形态的研究》，博士学位论文，华南理工大学建筑学院，2000。
② 陈建华：《广州山水城市营建及其形态演进的研究》，硕士学位论文，华南理工大学建筑学院，2002。
③ 袁粤：《广州越秀传统商市形态与城市设计策略研究》，硕士学位论文，华南理工大学建筑学院，2003。
④ 黄立：《广州近代城市规划研究》，硕士学位论文，武汉理工大学土木工程与建筑学院，2002。
⑤ 龚方文：《广州市荔湾区街道演变的初步研究》，硕士学位论文，中山大学地理科学与规划学院，2002。陈晶晶：《1910 至 30 年代广州市政建设——以城区建设为中心》，硕士学位论文，中山大学地理科学与规划学院，2000。
⑥ 曾昭璇：《广州历史地理》，广东人民出版社，1991。
⑦ 杨万秀、钟卓安：《广州简史》，广东人民出版社，1996。
⑧ 陈代光：《广州城市发展史》，暨南大学出版社，1996。
⑨ 倪俊明：《广州城市道路近代化的起步》，《广东史志》2002 第 1 期，第 26 ~ 30 页。

系》①《近代广州第一个城建方案缘起经过历史意义》②、朱晓秋的《近代广州城市中轴线的形成》③、曾昭璇等人的《广州十三行商馆区的历史地理——我国租界的萌芽》④ 等。

总之，这些文章让我们对近代广州城市的发展有了基本的认识。当前针对广州城市发展史的研究主要有两个特点，一方面，在研究时段上偏重于对整体发展历史的阐述，将整个历史发展过程囊括其中；另一方面，在研究对象上的论述比较零散，一般运用叙述历史的手法，分别探讨城市各个局部的发展。目前还没有出现根据城市发展自身特点进行历史分期、集中重点于城市设计，并全面联系地论述近世社会转型期广州城市公共空间的课题或专著。

第四节　研究方法与框架

1.4.1　研究方法

结合国内外对城市空间研究的发展趋势、本书研究对象受多学科关注的具体特点，以及研究包括城市公共空间形态和演进两大部分主要内容的要求，本书采用的主要研究方法如下。

1.4.1.1　历史研究的方法

第二次世界大战以后，随着对现代性的反思，西方社会开始进入所谓的"后现代"时期。自启蒙运动以来，绝对理性被消解，社会思潮强调多元化。自斯宾格勒发表《西方文化的没落》以来，西方文化中心主义也开始发生转变，这些思潮都对历史研究产生了重大影响。现代主义的西方历史观认为，无论什么文化背景的历史，最终都要发展到西方意义上的现代化阶段。而在后现代时期，这种线性的历史发展观受到怀疑，宏大叙事的历史意义被否定。这个时

①　杨颖宇：《近代广州长堤的兴筑与广州城市发展的关系》，《广东史志》2002 第 4 期，第 12～17 页。

②　杨颖宇：《近代广州第一个城建方案缘起经过历史意义》，《学术研究》2003 年第 3 期，第 76～79 页。

③　朱晓秋：《近代广州城市中轴线的形成》，《广东史志》2002 年第 1 期，第 31～33 页。

④　曾昭璇、曾新、曾宪珊：《广州十三行商馆区的历史地理——我国租界的萌芽》，《岭南文史》1999 年第 1 期，第 28～38 页。

期历史研究的代表性人物是年鉴学派的布罗代尔，他提出的长时段理论"几乎完全替代了 19 世纪的'历史进步'意识。……已经抛弃了那种'线性的'、'方向性'的历史观与时间观。没有了这种时间观，'大写历史'也就无法生存"①。自 20 世纪 70 年代以来，历史学家在发掘不同性质的史料和运用不同的史料描述历史等方面都做了许多尝试，形成了历史研究多样化的局面。有关小历史、微观史、日常史的研究也变得重要起来，历史研究的内容变得异常丰富，原来很多不被重视的历史材料与研究对象都开始被历史学家所津津乐道，这种情况对国内历史研究也有一定的影响。

笔者认为，历史研究脱离原来以西方为中心的方向性，摆脱宏大叙事的传统，走向多元化、生活化是大势所趋。但是如果只是追求历史的细枝末节，那么研究也会显得比较琐碎。正确的办法是结合两种方式，从微观入手，反映宏观历史，提供历史发展的不同视角，同时注意历史材料采用的多元化。本书以 1759～1949 年的广州城市公共空间为研究对象，首先，在历史分期上，打破线性分期方法，结合城市发展实际情况，确定近世具体研究时段；其次，对城市公共空间的研究深入微观尺度，对城市街道、内巷、公园、广场进行定量研究，目的是体现广州城市整体形态发展脉络，反映社会转型期城市公共活动发生的场所以及城市的集体记忆；最后，在历史材料的使用上，不仅利用历史文献与档案材料，也采纳外国人的游记、杂记，清末广州的外销画和时事画报，以及民国报纸中的相关内容，佐证广州城市公共空间的形态与变迁。

1.4.1.2 类型学的方法

类型学是城市形态研究中的一种重要方法，在对现代主义的批判中，类型学的方法受到了更多的重视。类型学的代表人物包括阿尔甘（Argon）、维勒（Vidler）、柯尔孔（Colquhoun）、克里尔兄弟（L. Krier and R. Krier）和阿尔多·罗西（Aldo Rossi）等。但是无论哪一位学者都没有忽视德·昆西在 19 世纪对类型学所下的定义，即通过"模式"（model）和"类型"来阐明类型学概念。"他说'类型这个词并不意味着事物形象的抄袭和完美的模仿，而是意味着某一因素的观念，这种观念本身即是形成模式的法则……模式，

---

① 王晴佳、古伟瀛:《后现代与历史学》，山东大学出版社，2006，第 76 页。

就其艺术的时间范围来说是事物原原本本的重复。相反，类型则是人们据此能够勾画出种种作品而毫不类似的对象。就模式来说，一切都精确明晰，而类型多少有些模糊不清。因此，类型所模拟的总是情感和精神所认可的事物'"①。可见，类型学的概念具有深刻的人文意义。在类型学的应用中，R. 克里尔系统地总结了历史上城市广场的形式类型，认为广场类型主要由正方形、三角形和圆形演化而来，并从中寻找可以运用到当代设计中的元素。他认为城市公共空间的基本类型是街道和广场，同时对街块的类型进行分析，从而探索得出城市公共空间形态的构成规律。阿尔多·罗西的类型学思想由于与历史、结构主义的思想、场所理论和集体记忆结合紧密，因此具有丰富的内涵。在《城市建筑学》（*The Architecture of the City*）中，罗西全面地阐述了自己对类型学方法的认识，并在随后对城市建筑的研究中应用了该方法。对罗西来说，类型学不仅是一种把握城市形态和建筑的途径，也是对研究对象进行分析还原的方法。基于这个认识，罗西将城市人造物（Urban artifact）分为纪念物（Monument）、首要元素（Primary element）和研究领域（Study area）几个部分，再对每个部分里面的内容进行类型学的阐述。罗西的建筑实践紧密结合自己的理论，也使自己的理论得到更多的关注与认可。本书主要运用克里尔兄弟的类型学方法，关注广州城市公共空间街道、开敞空间、建筑和街块的形态类型，同时尝试以罗西类型学的方法认识广州城市公共空间形态的时空结构。

1.4.1.3　结构联系的方法

笔者认为，城市公共空间具有结构特性，不同要素、各个局部共同形成公共空间的网络结构。本书运用结构联系的方法，既研究局部，也研究整体与局部之间的关系，分析与综合相结合；将整体形态作为研究对象，认为整体形态是建构头脑中场所认同感与方向感的重要因素。城市公共空间形态及演进所代表的意义是城市公共空间深层结构的体现。

城市公共空间结构类似于一种网络，各个要素之间紧密联系，共同影响人们形成对城市公共空间的复合而不是单一的感受。正如

---

① 沈克宁：《重温类型学》，《建筑师》2006 年第 6 期，第 12～27 页。

凯文·林奇在《城市意向》中论述了城市意向五要素以后所进一步说明的："上述这些构成要素只是构成城市环境形象的原材料，他们必须形成一种图形以构成令人满意的形式。"[1] 这种关系如同亚历山大在《城市并非树形》中所提到的那样，是一种"半网络型"的结构（见图1－12）。图1－12中的阿拉伯数字可以代表各个公共空间要素之间的相互影响，以及给人的结构化的感受。在这种认识的基础上，垂直方向上各个尺度层面的、水平方向上各个元素之间的城市公共空间各要素形成相互影响的结构形式。

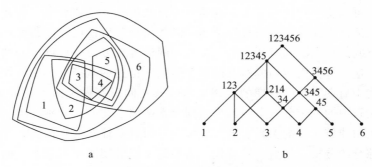

图1－12　城市"半网络型"结构

资料来源：〔美〕克里斯托佛·亚历山大：《城市并非树形》，严小婴译，《建筑师》1985年第24期，第210页。

1.4.1.4　实证的方法

近代的几次战争并没有给广州城本身造成毁灭性的破坏，新中国成立以后广州城市公共空间的建设是在新中国成立前的城市基础上进行的。新中国成立后到改革开放前，由于城市建设发展的速度不快，因此广州城市的实体空间结构有所保留。改革开放至今，城市建设飞速发展，老城区有很多地方已经被"拆除殆尽"，除了几条街道，在广州原城墙范围内的局部区域里，几乎没有成片保留的原有建筑实体，只有公共空间的大体框架结构仍然存在。荔湾区的一些地方仍然保持着原来的面貌。笔者结合历史资料，对历史遗留的现实轨迹进行实地考察，以实证的方法获得感性资料，本次考察现场的体验为本书打下又一基础。

---

① 〔美〕凯文·林奇：《城市意象》，项秉仁译，中国建筑工业出版社，1990，第76页。

1.4.2　研究框架

本书首先在绪论中说明课题缘起并介绍本课题研究的内容、意义和相关方法，以及相关的研究进展。其次，建立理论认识平台，阐述城市公共空间的概念以及特性。本书借鉴形态学相关知识，说明城市公共空间形态的含义，并在与城市形态学相关的类型学研究方法基础上，阐述如何对广州城市公共空间进行分类描述以及综合分析。笔者认为，城市公共空间与城市的地域文化紧密相连，因此，可以将广州的城市公共空间分为自然山水、整体形态、商业街道、滨江空间等几方面进行论述，以此由表及里地说明广州城市公共空间的形态，同时从拼贴、类型、网格等几方面分析城市公共空间。这一部分内容构成本书得以全面展开论述的基础。再次，针对清代中后期和民国时期的广州城市公共空间形态做了深入的研讨，将实践中的城市公共空间各个局部要素按照上述办法分别归类，论述其与建筑实体的关系、形式的构成逻辑以及社会文化内涵，并进行综合的分析。然后，对清代中后期到民国时期的城市公共空间演进过程进行分析和阐释，以此说明城市公共空间形态的动态变化过程。演进动力的解释突出了社会思想基础与欧美城市公共空间实践的影响，从理念与行动两个方面阐述了转型期广州城市公共空间形态演进的内制因素。最后，在结论中，总结了广州城市公共空间形态及其演变的相关特征。图 1 - 13 为本书的研究框架。

第五节　本章小结

本章从课题研究的缘起开始写起，继而在研究内容、目前研究现状和研究方法等几个方面展开论述。从城市本身发展特定条件出发，本书将研究历史时段定位于 1759～1949 年的 190 年间，因为这 190 年时间涵盖了广州城市发展社会转型的关键时段，将其间的城市公共空间形态与演变过程作为主要研究内容，具有较丰富的历史与现实意义。与本书相关的国内外研究主要集中在对城市公共空间、近代城市史和广州城市史的研究三个方面。已有的研究成果为我们提供了较好的理论基础与研究背景，但是并没有在特定时段对广州具体城市公共空间进行从宏观到微观的全面探索。本书结合实

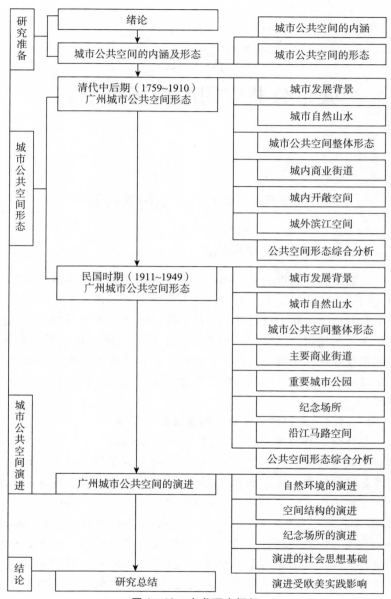

图 1 - 13 本书研究框架

地的调研踏勘，综合运用历史研究的方法、类型学的方法和结构联
系的方法对广州城市公共空间形态及其演进进行论述。总之，本章
为本书奠定了论述的基础。

第二章
城市公共空间的内涵及形态

第一节 城市公共空间的内涵

2.1.1 城市公共空间概念

一般而言，城市公共空间是一个不言自明的常识性概念，就是指人们活动的公共场所，然而在城市研究中，城市公共空间却是一个重要的范畴。除了建筑学，在社会学、地理学等学科领域也形成了很多关于城市公共空间的观点。它们彼此之间有联系也有差异，在城市设计研究中难免会接触到彼此。只有认清城市公共空间概念多学科的关联性，并从它的特质出发，才能恰当解读城市公共空间。

2.1.1.1 非城市设计意义的城市公共空间

在社会学研究中，公共领域（Public sphere）是与公共空间最具有关联性的概念，一些学者在论述中将公共领域与公共空间进行同等互换，或者干脆把 Public sphere 翻译为公共空间。Sphere 的英文含义在韦氏在线词典中被解释为 "An area or range over or within which someone or something acts, exists, or has influence or significance"[1]，这句话译成中文就是 "一些人或事物活动、存在、施加影响其上或具有重要意义的区域或范围"，Sphere 一般中文对应词是 "领域""范围"。如果仔细思考，"领域""范围" 虽然不是空间，但是在抽象的维度上，确实也有与空间相通的地方。在实际应用中，台湾文化研究学者李欧梵等人认为近代中国的社会结构条件

---

[1] *Merriam-Webster Dictionary*, http://www.merriam-webster.com/dictionary。

不足以产生西方意义上的公共领域，并将近代中国的公共领域（Public sphere）意译为"公共空间"①。自 20 世纪 90 年代以来，国内对公共领域的研究直接受到他们的影响，也就有人干脆把公共领域（Public sphere）作为公共空间来看待了。也有学者认为这样的公共领域应该是政治意义上的"公共空间"②。可见，在城市设计中，将公共领域与公共空间等同的关键在于理解公共领域的内涵。

社会学中的公共领域起源于古希腊的城市公共空间——广场（Agora）。在古希腊城邦，公民在城市广场中进行公共政治生活。在近代以后，"公共领域"作为一个社会学概念和独立的理论话语，通过汉娜·阿伦特首先提出和哈贝马斯随后进行系统论述之后才被彻底概念化并获得了独立的学术语境，从而与市民社会紧密相连。阿伦特基于对人本身的认识将人类社会活动领域分为私人领域、社会领域与公共领域三部分，并将公共领域置于关注的中心。她认为，人类之所以与其他物种相区别，主要在于人类建立了开展政治活动的公共领域。公共领域是人们共同拥有的空间，"公共的"首先是指"凡是出现于公共场合的东西都能够为每个人所看见和听见，具有最广泛的公开性"③。也就是说，个体通过在场于公共领域，使自己对客观事物的认识和理解可以被其他人的经验、感觉证实，使个体感受到自身是实实在在的存在。其次，"公共的"与人造世界中的活动与事物有关，正是这些活动与事物造就了社会中的每个人，公共领域在这方面主要表现为一种社会政治生活。公共领域可以在保持差异的前提下，塑造人格思想，将所有人联系在一起。可以看出，阿伦特的公共领域着重指出的是私人与公共领域的相互作用，充分激活了政治公共领域，它"并不是一个固定不变、触手可及的实体，而是一个由人们的言行互动形成的抽象场域"④。

继阿伦特之后，哈贝马斯将公共领域的建立进一步与市民社会

①　李欧梵、季进：《现代性的中国面孔：从晚清到当代》，http://www.2008red.com/member_pic_56/files/dpoem/html/article_6166_1.shtml。

②　陈锋：《城市广场公共空间市民社会》，《城市规划》2003 年第 9 期，第 56～62 页。

③　汪晖、陈燕谷：《文化与公共性》，生活·读书·新知三联书店，2005，第 81 页。

④　敬海新：《公共领域理论形成的历时态分析》，《黑龙江教育学院学报》2007 年第 2 期，第 12～15 页。

相联系，使公共领域获得了前所未有的重要性。在他的著作《公共领域的结构转型》中，哈贝马斯并没有给出公共领域的确切定义。他先说明"即便是科学，尤其是法学、政治学和社会学显然也未能对'公'（öffentlich）、'私'（privat）以及'公共领域'、'公众舆论'等传统范畴做出明确的定义"，然后提出"公共性——如法庭审判时的公开性——所发挥的主要是评判功能"。"公共性本身表现为一个独立的领域，即公共领域，它和私人领域是相对立的。有些时候，公共领域说到底就是公众舆论领域，它和公共权力机关直接相抗衡。"① 这种资产阶级公共领域是市民社会的重要领域，市民社会问题"构成我们打通哈贝马斯前期和后期理论、从而系统把握其思想体系的中心概念"②。我们可以认为，公共领域是在市民社会发展过程中逐渐成熟起来的一个领域。这个领域与公共权力领域相分离、相对立，其存在的目的就是对公共权力机关进行批判，捍卫商品交换和社会劳动领域的私人化，这才是认识公共领域的一个基本出发点。由此可见，哈贝马斯的公共领域主要在于其表达公共意见的社会性、政治性的含义。其中既包括隐性的场所，例如报纸、杂志等一切公共舆论场所，也包括一些可以发生政治意义活动的实际场所，例如咖啡馆、广场等场所，还包括一些团体协会组织。

综上，公共领域（Public sphere）与公共空间（Public space）在语言意义与社会学的应用中确实有关联，在社会学研究中也可以将二者互换。不可否认的是，城市设计面对的公共空间是实实在在的公共场所，虽然与公共领域有相当的联系，也表现出一些共享特性，但是二者存在较大的区别，公共领域涵盖范围更广、内容更抽象，不能随意互换，避免造成误读。

地理学关注人与自然、社会环境的相互关系。城市社会地理学研究的是城市中的人和社会与城市地理空间的互动关系。作为与建筑学最接近的学科之一，其研究对象除了抽象的城市社会空间结构外，也包括具体的城市空间类型。城市公共空间，即 Urban public space，也是其主要研究对象之一。与上述社会学的公共领域相比，

---

① 〔德〕哈贝马斯：《公共领域的机构转型》，曹卫东等译，学林出版社，1999，第 2 页。

② 李佃来：《哈贝马斯市民社会理论探讨》，《哲学研究》2004 年第 6 期，第 60～65 页。

地理学的城市公共空间不存在译文问题，内容也更加具体形象。早期的城市公共空间被社会地理学家用来阐述城市居民如何认识新环境等问题。当前，城市公共空间越来越不仅仅被看作客观实在，也被看作一种社会构建。"城市提供了许多文化、空间和权力之间相互关系的实例，这有助于阐明将空间作为'社会构建'的真正含义。"① 所以，在城市社会地理学中，城市公共空间也与权力、文化、生活、行为等社会问题紧密相关。莎朗·佐京（Sharon Zukin）对城市文化的研究，威廉·怀特（William Whyte）关于城市、人与开敞空间方面的评论，等等，都直接涉及或间接延伸到城市公共空间。莎朗·佐京对纽约市的博物馆、公园、餐馆、商业区进行了描述与考察。在她的视角下，这些场所都是城市公共空间。她认为，"在美国，增长速度最快的公共空间是监狱……我们可以想到一些更令人愉快的公共空间，尤其是在纽约市我所参观的公园"。"从公园到博物馆，公共空间常常作为消费品、娱乐场所和零售购物的主题经历而得以再现。"② 在佐京看来，公共空间成为各团体机构展示文化、促进社会消费的一个手段，以公共空间为媒体，城市公共文化得以形成。在这样的环境中，人们的行为受到潜在的影响，从而达到某种有潜在目的的认同感。威廉·怀特对公共场所中人的行为与活动进行了多年的研究，他撰写的《小型城市空间的社会生活》（*The social Life of Small Urban Spaces*）详细论述了人在公共空间中对心理和社会舒适感的需求③。

也有一部分学者就工业革命以后，特别是第二次世界大战以来的城市公共空间的兴起与衰落展开了讨论。例如理查德·森尼特在著作《公众的失落》（*The Fall of Public Man*）中总结了公共生活失败的社会、经济、政治原因并提出"人们不再将城市公共空间当作有意义的场所"。小汽车、互联网、房地产开发与管理等，都降低了公共生活的质量，减少了公共生活的需求，影响了公共空间的使用。但是，也有学者认为，在这样的前提条件下，人们彼此之间互

① 〔美〕保罗·诺克斯、史蒂文·平奇：《城市社会地理学导论》，柴彦威、张景秋等译，商务印书馆，2005，第57页。

② 〔美〕莎朗·佐京：《城市文化》，上海教育出版社，2006，第36页。

③ Stephen Carr et al., *Public Space* (New York：Cambridge University Express, 1992), p. 95.

相接触的需求更加强烈，更需要面对面的交流①。

总之，在社会地理学的语境中，城市公共空间与具体的物质空间相关，公共建筑本身、公共建筑室内与室外的城市公共空间都在社会地理学的研究之列，这些场所具有丰富的社会意义。

2.1.1.2　城市设计中的城市公共空间

城市公共空间是城市设计的重要内容，从指涉对象来看，主要包括街道、广场、绿地、公园等触手可及、可直接活动于其中并感知的形体环境。

国外学者对城市空间、外部空间论述较多，较少提到公共空间，国内学者则对公共空间有较多的解释。《城市规划原理》中城市公共空间的定义为："城市公共空间狭义的概念是指那些供城市居民日常生活和社会生活公共使用的室外空间。……公共空间又分开放空间和专用空间。专用公共空间有运动场等。城市公共空间的广义概念可以扩大到公共设施用地的空间，例如城市中心区、商业区、城市绿地等。"② 这个解释基本上涵盖了城市公共空间的所有内容，但是对"公共"解释的力度尚且不够。在某种意义上，城市公共空间也可以被看作一种开放空间（Open space）。周进总结了中外学者对开放空间的认识，在他总结的内容中，无论是英国《开放空间法》和美国《房屋法》中的规定，还是高原荣重与亚历山大的阐述，都可以看出，国外的定义范围都比较窄，国内学者定义的开放空间还包括街道、广场等，拓宽了开放空间的范围。这些开放空间的概念是形态上的一种描述，不能涵盖城市中公共空间所代表的内容及其丰富内涵。赵民教授认为，城市公共空间是人工因素占主导地位的城市开放空间。这个概念较为清晰简洁，但是仅仅将公共空间作为一种开放空间来看待，不能彰显其公共性所带来的深刻意义。周进继而认为"城市公共空间是属于公共价值领域的城市空间，主要是城市人工开放空间"③，但是他并没有进一步解释"公共价值领域"。王鹏在总结了城市空间、外部空间、开放空间等

---

① 刘荣增：《西方现代城市公共空间问题研究述评》，《城市问题》2000 年第 5 期，第 8～11 页。

② 李德华：《城市规划原理》（第 3 版），中国建筑工业出版社，2001，第 491 页。

③ 周进：《城市公共空间建设的规划控制与引导》，中国建筑工业出版社，2005，第 63 页。

概念以后，认为城市公共空间概念应具备空间体、公共场所等要点，并进一步说明"城市公共空间是指城市或城市群中，在建筑实体之间存在的开放空间体，是城市居民进行公共交往活动的开放性场所，为大多数人服务；同时，它又是人类与自然进行物质、能量和信息交流的重要场所，也是城市形象的重要表现之处，被称为城市的'起居室'和'橱窗'"①。这个定义比较全面深入，不仅说明了城市公共空间的存在范围，也阐释了其所具有的社会、文化、生态意义。值得注意的是，台湾学者夏铸九在其著作《公共空间》中针对公共空间的"公共性"做了深入的论述，并认为："公共空间，则是在既定权力关系下，由政治过程所界定的，社会生活所需的一种共同使用之空间。"② 这个定义中的权力、政治、社会等词语诠释了他对公共空间"公共性"的深刻认识，表明了城市公共空间具有建筑学实体意义以外的深刻内涵。于雷也对空间的公共性进行了研究，认为"公共性是人们之间公共生活的本质属性，它表现为公开环境中、在具有差异性视点的评判下形成一种共同认识，进而巩固一种维系他们之间共同存在的意识的过程"③。公共空间首先应该是具有"公共性"的空间。

　　总之，在当前对城市设计的研究中，虽然很多学者探讨了城市公共空间的特征、属性，但是对于城市公共空间的概念认识，尚不能综合联系和理解其他学科的研究内容和丰富内涵，这样并不利于恰当地解读城市公共空间。

2.1.1.3　城市公共空间概念的建构

　　城市设计中的城市公共空间应当结合上述其他学科对此的认识，考虑其与"公共性""公共领域"等概念的联系。因此，我们认为，在城市设计中，完整的城市公共空间概念应该包括狭义与广义两部分。狭义的城市公共空间是指为全体市民所公有，并为全体市民共同使用的城市外部空间。广义的城市公共空间是指容纳多种公共活动的场所。

　　狭义的城市公共空间概念界定比较严格，是城市公共空间概

---

①　王鹏：《城市公共空间的系统化建设》，东南大学出版社，2002，第 3 页。
②　夏铸九：《公共空间》，艺术家出版社，1994，第 16 页。
③　于雷：《空间公共性研究》，东南大学出版社，2005，第 13 页。

念的核心部分，它具有两个要点。第一，它为全体城市居民共同所有并为公共使用，这一点是城市公共空间的"公共性"所在，具有某种"批判性"，充分体现了城市公共空间的"公共领域"特性和社会平等性。市民不区分身份、种族、年龄、性别、收入高低等各种因素，可以自由出入。第二，它是城市外部空间，从形态上看，有底面，有界限范围，一面或多面开敞。这一点说明城市公共空间具有某些开放空间的特性，开放的外部空间相对较难对市民出入进行限定。此外，城市设计直接面对的设计对象往往也是城市外部空间，也就是说，作为外部空间的狭义的城市公共空间可以受到城市设计的直接控制，从而形成良好的空间秩序。城市公共空间既包括单一空间，比如广场、街道、绿地，也包括由多个单一空间形成的复合结构。城市建筑或者围合形成城市公共空间，或者在公共空间中展示自身，与城市公共空间互相依存、互为背景。

广义的城市公共空间表现为很多新类型的公共空间，包括在一定地域范围内的公共使用空间，比如在居住社区范围内为社区居民共有、共用的公共空间，也包括一些权属、使用甚至开放情况不是那么明晰的场所，可以称其为公共性的私有空间，或私有性的公共空间等。在近世广州的社会条件下，这种场所并不多。

无论是狭义的还是广义的城市公共空间，都具有某些"公共领域"的特性，都具有社会、文化等方面的深刻意义。相比之下，狭义城市公共空间是市民社会的重要表征，具有更加广泛的社会意义，可以反映市民的需求，能够形成特色的城市文化，而广义城市公共空间或为特定人群服务，或限制使用的时间和内容。

2.1.2　城市公共空间特性

基于以上城市公共空间概念，可知城市公共空间是城市空间的一部分，除了具有开放性特征之外，它还具有以下特性。

第一，与社会发展关联的社会文化性。

作为人类学家的主要研究领域，有关文化的定义有很多，笔者以美国著名人类学家克莱德·克鲁克洪的文化定义为例："文化是历史上所创造的生存式样的系统，既包含显型式样又包含隐型式样；它具有为整个群体共享的倾向，或是在一定时期中为群体的特定部分所共享。"① 城市公共空间随历史演进，逐渐为城市人群所共享，成为人类文化的一部分。城市本身也是一种文化，路易斯·芒福德认为 "正如人们在历史中发现的那样，城市是人类力量和文化最大化的集中点"②。城市公共空间通过容纳各种社会活动彰显其社会文化性质。在历史发展的不同阶段中，作为统治阶层意识、精英文化的传播中介，城市公共空间成为社会力量的展示场所。无论是中国古代道路齐整的古城还是古希腊罗马的广场，都表达了某种社会文化的含义。城市公共空间与文化意义互为表达，随着文化的变化，城市公共空间系统也在转变。在本书的空间领域内，当封建王朝走向终点的时候，新兴的资产阶级力量就利用城市公共空间向民众传达民主与进步的信息，而这个因素有时也会超越功能因素，成为城市公共空间发展的主导力量。

文化具有不同的模式，不能认为某种文化具有先进性，模式不同只是因为人类在自然的和社会的各种不同条件下所做的选择不同，"在文化生活中和在语言中一样，选择都是首要的必然现象"③。因为选择的不同，不同文化具有不同的外在表现，不能通过简单的类比推断文化的先进与落后，从而为文化发展设定方向。公共空间同样如此，虽然不同文化模式条件下的城市都具有公共空间，但并不是每个文化模式下的公共空间都呈现同样的形式，社会生活方式的不同使人们选择了不同的公共空间形式。当近世西方文化开始以强烈攻势改变中国原有文化的时候，公共空间形式就发生了文化意义上的转换。这个转换过程在某种程度上在当下仍然在进行，但是我们并不能要求其转换成为与西方城市完全相同的形态。

第二，与个人体验关联的城市场所特性。

场所精神来源于诺伯格·舒尔茨的 genius loci 或 spirit of place，场所从本质上来说是一种存在空间。舒尔茨在分析了历史上几种对

---

① 〔美〕克莱德·克鲁克洪等：《文化与个人》，高佳、何红、何维凌译，浙江人民出版社，1986，第6页。

② Lewis Mumford, *The Culture of Cities* (New York: Harcourt, Brace and Company, 1938), p. 3.

③ 〔美〕露丝·本尼迪克特：《文化模式》，王炜等译，生活·读书·新知三联书店，1992，第25页。

空间的认识以后，将人的因素逐渐引入对空间的认识中，并借助皮亚杰的心理学的相关理论与海德格尔的哲学思想，形成了存在空间的概念。他认为，只是将空间作为研究的客观对象加以认识，如同数学一样，把空间看作一种匀质不变的现象，这对建筑学是不够的。例如，"布鲁诺·赛维对建筑所下定义为'空间艺术'，但不是现在所说空间的真正定义。他的空间概念明显地是单纯的现实主义的，它也适用于讨论这一问题的一般学者，对于他们来说，所谓空间就是可以仿照各种形式而均匀扩展的'材料'"①。而"存在空间"就是比较稳定的知觉图式体系，它"并非一个数学逻辑的术语，而是包含介于人与其环境间的基本关系"②。存在空间是一种有意义的地方，人在这里定居、活动，不仅仅是人身体定居在此，也是一种精神的定居，是在内心里的一种稳定感，这种感觉是从幼儿时期逐渐发展起来的一种知觉图式，最终成为"一种结构化的整体，它由连续性和闭合性构成特征"③。可以这样理解，人类日常的生活、对世界的探索，需要一个活动的原点——存在的立足点，并没有上帝规定一个绝对的原点给每一个人，只有那些具有场所精神的地方才能成为具体个人的原点，成为人身体和心灵定居的地方。在具有场所精神的地方，人会有"认同感"——一种内心的稳定感，以及"方向感"——知道该如何到达下一个场所。"建筑意味着场所精神的形象化，而建筑师的任务是创造有意义的场所，帮助人定居。"④ 存在空间与每个具体空间的实体特性直接相关，具有多个层次阶段，从最小的日常用具，依次向家具、住宅、城市、景观和地理渐进。

城市是存在空间的一个重要层次。显然，作为一个城市居民集体定居的家，城市公共空间是一种存在空间，具有场所精神。建筑师和城市规划师需要为居民提供一种稳定的知觉图式体系，要具有

① 〔挪〕诺伯格·舒尔茨：《存在·空间·建筑》，尹培桐译，中国建筑工业出版社，1984，第8页。
② 〔挪〕诺伯格·舒尔茨：《场所精神——迈向建筑现象学》，施植明译，田园城市文化事业有限公司，2002，第5页。
③ 〔挪〕诺伯格·舒尔茨：《存在·空间·建筑》，尹培桐译，中国建筑工业出版社，1984，第20页。
④ 〔挪〕诺伯格·舒尔茨：《场所精神——迈向建筑现象学》，施植明译，田园城市文化事业有限公司，2002，第5页。

"认同感"与"方向感"。随着历史的发展,这种存在空间也在变化,在时代转换的同时,公共空间的"认同感"与"方向感"也发生了变化。

第三,与居民行为具有互动性。

人具有社会性,与他人的交往是人的本性所必需的。城市公共空间是市民进行公共活动的地方,杨·盖尔认为发生在公共空间的户外活动可以有三种[1],蔡永洁认为城市广场中的活动可以分为六大类[2]。笔者认为,城市公共空间不仅可以容纳这些行为,而且空间与行为的关系还有更深刻的意义。

城市空间对人行为的影响在城市社会地理学与环境行为学中都有论及。城市社会地理学认为人与城市环境的关系存在"一种社会空间辩证法(sociospatial dialectic)(Soja,1980),即人们在创造和改变城市空间的同时又被他们所居住和工作的空间以各种方式控制着。邻里和社区被创造、维系和改造;同时,居民的价值、态度和行为也不可避免地被其周围的环境以及周围的人的价值、态度和行为所影响"[3]。具有社会关系的事件在空间内发生,并受到空间的限制和调解。城市社会地理学处理研究对象的方法比较宏观,属于社会群体与整体城市空间环境的关系。环境行为学对环境与行为之间关系的探讨集中在建筑和具体城市空间层面。根据阿摩斯·拉普卜特的总结,环境行为学的焦点可以概括为三个基本问题,即人如何影响环境、环境如何影响人和人与环境之间的交互作用机制为何[4]。围绕这三个基本问题,拉普卜特进行了深入的研究。人如何影响环境的答案似乎是显而易见的,城市是人工环境,人在营造城市的时候就影响了环境。环境又是如何影响人的呢?首先,环境对人的作用既可以是直接的,例如,调试或是抑制某些行为、情绪等;也可以是间接的,"间接作用的意思是说,……环境可被看做

① 〔丹麦〕杨·盖尔:《交往与空间》(第4版),何人可译,中国建筑工业出版社,2002,第13页。
② 蔡永洁:《城市广场》,东南大学出版社,2006,第80页。
③ 〔美〕保罗·诺克斯·史蒂文·平奇:《城市社会地理学导论》,柴彦威、张景秋等译,商务印书馆,2005,第7页。
④ 〔美〕阿摩斯·拉普卜特:《文化特性与建筑设计》,常青、张昕、张鹏译,中国建筑工业出版社,2004,第9页。

是非言语传达的形式"①。环境传输意义是确定情景，转而影响人们的行为和交流方式。这就是在文化的濡化和涵化②过程中环境所起的作用③。也就是说，环境被编码并形成一定的线索的过程通过文化的濡化和涵化得到传承或者改变，并成为行为习惯、规则等，在人群中得到遵守，从而潜移默化地影响人的行为。

人们创造了城市公共空间，并在公共空间中进行社会交往，使之成为展示自己的舞台。城市公共空间作为一种建成环境，它的形态以及传达的意义对人们的行为既产生了直接（即时）的影响，也产生了间接（长久）的影响。后一种影响往往被人们所忽视，却是深刻的、发生在潜意识层面的、非常重要的一个方面。

第四，城市公共空间构成具有结构特性。

结构主义④认为，结构是一种关系的组合，其中各种成分之间的相互依赖是以它们与全体的关系为特征的。结构具有整体性、转换性和自调性，分别代表着结构内部的具有秩序的有机联系性、规律控制着的运动发展性和由本身规律调整的自给自足性⑤。与之前的分析研究事物将事物分解成最小原子的还原论不同，结构主义是一种综合的方法，其注意到不同事物之间的联系以及事物自身内部各部分之间的联系，这样就更加深刻地认识了事物的本质。同时，结构主义与西方的人本主义思潮联系紧密。结构不仅是事

---

① 〔美〕阿摩斯·拉普卜特：《文化特性与建筑设计》，常青、张昕、张鹏译，中国建筑工业出版社，2004，第11页。

② 一般来说，濡化（Enculturation）是发生在同一文化内部的、纵向的传播过程，是人及人的文化习得和传承机制，本质意义是人的学习与教育。涵化（Acculturation）是指两个或两个以上的文化持续地直接接触，形成一个文化接受其他文化的历程和结果。文化涵化可能是单向影响，也可能是交互影响。在文化涵化中，受影响一方的反应有乐意而自然的接受，也有迫不得已的接受，还有主动调适的吸收或排斥抗拒。

③ 〔美〕阿摩斯·拉普卜特：《建成环境的意义》，黄兰谷等译，中国建筑工业出版社，2003，第47页。

④ 结构主义（Structuralism）兴起于20世纪60年代，起源于瑞士语言学家斐迪南·德·索绪尔在语言学研究中运用结构主义的方法，后由法国人类学家列维·斯特劳斯将其运用到人类学研究中，从而开始流行开来。在很多人文社会科学的研究中，结构主义都是一个重要的观点基础。

⑤ 〔瑞士〕皮亚杰：《结构主义》，倪连生、王琳译，商务印书馆，1984，第12～16页。

物本身具有的特性，也是事物的最终本质所在，即来源于"无意识"的先验结构决定了研究对象。但是，"如何掌握、认识现象的结构呢？结构主义者认为，社会现象的结构可以划分为表层结构和深层结构，表层结构是现象的外部联系，通过人们的感觉就可以认识，而深层结构就是现象的内部联系，不能通过经验的概念去获得它"①。表层结构是认识深层结构的基础，深层结构需要在一定的理论模式框架下才能够被认识，才能够达到"无意识"的层面。

城市公共空间作为一种社会实践的产物，其构成具有结构的特性。笔者认同阿尔多·罗西的观点，可以"视城市为空间结构"②，而类型则是城市建筑的深层结构，来源于集体无意识。将城市公共空间视为一个结构，一方面，其中的各个部分，包括城市广场、街道、公园等，在形态上具有自身发展的规律和独有的特征，其内部各个部分之间及其相互之间的各种组成关系构成了鲜明的结构。同时，如前所述，城市公共空间具有场所特性，具有方向感本身的特征就意味着人在城市公共空间中的活动关注的不仅仅是当时的空间感受，而且掺杂了对其他公共空间的认知。在意识层面，对城市公共空间的认知像网络一样，也具有一种结构的特性，这些可以被认为是城市公共空间的表层结构。另一方面，城市公共空间整体在形成过程中受到社会政治、经济、文化、意识形态各个方面因素的影响及其形态不约而同地反映的某种集体记忆，这些构成了城市公共空间的深层结构。罗西把类型学作为研究城市深层结构的理论模式，属于城市空间结构的城市公共空间研究也可以将类型学作为研究其深层结构的理论模式。

综合这些特性，城市公共空间营造是一种结构化的文化构建，具有同样社会文化背景的个人在其中体验到场所感和认同感，并受城市公共空间结构感染，直接或间接地体验意义，从而让个体行为变得具有某种社会性。城市公共空间不一定能够很大程度地改变个体行为，却可以引起人群内心共鸣而影响社会秩序。

---

① 徐崇温：《结构主义与后结构主义》，辽宁人民出版社，1986，第27页。
② 〔意〕阿尔多·罗西：《城市建筑》，施植明译，博远出版有限公司，1992，第3页。

第二节　城市公共空间的形态

2.2.1　城市公共空间形态的含义

城市公共空间的形态似乎就是由实存的建筑围合形成的公共空间形式，不仅如此，本书中城市公共空间的"形态"还与形态学相关，是具有深刻内涵的专门词汇。形态学是一门研究形态的学问，简单地说，世界上的可见事物都具有形态，人们对这些习以为常，很多时候对被忽略的形态进行科学的研究，就形成了形态学，形态学被广泛地应用到各个学科中。根据维基百科的说明得知，与形态学相关的学科主要有语言学、生物学、天文学、民俗学、地理学、数学①。其中，最早运用形态学研究的是生物学与语言学。例如，生物学中的形态学研究的是生物体的形式、结构和构造，既包括外表的形式，也包括解剖后的内在形态；语言学中的形态学是对词汇结构的描绘和分析。除了上述学科，与形态学相关的还有著作，例如《艺术形态学》、《社会形态学》和《故事形态学》等。可见，形态学与研究对象的构成结构有关，不仅仅在物质实体的研究对象中，在不可见的抽象研究对象中同样存在形态学的问题，形态学已经成为人们思维的一种方式。既然形态是随时间变化的，那么形态学的研究就与事物历时性的变化有关，例如，生物学中的形态学内容与进化论有一定的关联。

虽然在城市研究中运用形态学的时间要晚于生物学与语言学，但是目前已经形成了比较成熟的概念。一般认为，"'形态'一词来源于希腊语 Morphe（形）和 Loqos（逻辑），意指形式的构成逻辑"②。它的概念"包含两点重要的思路：一是从局部到整体的分析过程，复杂的整体被认为是由特定的简单元素构成，从局部元素到整体的分析办法是适合的，并可以达到最终客观结论的途径；二是强调客观事物的演变过程，事物的存在有其时间意义上的关系，历史的方法可以帮助理解研究对象包括过去、现在和未来在

---

① Wikipedia, http://en. wikipedia. org/wiki/Morphology。

② 郑莘、林琳：《1990 年以来国内城市形态研究述评》，《城市规划》2002 年第 7 期，第 59 页。

内的完整的序列关系"①。所以，城市公共空间"形态"的深刻内涵包含了从局部到整体和特定时期动态发展两方面内容，是对城市公共空间的形态学研究。本书对城市公共空间的形态进行描绘和分析，并从几个简单要素入手阐释城市公共空间形态的结构。同时，我们认为，如果仅仅是对城市公共空间的抽象形态进行分析，不一定能够深刻认识城市公共空间带给人的丰富感觉与意义。空间与实体互为表里、密不可分，要想全面认识城市公共空间就必须了解与其相关的实体景观和人的活动，给人以直观的印象。因此，本书中城市公共空间形态的主要内容是围绕城市公共空间的物质实体与社会环境，从局部到整体，阐述其特定时段内的形式构成逻辑。

在建筑实体与公共空间的关系中，建筑实体一方面构成城市公共空间的界面；另一方面作为公共空间中的独立景观，或者成为视觉焦点，或者帮助分隔空间、形成层次。在城市人工环境中，城市公共空间的尺度、特征、形状等都是由建筑实体界面围合构成的，我们通过营造建筑实体来形成城市公共空间，也为了形成一定形状的城市公共空间而影响建筑的外在形体。因此，我们研究广州的城市公共空间，虽然不以建筑为最终研究对象，但是也要考虑建筑中能够对空间产生影响的基地布局、立面高度、建筑风格等几个方面的问题。

2.2.2　城市公共空间形态的分析

本书研究时段内的广州城市公共空间是一个复杂的结构，笔者的研究思路是首先将其分类，然后进行深入的描述说明，最后再进行综合的分析。

2.2.2.1　分类描述

有很多办法可以对城市公共空间进行分类。例如，凯文·林奇将城市空间分为节点、边沿、道路、区域和标志五种元素；诺伯格·舒尔茨的存在空间观点，将城市空间分为中心、路径与区域三要素；德国学者格哈德·库德斯也描述了将城市结构根据要素进行分层次分析的方法，"在这一分解过程中可以更容易地看出各个要素

---

① 谷凯：《城市形态的理论与方法》，《城市规划》2001 年第 12 期，第 36～41 页。

方面的聚集和典型分布"①（见图2－1）；还有克里尔和罗西运用类型学方法的分类；等等。笔者认为，这些分类都各有特点，本书的研究针对个案展开，将在描述城市公共空间并呈现一个完整的直观印象后，再进行全面分析。

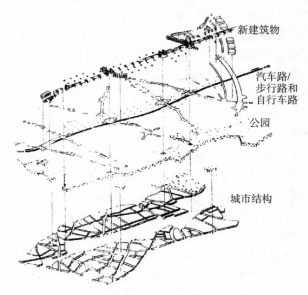

图2－1　城市结构要素的分层次分析

资料来源：〔德〕格哈德·库德斯：《城市形态结构设计》，杨枫译，中国建筑工业出版社，2008，第42页。

在分类过程中，笔者认为，必须结合城市公共空间的地域文化条件，在一般的分类基础上，突出城市的个性特点，从而使研究具有实际意义。因此，结合广州地处岭南山水之间，又是千年商都的特点，本书将城市公共空间分为自然山水、整体形态、商业街道、滨江空间等几个方面并进行论述。这里需要进一步说明自然山水和整体形态。

首先，自然山水是城市空间结构的基本要素，往往构成面积广阔的公共开放空间。同时，在场所观点中，城市的宏观尺度自然环境对城市的场所感具有重要作用。诺伯格·舒尔茨认为："人所生

① 〔德〕格哈德·库德斯：《城市形态结构设计》，杨枫译，中国建筑工业出版社，2008，第42页。

活的人为环境并不是只是实用的工具，或任意事件的集结，而且是具有结构同时使意义具体化。这些意义和结构反映出人对自然环境和一般的存在情景的理解。因此对人为场所的研究必须有一个自然的基准，必须以与自然环境的关系作为出发点。"① 在研究中国城市时，自然要素更是必须加以考虑的重要方面。自然要素在中国人眼里绝不仅仅是一些山山水水，在山水背后的人文意义才是中国人最看重的内涵。这些意义才是城市的选址布局及其公共空间的形态都与自然环境息息相关的原因所在。虽然有些内容在今天看来不免具有迷信的色彩，但是，自然环境与传统城市公共空间结构形成和谐的关系却是不争的事实，是自古就有的"天人合一"思想的表现。在没有快速的交通工具和宏伟的桥梁联系珠江两岸的古代广州，珠江就是不可轻易逾越的海，地面地形的变化和水域给人切切实实的感受，从而构成人们的日常体验，因此不能离开自然环境来认识城市公共空间形态。

其次，城市公共空间形态是对城市公共空间从局部到整体的研究，强调分类不能只顾局部而忽略整体，因此，笔者认为分类中也应该包含城市公共空间整体形态的内容。整体形态是城市公共空间各要素的相互作用、相互影响，是各要素共同作为空间形态架构的外显特征。整体形态由各个局部区域构成，却不仅仅是局部区域的简单叠加。如果针对各个局部区域的研究是分析，那么整体形态则强调在一定地域空间范围内的各要素总体的综合作用和总的空间感受。城市公共空间整体形态是城市形态的框架，奠定了城市形态的基础。凯文·林奇在《城市形态》一书中批判了"物质空间形态在一个城市或区域的范围上是没有意义的"的观点，认为"把空间形态的影响固定在一个有限的范围里的想法是错误的"②。阿尔多·罗西也强调城市作为一个整体的重要性。他认为，"城市以它自身的整体性建造，其中所有的元素作为人造物参与整体性的构成"（But the response to this second question depends on a recognition that the city is constructed in its totality, that all its components partici-

---

① 〔挪〕诺伯格·舒尔茨：《场所精神——迈向建筑现象学》，施植明译，田园城市文化事业有限公司，2002，第50页。

② 〔美〕凯文·林奇：《城市形态》，林庆怡、陈朝晖、邓华译，华夏出版社，2001，第74页。

pate in its constitution as an artifact)①。因此，我们必须以一种整体观和结构的角度来看待城市公共空间的整体形态。也许一个人平时并不能真正看到城市公共空间的整体形态，但是当他在城市里生活得久了，必然会对周围环境乃至整个城市的空间形态有一个内在的认知。只有在这样的城市公共空间里，我们才能够具有定向、认同和归属等感受。所以，笔者将城市公共空间整体形态也作为城市公共空间形态的分类之一。

2.2.2.2 综合分析

首先，本书对公共空间平面形态的分析注重其特有规律，主要分析形态的中心、轴线以及平面形态的拼贴特征。事物的平面几何形态一般可以分为点、线、面三种要素。对应到城市公共空间整体形态中就是公共空间的中心、轴线以及具有一定肌理特征的区域。因为各个发展时段所遗留的痕迹，拼贴成为有历史的城市一般具有的形态特征，这一点科林·罗（Colin Rowe）在《拼贴城市》中已经有所论述。如何具体把握这种拼贴的特征呢？笔者认为，在城市公共空间的整体形态中，各个部分区域的肌理和尺度、方向和疏密等特征有所不同，以此形成不同的区域要素，各区域要素之间进行拼贴以形成其整体形态。这种不同区域要素之间的拼贴主要有三种情况，叠加、紧邻和相近（见图2－2）。叠加的拼贴关系是指不同要素之间有部分重合，在这个重合的区域里，形成不同要素的过渡或缓冲，以及兼具不同要素的空间特征；紧邻的拼贴关系是指不同要素在边界处毗邻，但没有重合的区域；相近的拼贴关系是指在一个整体形态结构中，不同要素之间拉开一定的空间距离，彼此之间的区域往往以自然形态为主。

 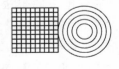

（a）区域要素的叠加　　（b）区域要素的紧邻　　　　（c）区域要素的相近

图2－2　整体形态中不同区域要素的拼贴关系

注：图中的方格网与同心圆代表不同的形态要素。

资料来源：笔者自绘。

---

① Aldo Rossi, *The Architecture of the City* (New York: The MIT Press, 2002), p. 57.

其次，笔者还运用形态研究的各种方法，对广州的城市公共空间进行综合分析。城市公共空间的形态学分析可以借鉴城市形态学的相关研究。国外对城市形态学的研究"萌芽于19世纪初，随着城市研究的深入和学科之间的交叉，地理学和人文学科的学者首先将形态学引入城市的研究范畴"[①]。大约在20世纪80年代，城市形态的概念在建筑学、城市设计中越来越引起学者广泛的关注。第二次世界大战以后，出现了英国Conzen学派（前文有所描述）、意大利Muratori-Caniggia学派等几个主要研究方向。谷凯认为，城市形态的理论框架可以包括"城市历史研究、市镇规划分析（town plan analysis）、城市功能结构理论（theories of urban functional structure）、政治经济学的方法（political economy analysis）、环境行为研究（environrmantal behavior studies）、建筑学的方法（architectural approachies）和空间形态研究（space morphology studies）"[②]。这几乎是一个无所不包的框架，其中凯文·林奇的著作被归为环境行为研究，卡伦（Cullen）、克里尔兄弟和阿尔多·罗西的研究被归为建筑学的方法，这些在本书分析城市公共空间形态时可以提供借鉴参考。

克里尔兄弟认为城市的公共空间只能以街道和广场的形式进行重构，城市区域必须具有像传统的街道和广场那样清晰易明的层级结构。在《城市空间》一书中，R. 克里尔系统阐述了基于类型学和形态学研究的城市空间概念，"他所总结的空间类型有城市广场、城市街道以及围合界定公共空间的建筑立面类型以及剖面类型"[③]。另外，克里尔兄弟还对城市中的建筑类型进行了研究，将城市的形态要素分为两类：一类是公共性要素，另一类是个人性要素。公共性要素在整个城市形态中具有主导地位，它们在类型上是多样而复杂的，包括大型公共空间、公共场所、纪念物、基础设施等。个人性要素包括居住、商业、生产基地等。这种要素划分明确了城市在建筑形态上的层级秩序，其实也是城市公共空间的层级秩序。由图2-3可知重要建筑与公共空间之间的关系，以及重要建筑与一般建筑的尺度比例。为了充分理解城市中实体与空间之间的相互依存

① 段进、邱国潮：《国外城市形态学概论》，东南大学出版社，2009，第5页。

② 谷凯：《城市形态的理论与方法》，《城市规划》2001年第12期，第36~41页。

③ 张冀：《克里尔兄弟城市形态理论及其设计实践研究》，硕士学位论文，华南理工大学建筑学院，2002，第40页。

关系，克里尔兄弟也研究了街块的类型。

RES（ECONOMiCA） RPiVATA　　　　RES PUBLiCA　　　　CiViTAS

图 2 - 3　克里尔兄弟的建筑类型

资料来源：张冀：《克里尔兄弟城市形态理论及其设计实践研究》，
硕士学位论文，华南理工大学建筑学院，2002，第48页。

阿尔多·罗西认为城市复杂事物可以被称为城市人造物（Ur-ban artifact）。城市人造物"不仅是指城市中的某一有形物体，而且还包括它所有的历史、地理、结构以及与城市总体生活的联系"①。这是一个包含城市实体、空间、社会文化的复合概念，既有城市实体物质环境，也暗含城市公共空间，并体现城市带给人的精神意义。建筑与空间密不可分，实际上，罗西并没有强调建筑与城市公共空间的分离，而且在其论述中，他把古罗马广场作为例证来阐述相关问题。因此，罗西所采用的类型学相关方法就可以被用来研究城市公共空间。与克里尔兄弟对类型的理解不尽相同，罗西认为类型是"城市中永恒和复杂的事物，先于具体形式，并参与构成形式的逻辑原理"②，类型还是一个文化的元素，具有集体记忆、场所精神的特征，可以将其看作城市人造物的本质。按照类型学的方法，罗西将城市人造物结构分为纪念物（Monument）、首要元素（Primary element）和研究区域（Study area）三个部分。其中，纪念物反映了城市的历史特性、个体和社会的记忆，具有一种精神功能，使城市具有永久性，代表了时间结构；首要元素和研究区域则代表了城市的空间结构。首要元素与城市中的公共活动联系密切，成为城市发展过程中的推动力。它可以是纪念物，但更重要的是它通常扮演催化剂的角色，加速城市化的进程。研究区域是城市形态

① 〔美〕阿尔多·罗西：《城市建筑学》，黄士钧译，中国建筑工业出版社，2006，第24页。

② Aldo Rossi, *The Architecture of the City*（New York: The MIT Press, 2002），p. 40.

中具有相似元素的部分，建筑的聚集（Mass）和密度（Density）共同构成研究领域的特征。

Cullen 提出了市镇景观（Townscape）的概念，他认为人对客观事物的感觉规律可以被认知，认为这些规律可以被用来组织市镇景观元素，并分析了系列视线。用示意图表明系列视觉景观，并配以文字说明（见图 2 - 4），通过这样的研究，他努力表达了市镇景观体验中的主体性。本书将利用计算机虚拟实现广州主要城市公共空间景观，并进行视觉景观的分析。

To walk from one end of the plan to another, at a uniform pace, will provide a sequence of revelations which are suggested in the serial drawings opposite, reading from left to right. Each arrow on the plan represents a drawing. The even progress of travel is illuminated by a series of sudden contrasts and so an impact is made on the eye, bringing the plan to life (like nudging a man who is going to sleep in church). My drawings bear no relation to the place itself; I chose it because it seemed an evocative plan. Note that the slightest deviation in alignment and quite small variations in projections or setbacks on plan have a disproportionally powerful effect in the third dimension.

图 2 - 4　Cullen 的市镇景观分析

资料来源：Gordon Cullen, *The Concise Townscape* （Oxford：Architectural Press, 2005）, p. 17.

第三节　本章小结

城市公共空间的含义和城市公共空间的形态看起来都比较容易被理解，但是实际上并非如此。认清二者是研究的关键，也是理解本书研究框架的基础。笔者将城市公共空间定义分为狭义与广义两个方面，并且在其特性中强调城市公共空间的人文意蕴和主体感受，这也是城市公共空间"公共"的主要原因。本书研究 1759～1949 年广州城市公共空间的形态与演进，是基于对"形态"概念的认知。也就是说，笔者选取具体实际个案，在城市公共空间连续发展的时间历程中，在从局部到整体的探索中，考察其形态的普遍特征和一般意义。笔者认为城市公共空间形态不仅是简单的客观实存，而且具有丰富的社会文化意义。本书以特定时间段的广州为具体城市个案，将其城市公共空间分为自然山水、商业街道、滨江空间等几个方面，针对其拼贴特征，并参考借鉴城市形态学的相关研究方法，进行全面的描述、说明和分析。

第三章
清代中后期的城市公共
空间形态（1759～1910）

    1759～1910 年的广州，周边被城墙环绕，城墙内区域分为旧城和新城两部分，城墙上共有 16 个城门连接旧城、新城和城内外，城外西面是西关地区，南面是城南地区。城内外主要有住宅、衙署、寺庙、祠堂和牌楼等建筑（见图 3 - 1），整体来看，既有中国古代城市的特征，又有明显的地方特色。

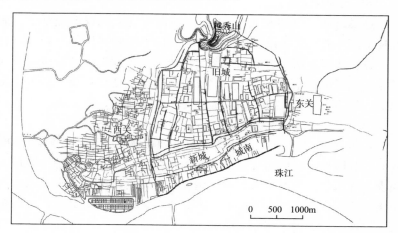

图 3 - 1　清中后期广州城域

    注：为了更加清晰地了解清代中后期的广州城市公共空间，笔者绘制了广州的数字地图，具体情况说明请详见附录 1。

    资料来源：笔者根据历史地图自绘。

第一节　城市发展背景

3.1.1　国际与国内背景

自 1759 年以来，国际社会处于发展突变时期，欧洲、美洲大陆都发生了翻天覆地的变化。1769 年瓦特发明蒸汽机，标志着人类发展历史上重要的转折点之一——英国第一次工业革命正式展开。传统的手工业被机器大生产代替，英国开始进入伴随快速城市化的工业化时代。美国和以法国为首的欧洲城市也在 19 世纪纷纷步入工业化进程的高速发展时代。在社会思潮方面，经过 16 世纪以后的宗教改革，"唯利是图"不再为人们所唾弃，新教伦理为资本主义大发展扫清了思想障碍。18 世纪的启蒙运动则奠定了现代社会的思想基础。反封建、反神学的主旨，以及"自由、平等、博爱"的口号，指导人们进行伟大的社会实践，进而影响了思想文化，开启了理性时代。

这段时期，15 世纪到 17 世纪的航海地理大发现已经结束，航海探险家开辟的各条航线将包括中国在内的世界各国家连为一个整体，也将诸多文明摆在了同一条起跑线上，为欧洲资产阶级向全球扩张提供了前提条件。英国在完成资产阶级革命以后成为资本主义国家。18 世纪末，法国大革命完成，美国独立，英、美、法三国正式成为西方资本主义列强的代表，走在世界前列。

1759 年至 18 世纪末，中国正值清朝乾隆皇帝统治的黄金时期，此时的乾隆拥有我国历史上最大的国家版图，幅员辽阔的大地国泰民安，周边国家纷纷前来朝贡，国家一片四海升平的景象。那时的中国确实很强大，"18 世纪中叶的中国无疑是地球上最先进的国家之一，所实施的政治和社会制度曾赢得许多欧洲著名哲学家的赞誉"①。儒家思想是皇帝治理国家的重要思想基础，整个社会崇尚礼制，个人在技术发明与商业贸易方面的才能并不被主流思想所看好。整个社会架构以皇帝为最高统治者，国家所有官员向皇帝负责，社会的主体是无数的农民。虽然农民安土重迁，但是，清代中

---

① 徐中约：《中国近代史》，世界图书出版公司，2008，第 97 页。

后期的农民有足够的人身自由，可以向任何地方迁移。基层社会组织单元以家庭、宗族为主体，个人观念淡薄，家庭、宗族、国家的利益被认为是最重要的。宗教信仰以佛教和道教为主，但是纯粹的佛教徒与道教徒数量并不多，属于大众的民间信仰相对来说更加普遍，这些信仰因大众地域、行业的不同而不同，内容庞杂，构成了普通百姓的心灵寄托。城市中还有一个人数众多的重要社会阶层——士绅阶层，所谓士绅是指那些通过科举制度获取了功名却没有得到官位的人。"有时人们把中国称为'士绅国家'，并非没有道理。"① 这些人在城市里成为地方上特殊的阶层，往往是宗族的首领或重要人物。一方面，他们有功名、有特权，代替官府行使了管理社会的职能，那些外地派来的地方官员也要仰仗他们的力量；另一方面，他们也同乡下的乡绅有着密切的联系，从而将国家对城市与乡村的管理结合在一起②。

　　清中叶，农业和手工业正处于古代社会的全盛时期，商品经济进一步发展，像晋商那样的各大商帮均从事着大宗商品的远距离贸易。由于当时我国版图地域相当辽阔，因此这种生产与远距离贸易量在世界都是位于前列的。例如棉布，"鸦片战争前中国每年生产约 6 亿匹棉布，其中 52.8% 是以商品在市场上出售的，计 3 亿 1500万匹。匹数已经超过英国同时期棉纺织工业在全世界的销售量。在18 世纪末及 19 世纪初，中国的棉布不但有国内市场，而且远销海外，最多时每年出口 330 余万匹"③。除此以外，粮食、盐、丝织品、瓷器等产品的生产与销售量都是巨大的。这么大的生产与交易量直接催生了资本主义萌芽，虽然没有最终形成资本主义的大生产，但是促使形成了一大批商业都会。这些城市基本汇集在长江三角洲以及珠江三角洲区域。大量的手工业生产与商业贸易是促使城市形成的新因素，因为在之前中国几千年的发展历史中，城市的规划兴建大都考虑政治军事因素，比较起来，商业因素的作用并不明

---

① 徐中约：《中国近代史》，世界图书出版公司，2008，第 60 页。1850 年以前，中国的士绅总数约为 110 万人，而全国只有 2.7 万个官职。未做官而有功名在身的士绅分布在各地，士绅是中国最重要的社会集团。

② 关于士绅在城市里与城市里的官员以及乡绅的关系，请见〔日〕井上徹：《中国的宗族与国家礼制》，钱杭译，上海书店出版社，2008。

③ 赵冈、陈钟毅：《中国经济制度史论》，新星出版社，2006，第 411 页。

显。这与欧洲中世纪后期的城镇完全由商业因素促成大相径庭。此时的情况完全不同，商业因素在大的地域范围内开始超过其他因素成为城镇形成的主要动力。

18世纪末，整个中国社会经济在乾隆统治的末期逐渐走下坡路。19世纪中叶，经过两次鸦片战争以后，中国进入半殖民地半封建社会。清政府的统治者为了解决一系列的内忧外患，先后进行了"洋务派"改革、戊戌变法以及立宪运动。清王朝已经穷途末路，这些局部的变革虽然给中国带来一些变化，但是已经不可能有什么彻底的改变出现，清王朝只能等待革命的来临。其中，洋务派在全国各地掀起了"师夷长技以制夷"的"洋务运动"，翻译、引进西方的技术思想，制造机械、舰船、枪炮，也进行了一定的城市建设。洋务运动的主要人物有曾国藩、李鸿章和张之洞等。以洋务运动开办江南制造局等一些军事和民用工厂为肇始，中国民族工业的规模飞速增长，随后，欧美资本家在一些租借城市大量设厂，发展迅速。

19世纪60年代以前，清朝的外交体制还是所谓的"封贡体制"（又被称为"朝贡贸易"）。在封贡体制下，周围国家自愿成为中国的"藩属国"，在拥有自己主权的前提下，接受我国古代皇帝的册封，每隔固定一段时间到我国朝贡。此外，如果这些"藩属国"出现叛乱或遭受入侵，只要他们有要求，古代中国会担负起平叛和援助的责任。在朝贡的过程中，很多国家都是借着朝贡之名，行贸易之实，中国古代朝代更迭，唯此政策一直未变。"这是古代一代一代传承下来，宗旨在于长期维系中外和平，彼此互利。"① 封贡体制是由政府主导的对外贸易体制，创造了我国古代辉煌的对外贸易成就。17世纪中叶，欧洲与中国的贸易逐渐展开。18世纪，借助沿着航海时代开辟的新航路，欧洲的荷兰、英国、瑞典等国家的船只每年都远涉重洋前来东南沿海清廷允许的港口进行贸易，这些代表着世界发展新力量的大船，依然在这样的外贸体制下，留下大量的白银以带走中国的丝绸、茶叶等特色产品。这些白银也促进了中国国内贸易的发展。从那时起，中国成为世界贸易体系中重要的一环，中国不仅影响着世界，世界也开始影响中国。虽然起初世界对中国文化的影响显得有点微不足道，但是在经济上却对国内的贸易和生

---

① 王尔敏：《五口通商变局》，广西师范大学出版社，2006，第73页。

产起到极大的促进作用，间接地引发了资本主义萌芽的产生①。1861
年，北京成立总理各国事务衙门，这才正式宣告了封贡贸易制度的
结束。图3-2为19世纪末20世纪初的广州城。

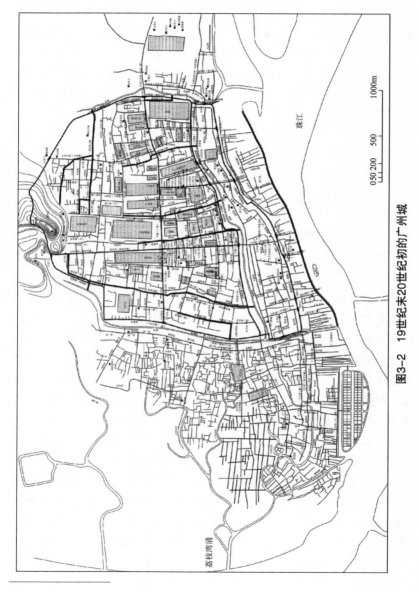

图3-2　19世纪末20世纪初的广州城

①　唐力行：《商人与中国近世社会》（第二版），商务印书馆，2006，第126~135页。

在这样纷繁变换的时事中，中国也在悄悄地变化着，很多新的城镇形成，并出现了像上海那样的国际大都市。虽然农民的生活一直变化不大，但是城市生活却形成了新的局面。鸦片战争之前，中国城市绝大部分是地主封建统治阶级、士绅以及一些商人、手工业者的聚居地，城市生活与乡村生活差别并不是很明显。鸦片战争之后，城市里来自国外的商品种类繁多、价格低廉，城市人的生活方式也越来越现代化。国外的思想也开始在国内传播，文化、医疗、科学和民主等思想越来越广泛地被人接受，主流的儒家思想被挑战、改造甚至抛弃。

3.1.2 广州地方情况简述

清代中后期，十三行制度是"封贡体制"下的制度，与广州城市公共空间的建设密切相关。明代以前，政府在广州设立市舶司来管理外贸事务，并设置官市为贸易地点。但是，由于前来贸易的国家日益增多，因朝贡而进行的贸易的规模越来越大，因此，为了便于管理，"有明一代，对外贸易盖以官设牙行为媒介"[1]。牙行就是贸易代理商行，由明政府设定的代理商行与外商进行对外贸易，这就是十三行的前身。清代沿袭明代的制度，继续采用官设商行来管理外商的贸易，只是在具体操作的过程中做过一些调整而已。总的原则没有变化，还是由政府指定几家行商来与外洋商人接洽，这些行商为外洋商人担保并监督管理他们的行为，一旦外洋商人的在华贸易出现问题，那么相关的行商就要负相应的责任。因为同时可以通过包揽与外洋商人的生意而获利，因此，行商也愿意承担这份责任。这样，清廷就完全脱离了贸易管理的具体事务而只管赚取利润了。与以前的朝贡不同，清代来广州的西洋商人是在资本主义商业扩张的背景下来进行贸易的。在清代皇帝眼里，他们与以前那些朝贡国家没有什么区别，虽然很多西洋国家并不在皇家的朝贡名册上，但是清代皇帝依然对它们一视同仁。1759年以后，独口通商的背景创造了广州对外贸易历史的又一个辉煌。例如，"广州的（伍）浩官在1834年时已经积聚了2600万洋银的财富，据马士

---

① 梁嘉彬：《广东十三行考》，广东人民出版社，1999，第24页。

（H. B. Morse）称，这是世界上最大的商业资产"①。这些商业资本参与国际贸易，推动了广州社会的进步。

清代，以广佛为中心的珠江三角洲经济区域，与长江三角洲、长江上游、华北等几个经济区形成了中国区域贸易的中心②。通过内河运输、发达的远距离贩运，这些区域生产的商品行销全国各地。区域经济联系推进了城市化进程，广州位于珠江三角洲中心位置，也受到了整体区域经济发展的影响，城市形态发生了较大的变化。清代前期，广东不少州府县的农业商品化水平已经超过江南，跃居全国第一位。由于国际市场需求刺激，明末清初的珠江三角洲开始出现"桑基鱼塘"，即把原来的塘基种植果树改为种植桑树。基种桑、塘蓄鱼、桑叶饲蚕，再以蚕屎饲鱼、塘泥肥桑。乾嘉年间甚至出现了"弃田筑塘，废稻树桑"的热潮。清代中叶，珠江三角洲已形成一个"周回百余里，居民数十万户，田地一千数百顷，种植桑树以饲蚕"③的专业化、大面积的蚕桑生产基地，成为仅次于江浙地区的蚕丝生产中心。由于农业生产采取了大规模的桑基鱼塘模式，清代广东开始成为粮食输入的大省，大量的劳动力成为贸易与手工业从业人员，推进了城市化进程。特别是清中叶以后，佛山飞速发展成为全国闻名的手工业制造、商品交换基地。佛山与广州，一个沟通国内市场网络，一个以国际贸易为主，二者共同形成"二元中心市场"④，互相促进，优势互补，相得益彰。广州在蔗糖、陶瓷、铁器、棉布与丝织、茶叶生产等方面迅速发展，"广货"异军突起，成为外贸市场主要的商品来源。

鸦片战争以后，五口通商的政策使广州的对外贸易发展有所回落。但是，由于广州有发达的对外交往经验，因此，其近代化企业发展迅速。洋务运动的主要人物刘坤一和张之洞都曾任两广总督，也曾在广州兴办一些近代的工厂。同时，民族资本和西洋资本都投向了生产领域。其代表事件具体如下。1872 年，南海创办了第一

① 徐中约：《中国近代史》，世界图书出版公司，2008，第 57 年。
② 关于中国清代以来城市的区域经济的详细情况，请见 G. W. 施坚雅：《中国封建社会晚期城市研究——施坚雅模式》，吉林教育出版社，1991。
③ 刘志伟：《试论清代广东地区商品经济的发展》，《中国经济史研究》1988 年第 2 期，第 84～92 页。
④ 罗一星：《明清佛山经济发展与社会变迁》，广东人民出版社，1994，第 237 页。

家机器缫丝厂，带动了生丝的生产，此时的粤丝出口比鸦片战争前增加 6 倍多①。1875 年，刘坤一创办增埗火药制造厂。1886 年，张之洞创办制造东局；1887 年，在广州大东门外创办广东钱局，进行造币；1889 年，设立广东缫丝局。

　　清末之前的广州城市与中国的其他城市一样，城市中主要的阶层仍然是官员、士绅、地主、商人和手工业者。在这个共性的条件下，广州城市的特点体现在以下两方面：一方面，归属宗族的习俗在华南地区很盛行②，不仅本地具有同一血缘的人可以成为一个社会团体，而且来自各方具有血缘联系的人也可以集合在同一宗族体系下，形成合族的力量；另一方面，商人的力量越来越强大。由于广州贸易城市的特点，商人阶层向来发达，清末的粤商自治会与广东地方自治研究社就是商人力量的代表。

　　清代中后期，广州作为两广总督督抚所驻城市，有四层权力重叠在一起，包括两广总督、广东巡抚、广州知府、番禺和南海两县。这些大小官员均有权干预本城事务。在众多的官员中，却没有专职的、职责明确的城市建设管理官员，城市的日常行政管理事务主要归南海县与番禺县两个县的县官分理。根据清代行政体制特点可知，县级为最底层行政单位，但是，两县辖境辽阔，人口众多，县官无暇对全县事务管理得面面俱到，很多日常事务的处理都需要借助乡绅进行。加之清末官员频繁更换，官员对于城市的管理极为有限，只有十三行地区在火灾过后有过自发的简单规划。鸦片战争以后，沙面租界的规划建设开辟了先有整体规划再建设新区的先河，为广州的旧城区树立了殖民主义城市街区的样板。沙面租界的建设由英法工部局负责，管理租界的治安、行政、市政公共建设以及人口、税务等事务。

第二节　城市自然山水

　　广州城域的北面是越秀山，东面分布着一些低矮的山岗，一直

---

①　司徒尚纪：《从生产分布的历史演变看珠江三角洲与资本主义世界体系的关系》，《中山大学学报》（自然科学版）1992 年第 4 期，第 113~120 页。

②　徐中约：《中国近代史》，世界图书出版公司，2008，第 56 页。

到清末，这里都很少被开发，南面是珠江，西面是地势较低的平原地带。18 世纪中叶，大部分地区还是水网纵横的郊区，城内则有由六脉渠形成的水系（见图 3－3）。

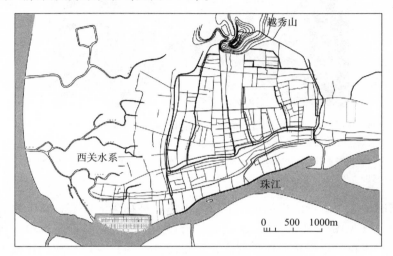

图 3－3　清代广州城域范围内的自然山水

注：图 3－3 中城内的粗实线代表六脉渠。

资料来源：笔者自绘。

广州城北面的越秀山在地貌上属于丘陵地，现越秀公园界址内主要有 7 座石英砂岩的小山冈，即越井冈、桂花冈、木壳冈、长腰冈、上山冈、蟠龙冈和鲤鱼冈。越秀山并不高，最高的蟠龙冈海拔71.6 米。越井冈和蟠龙冈两个小山岗位于城墙内，其中的越井冈海拔 69.2 米，观音阁修建于其上（见图 3－4），蟠龙冈上则修建了镇海楼。除此之外，越秀山山麓还有一些寺庙。越秀山被包围进城墙的部分面积约为 0.2km²，约为旧城面积的 1/20，"青山半入城"，所言不虚。

广州城南邻珠江，水流汤汤。清初时珠江的宽度大约是 500米，"清代中期，江岸所在位置，西起西炮台，向东至十三行街南的夷馆区、迎珠街、豆腐巷、近日亭至糙米栏以南，即相当于今六二三路—西堤二马路—西濠二马路—长堤—海傍街、石角一线"[1]。

<hr />

[1]　曾新、梁国昭：《广州古城湿地及其功能》，《热带地理》2006 年第 1 期，第 91～96 页。

图 3 - 4　清代末期的越秀山观音阁

注：本图为镇海楼西望，远处坡顶建筑即为观音阁。

资料来源：《清末越秀山照片》，爱老照片论坛，http：//bbs. ilzp. com/fo-rum - 78 - 1. html。

当时，江中靠近北岸的地方有巨石一座，被称为海珠石，其上建有炮台（见图 3 - 5）。珠江水域商船云集，江的北岸附近还有很多疍民直接在靠近岸边的船里安家，密集的疍民船只首尾相连，形成水面上的浮城。

图 3 - 5　清代末期的海珠炮台

注：图 3 - 5 为画家根据相关照片所绘制。

资料来源：《清代海珠炮台油画》，中国记忆论坛，http：//www. memor yofchina. org。

广州城内分布着被称为"六脉渠"的六条排水大渠。这六条大渠是按照城中地形修筑而成的。"多利用古代干谷地、小河溪，在濠池淤塞之后，加以疏浚而成。"① 据《羊城古钞》记载，"古渠有六，贯穿内城，可通舟楫，使渠通于濠，濠达江海，城中可无水患。实会垣之水利，乃屡浚屡湮"②。宋代已经有关于六脉渠的记载，明代扩建城北，六脉渠就包括了小北（即城东北）一带的各条渠道。可以说，各朝代六脉渠的位置几乎没什么大的变化，只是渠道的长短有所不同，有淤塞的地方就短一点，反之就长一点。

据《白云越秀二山合志》记载，乾隆五十六年（1791），六脉渠中"一道自北首十九洞起至药师庵止为横渠，但状元桥至东水关渠身尚存。自大石街狮子桥至状元桥悉系民房跨占。一道自状元桥起至文明门止，自天官里口至文明门各渠身全为民房压盖，原址无存。一道自文溪桥起至贡院前止居民跨占，渠身全塞。一道自莲塘街起至华光庙止，而莲塘街至抚署花园门首渠身虽存，亦已淤塞。由卫边街至七块石清风桥底南首华光庙等处，则居民建屋其上，悉用砖石铺盖。一道为九曜坊渠，在学政署内，东文场地基之下，由桂香街起至三圣宫止，悉在居民门首"③。可见，当时的六脉渠被民居侵占的现象严重，有的已经淤塞不堪，有的已经不存在，有的流经衙署，有的就在居民住宅门前流过。

嘉庆十五年（1810），官府疏浚六脉渠，此番疏浚所形成的水网系统被曾昭璇教授称为"嘉庆十脉"④（见图3-6）。需要说明的是，图3-6中六脉渠的所在只能是大致位置，因为这些渠道今已不存，文字叙述不明了的地方笔者并未绘出。当时的六脉渠分别是纸行街一脉，窦富巷、擢甲里、杏花巷一脉，雨帽街、桂香街、贤藏街一脉，卫边街、流水井、龙藏街附近一脉，旧仓巷、长塘街一脉和东华里以南一脉。除此之外，六脉渠还包括主要分布在城北部大石街、九如坊、西华一巷等地的水网。小北门一带的地势低洼，古代即为鱼塘菜地，将这部分扩建进城以后，又把文溪改道以宣泄城水。即使如此，北面的水流依然不畅，百姓经常受水淹之苦。这些大小水流贯穿城内，在与路网相交的地方建有各种桥梁。据不完

① 　曾昭璇：《广州历史地理》，广东人民出版社，1991，第164页。
② 　仇巨川：《羊城古钞》，广东人民出版社，1993，第65页。
③ 　（清）崔弼：《白云越秀二山合志》，古籍出版社，1849，第10页。
④ 　曾昭璇：《广州历史地理》，广东人民出版社，1991，第164～174页。

全统计，广州城在民国前建成的、可考兴建年代的古桥有 62 座①。

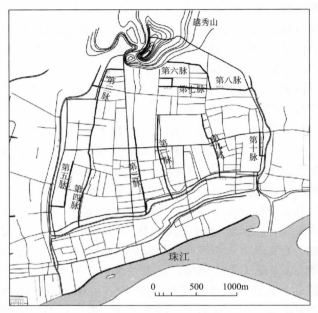

图 3 - 6　根据"嘉庆十脉"绘制的六脉渠

资料来源：笔者自绘。

　　嘉庆年间，六脉渠被疏浚以后，广州曾立碑永禁占塞，但是收效甚微。嘉庆十五年（1810），广州疏浚西关濠涌按"濠之广以丈六尺为率"②。由于西关在当时尚属郊区，因此疏浚时面临的利益问题相对容易解决，西关濠涌的疏浚宽度就应该大于城内。城内六脉渠的疏浚必然存在困难，因此，城内六脉渠的宽度应该不到 5 米（16 尺）。在古代的六脉渠，除去宣泄了的居民生活用水以外，还有白云山水的补充，水量应该比较充沛。但是，在嘉庆时期，城内水渠几乎没有延伸到北面一带，六脉渠水源得不到自然水源的补充，水流逐渐减小。在上述疏浚六脉渠的历史记载中，还提到疏浚六脉渠时要"各街小沟一律疏浚"。可见，当时的六脉渠水源大部分都是通过一些小的沟渠将生活污水汇合而成的。原来可通舟楫的

---

①　广州市地方志编纂委员会：《广州市志·卷三》，广州出版社，1995，第 56 页。

②　番禺市地方志编纂委员会办公室：《清同治十年番禺县志》，广东人民出版社，1998，第 120 页。

城内六脉渠大部分在 19 世纪初就已经成为只能排水的水道了。六脉渠不断地被淤塞，即使是被疏浚以后，也没有了往日的风采。

清同治时期（1857），由于英法联军的入侵，城内环境遭到破坏，六脉渠大部分再次被淤塞。同治九年（1870），六脉渠重新被疏浚，疏浚后的六脉渠系统与嘉庆十脉大同小异①。布政使王凯泰按照"决其壅塞，拓其迫狭，或循故道，或辟新沟"的方式修治②，原来的渠道被保留，又新增了一些渠道，实际上，这些渠道都是对城内原有的小沟渠进行扩展而来（见图 3－7）。清代几次疏浚六脉渠，但都没有记载六脉渠的宽度。也许是因为六脉渠道被疏浚之后就越来越窄，最终难逃淤塞命运，在清代这个情况出现得更加频繁。所以，六脉渠的宽度一直是一个动态的值，六脉渠渠道及

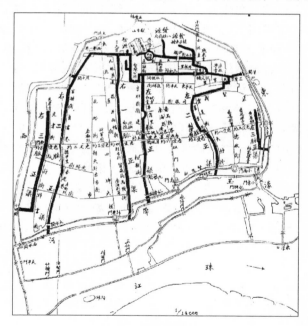

图 3－7 同治六脉渠

资料来源：番禺市地方志编纂委员会办公室：《清同治十年番禺县志》，广东人民出版社，1998，第 50 页。

---

① 曾昭璇：《广州历史地理》，广东人民出版社，1991，第 171～174 页。
② 曾新、梁国昭：《广州古城湿地及其功能》，《热带地理》2006 年第 1 期，第 91～96 页。

滨水区域就成了可变的城市公共空间。

清代广州的城濠（护城河）主要围绕在旧城的西、南和东三面，曾昭璇教授分别详细论述了古城几条城濠的变迁情况①。但是，其中关于南濠、清水濠和玉带濠的具体位置似乎没有交代清楚。本书按照同治版《番禺县志》中记载的城濠情况叙述："池隍在外城曰'濠'，自东迤西，三面绕城，城中六渠，回环贯串，皆汇于此。旧为濠四，皆自达海，今合为一。以目验之，由东水关而出，南达珠江，北至正东门北城下旧水关，为'东濠'。自定海门桥至文明门青云桥，为'清水濠'。由西水关而出，北过正西门，又北至流花桥，南达珠江，为'西濠'。自南门桥至归德门以西，为'南濠'。统名曰'玉带河'，长二千三百五十六丈五尺，广二丈有奇。新城临江无濠。"② 在此县志中，清代环绕广州旧城并达珠江的城濠被统称为"玉带河"，其中包括西濠、东濠、清水濠和南濠（见图3-8）。玉带河总长2356.5丈，即7540米，宽2丈余，即8米左右，长度与笔者绘制的数字地图中的数据基本吻合③。经实测，留存到现在的东濠涌宽度为8米（见图3-9），与该县志所记载的相同。因此，本书按照该县志命名各条城濠，其中清水濠与南濠在旧城的南城墙下、新城的北面。

到清代中后期，城濠同样受居民侵占影响严重，需要疏浚。据《羊城古钞》中所引的乾隆《南海县志》记载，"城濠原广十丈有奇，今侵与濠畔之民，始为木栏，继甃以石，日积月累，濠愈狭矣。比之初额，不及其半"④。乾隆以前，城濠的宽度不到5丈，也就是小于15米。乾隆三年（1738），"南番知县各浚所属城濠，阔

① 曾昭璇：《广州历史地理》，广东人民出版社，1991，第175～195页。

② 番禺市地方志编纂委员会办公室：《清同治十年番禺县志》，广东人民出版社，1998，第210页。

③ 关于城濠，在同治版的《番禺县志》和曾昭璇教授的论述中，东濠和西濠是一致的，而南濠、清水濠、玉带濠的情况二者描述有所不同。笔者认为曾教授所言是针对历史上的城濠来说的，清中后期，历史上的南濠已经成为南濠街一带的一条六脉渠，清水濠也成为大塘街一带的六脉渠，由于历史变迁，这些城濠已经改变。所以本书采取《番禺县志》中对南濠、清水濠的记载，玉带河是广州城濠合一的统称。曾教授所言的玉带濠应该是《番禺县志》中的南濠和清水濠。

④ 仇巨川：《羊城古钞》，广东人民出版社，1993，第102页。

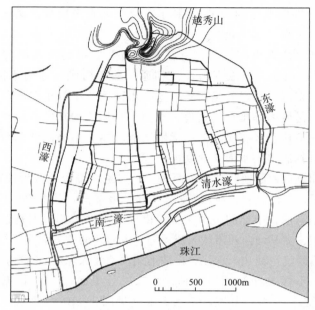

图3－8 清代广州护城河（城濠）

资料来源：笔者自绘。

图3－9 现在的东濠涌照片

注：现在的东濠涌上建有高架桥。

资料来源：笔者自摄。

二丈余，深三尺五寸"①，宽度与上述同治版《番禺县志》所载一致。可见，原城濠宽度大于32米（十丈有奇），后来缩窄为不到

① 阮元：《广东通志》卷十三《舆地志》。

15 米（不及其原来的一半），到了乾隆时期直至后世，宽度就一直保持在约 8 米（二丈余）。

六脉渠分别出东、西、南三面城墙上的水关与城墙外的城濠（护城河）相通，城濠则与珠江相通，从而构成连通的水网系统。东墙外是东濠，西墙外是西濠。这个水网系统中的很多河段可通舟楫，不仅是城内外排水的通道，也担负着运输的功能。虽然六脉渠和城濠在清代已经有所淤塞，运输功能减弱，但城濠和部分六脉渠段并没有彻底丧失水面交通功能。

广州城以西的地区被称为西关。这里绝大部分地区为冲积平原，地势低平，湖沼星罗，河道纵横，可谓水乡泽国。其中的水系主要有北面的驷马涌，中部的上西关涌，南面的下西关涌、大观河和柳波涌。其中，驷马涌向西流注入流溪河；上西关涌支流众多，与下西关涌汇合后经荔湾涌注入珠江；柳波涌则向南注入珠江。这些河涌并不长，"上下西关冲源流均不长，约二三公里而已"①。根据前文的《番禺县志》记载，其宽度不到 5 米（见图 3 - 10）。西关地区地势

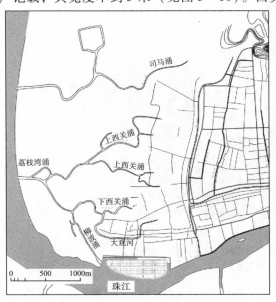

图 3 - 10 清代广州西关的水系

资料来源：笔者自绘。

---

① 徐俊鸣：《广州市区的水陆变迁初探》，《中山大学学报》1978 年第 1 期，第 84 页。

低洼，清代初期的此地建设了几条堤围，用来挡住泛滥的河水，形成陆地以供百姓居住，最早形成的就是永安围、西乐围和带河基。

第三节　城市公共空间的整体形态

清代中后期，广州的城市生活没有像现代那么丰富，建筑类型也比较单一，即使是衙署、商店、寺庙等公共建筑的形态也与住宅形似。这些建筑围合形成公共空间的整体形态，包括路网结构、街巷肌理等内容。由于城墙的存在，一般来说，中国古代城市城墙内的规划建设能够得到控制，而城墙外的控制较弱，城墙的内外形态具有比较明显的区别。广州也不例外，笔者将整体形态分为城内与城外两个区域，具体如下。

3.3.1　城内区域

在地图上可见，清代广州城墙大体呈现北圆南方的形状，北面弧形城墙的顶点是越秀山上镇海楼（五层楼）所在的位置，南面有两道城墙，最南面临珠江的城墙位于万福路、一德路一线，在它的北面是另外一道城墙，位于现在的文明路、大德路一线。西面城墙位于人民路，东面城墙位于越秀路（见图 3-11）。在城墙的西南角和东南角还分别筑有两道城墙向外延伸到珠江边，俗称"鸡翼城"。同治《番禺县志》卷十四称："顺治四年东，总督佟养甲筑东、西二翼城，各长二十余丈，直至海旁。"这两道翼墙将城墙外珠江边的地域包含进来。广州城南北长度最大值（北面至最南面城墙的最大值）约为 2.3 公里，东西长度最大值约为 2.5 公里，曾新估算城墙内区域面积大约为 6km^2[①]。在笔者绘制的地图上，清代广州城墙内围合的面积为 5.11km^2。其中，旧城面积 4.13km^2，新城面积 0.98km^2。据《南海县志》记载，广州城"城周三千七百九十六丈"[②]，按清营造尺计算，一丈为 3.2 米，则城墙的周长为 12.1千米。在笔者所绘地图上，城墙的周长约为 12 千米，二者基本吻

---

① 曾新：《明清时期广州城图研究》，《热带地理》2004 年第 3 期，第 293～297 页。

② （清）黄佛颐：《广州城坊志》，广东人民出版社，1994，第 36 页。

合。按照这样的城市空间尺度，居住生活在其中的人们更容易感受到公共空间的总体形态，从而拥有良好的场所感觉。和很多中国清代城市一样，广州城内构成公共空间界面的房屋多为一层，尺度宜人、街巷狭窄且宽度变化小、密度较大。城内很少有属于全体居民使用的公共开敞空间，只有一些大型寺庙的庭院有时会向公众开放。城里聚集了六条以上宽窄不一的河渠，街巷的构建工作则在河渠水流之间的陆地上展开。

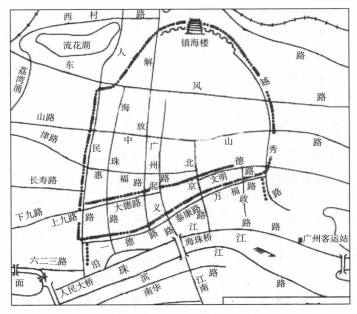

图 3-11 清代城墙在现代的位置

资料来源：笔者改绘自《广州市文物志》（《广州市文物志》编委会，岭南美术出版社，1990，第35页）。

新城紧邻旧城，是旧城向南拓展而来的区域。新城沿珠江展开，整体形状呈南北短、东西长的狭长条形。由于受江岸地形的影响，这个条形区域西宽东窄，新城西部南北向最宽处约为510米，东部最窄处约为230多米，二者相差两倍多，东西长约为2700米。由于靠近珠江，在宋元时期，尚未被城墙包围的此地得到了长足的发展。

受历史和政治军事因素的影响，旧城内部的城市公共空间形态架构在局部上也存在些微变化，笔者还可以据此进一步将其分为北城区、西城区和中东城区三个子区域。三个子区域分别以天宫里、德宣街（现为东风中路）和拱辰坊、四牌楼（现为解放路）为界。天宫里、德宣街（现为东风中路）以北的区域为北城区，拱辰坊、四牌楼（现为解放路）以西的区域为西城区，余下区域为中东城区（见图3－12）。

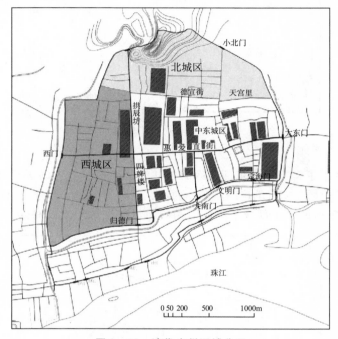

图3－12　清代广州旧城分区

注：图3－12中的深色块为衙署所在地。

资料来源：笔者自绘。

清代广州的城墙范围与明代城几乎一样。明代的广州城在宋代的基础上，将原来的三城合一，并扩建了北面和南面的城区，形成了后世的大格局（见图3－13）。北城区将越秀山包含进来。原来这里是广州城的郊区，在被扩进城内以后，受城市经济因素的影响仍然较小，并没有像其他区域那样得到充分发展，到清一代，这里仍然分布着菜地、鱼塘，具有田园风格。西城区来源于唐代的蕃坊，唐代的蕃坊是靠经济因素发展起来的新街区，不存在历史遗留的政治因素。从1756年开始，此区域成为清代八旗军驻扎的旗境地区，所以其公共空间具有自己的特点。

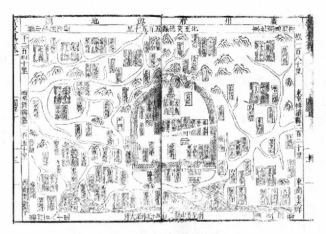

图 3 – 13　明代广州城

资料来源：（明）黄佐：《广东通志》。

　　为了了解旧城中东部城区的公共空间架构，我们尚需追溯到宋代的广州城。宋代的广州城分为西城、子城和东城三部分（见图 3 – 14）。宋城的三个部分来源各不相同，子城来源于南汉时期的王宫。

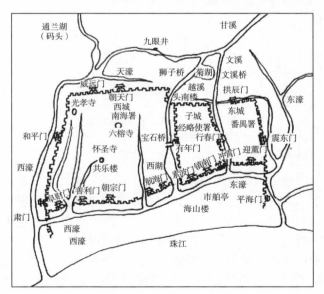

图 3 – 14　宋代广州城布局

资料来源：周霞：《广州城市形态演进》，中国建筑工业出版社，2005，第 38 页。

宋时子城的范围"东至文溪下游（今仓边路一带），西至西湖（现今教育路、西湖路），南达今文明路，北抵越华路"[1]。清代时，原宋代子城的范围也可以大致根据六脉渠的位置而定（见图3-15），因为在六脉渠中，左一脉与左二脉就是原来宋代子城东、西两边城墙的护城河[2]，而南面的城墙位置在清代没有大的变化，北面为司后街（现为越华路系，因司后街上越华书院得名）。城东原为越人的居住区，发展到清代，这两部分区域形成中东部，一并成为广州城中的政治核心区域，具有明显的政治社会地位。

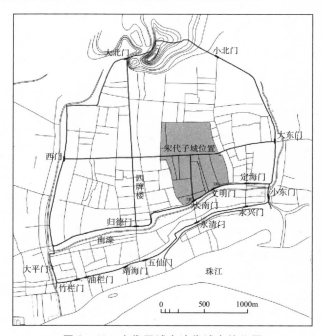

图 3 - 15　宋代子城在清代城中的位置
资料来源：笔者自绘。

3.3.1.1　城中建筑

　　清中后期城内的建筑景观现在已经无从可考，但是当时到广州的西方传教士的信件却给笔者留下了一些相关线索。1722年，耶稣会传教士杨嘉禄神父在信中写道："城里既无空地也无宽敞的园子。

---

①　周霞：《广州城市形态演进》，中国建筑工业出版社，2005，第37页。
②　曾昭璇：《广州历史地理》，广东人民出版社，1991，第167页。

街道长、直、窄，只有几条较宽；在较宽的街道上隔一段距离便可看到一座相当漂亮的凯旋门。房屋皆是平房，几乎全是土屋，夹杂着一些砖块，屋顶盖的是瓦片。街上全是店铺，店内十分干净。"①无独有偶，1724 年在广州的罗马教廷直属的传教士马国贤（Marreo Ripa）神父在他的回忆录《清廷十三年》里讲述了当时的街景，"广州府是第一流的城市，它的街道一般都是既长又直。根据中国流行的风格，广州的房子也都是单层的，由围墙围起来。墙上没有任何窗口，所以看起来就像是女修道院"②。1759 年与 1724 年相去不远，因此我们可以相信，18 世纪中叶，广州城域范围内无论是什么样的住宅类型，绝大多数是一层的，内部有天井庭院，外墙几乎不开窗，住宅墙体材料为土和砖，多数住宅占地不大，其中大户人家的住宅为大型院落式，占地较广。

由于目前原来清代的一层完整形制的住宅已经几乎不存，因此笔者无法通过现场的踏勘了解当时完整住宅的实际情况。不过，在清末的照片、漫画、绘画作品中，我们尚可以找到一些蛛丝马迹。将搜寻到的这些资料排列起来（见图 3-16、3-17），笔者发现，几种类型的一层住宅大部分是由具有坡屋顶的单体进行院落组合而形成的，相互之间的区别只在于院落进深的多少和单体的大小而已。虽然在广府住宅中，三间两廊的住宅形式具有较长的历史③，但是在城中，这样的住宅却比较少见。三间两廊式住宅的特征是正房前面有比较小的由院墙围合的天井内院（见图 3-18），这个特征在上述住宅中却很少见到。在确定了住宅的基本形制以后，笔者还必须进一步确定住宅的尺度，以便了解街道公共空间的具体效果。

在广州市内现存零星不完整的一层高度清代住宅中，位于越华路小东营的黄花岗起义指挥部旧址（见图 3-19）与位于恩宁路的詹天佑故居（见图 3-20）是其中的代表，笔者也在十六甫东街发现几栋与历史绘画和照片中的住宅相似的建筑（见图 3-21），虽然不能确定其就是清中后期的住宅，但是至少具有一脉相承的特

① 杜赫德：《耶稣会士中国书简集——中国回忆录Ⅱ》，大象出版社，2001，第272页。
② 马国贤：《清廷十三年——马国贤在华回忆录》，上海古籍出版社，2004，第31页。
③ 陆琦：《广东民居》，中国建筑工业出版社，2008，第89页。

图3-16 清末时期的广州城内外住宅历史照片

资料来源：《各种广州城内外的历史照片》，中国记忆论坛，http：//
www. memoryofchina. org；大洋论坛，http：//club. dayoo. com/read. dy？b =
viewpoint&t = 822310&i = 822310&p = 1&page = 4&n = 20。

点。另外，虽然城里很少有三间两廊式的住宅，但是，无论是什么
样的住宅形式，广州传统住宅中建筑单体部分的构架方式都是一致
的。综上，笔者仍然可以参考广府三间两廊式住宅中单体的尺度，以
及住宅的样式，再根据这几栋住宅主要尺寸的实测结果（见表3-
1），得出城内住宅的一般原型。

表3-1 现在实存住宅单体的尺寸

单位：米

住宅名称	檐口高度	屋脊高度	进深
坑背村的三间两廊传统住宅	4.45	6	6.2
小东营黄花岗起义指挥部	4	5、6、6.8	3.8、6.7、9.8
詹天佑故居	4.5	5	—
十六甫东街住宅	4.4	—	—

图3-17 清末漫画中的广州城内外住宅

资料来源：广东省立中山图书馆：《旧粤百态》，中国人民大学出版社，2008，第42、60页。

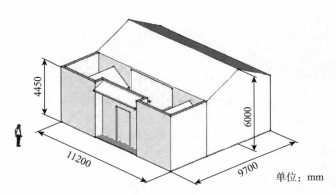

图3-18 三间两廊住宅模型

注：此模型代表了一般的三间两廊住宅，由笔者根据资料自绘。

资料来源：汤国华：《岭南历史建筑测绘图选集（一）》，华南理工大学出版社，2004，第136页。

根据肖旻的研究，三间两廊住宅的平面心间净面宽尺寸为17个瓦坑，即4080mm；次间净面宽为13个瓦坑，即3120mm。在林冲的论文中，认为台湾地区传统铺屋与内地相差不大，台湾"传统铺屋开间之尺度，传统上一直沿用丈竿法，立面宽度主要取单数十五或十七坑瓦为基本，刚好与作梁架的圆木材长短配合，大约3.5米至4米"[1]。综上，可以肯定，传统广府住宅的最大开间尺寸在

---

① 林冲：《骑楼型街屋的发展与形态的研究》，博士学位论文，华南理工大学，2000，第305页。

4 米左右。

图 3 - 19　小东营黄花岗起义指挥部旧址
资料来源：笔者自摄。

图 3 - 20　詹天佑故居
资料来源：笔者自摄。

图 3 - 21　十六甫旧住宅
资料来源：笔者自摄。

　　至此，笔者得出清代中后期广州城中住宅的一般原型。在比较小的住宅组合中，单开间单体建筑的面宽约为 4 米，坡屋顶檐口高度约为 4.5 米，坡屋顶屋脊的高度为 5～7 米。随着住宅规模的扩

大，住宅开间数增加，通面宽增加，三开间的单体建筑通面宽为
11~12米。进深尺寸与屋脊高度具有一定的关联性，当进深尺寸是
6.5米左右时，屋脊高度是6米左右。单开间的住宅将两边的山墙
向前突出700mm左右，屋檐向外挑出，形成门前空间。多开间的
住宅则往往在入口处凹进700mm左右，形成门前空间。二者在此
基础上形成院落组合关系（见图3-22）。

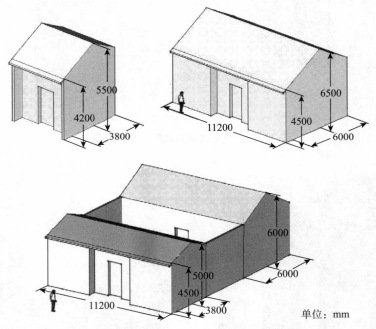

单位：mm

图3-22　清中后期广州一般住宅的基本类型
资料来源：笔者自绘。

在城内的某些区域，这种住宅形式一直延续到清末，在此过程
中，住宅形式只是在局部进行加建或改建，主要变化为建筑材料变
成以砖为主，以及个别住宅高度变为两层。鸦片战争之后的广州商
业进一步发展，人口增加，商业动力与居住需求压力均使住宅向高
处发展，建筑材料以砖为主，出现了两层、三层的住宅，形成了竹
筒屋与西关大屋类型的住宅建筑。竹筒屋的"平面特点在于每户面
宽较窄，常为4米左右，进深视地形的长短而定，通常短则7~8
米，长则12~20米。……西关大屋多取向南地段，建在主要的街

巷上，平面呈纵长方形，临街面宽十多米，进深可达四十多米"①
（见图3-23、图3-24）。

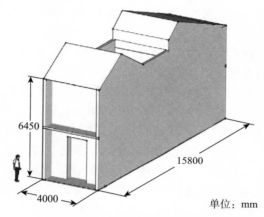

图 3 - 23　清末竹筒屋住宅

资料来源：笔者自绘。

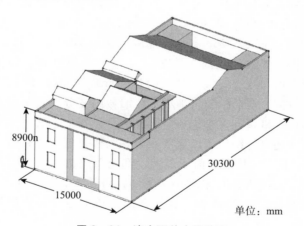

图 3 - 24　清末西关大屋住宅

资料来源：笔者自绘。

　　旧城历来都是广州的政治经济中心，里面住着官员、八旗军、
商人等，根据《驻粤八旗志》记载，每名士兵的住房有3间②。因
此，旧城内的住宅面积必然比较充裕，规模较大，人均居住面积较

①　陆琦：《广东民居》，中国建筑工业出版社，2008，第90~92页。
②　（清）长善等：《驻粤八旗志》，辽宁大学出版社，1992，第84页。

多。居住区的街巷空间界面景观以实墙面为主，其间，住宅入口门头变化形成的节奏舒缓。由于新城历史上是沿珠江自发形成的区域，其中的住宅地块受经济因素的影响明显，住宅应以竹筒屋等狭长的形式为主。

除了住宅以外，作为两广的政治中心城市，旧城内还分布着数量众多的衙门机构。旧城的城市公共空间架构也与城池的政治和社会管理相关。首先，旧城内部分属两县管辖，以广州巡抚署、双门底上下街（今北京路）为界，以西为南海县管辖，以东为番禺县管辖。另外，1756 年以后，清政府决定调整广州军队的驻防，满汉八旗进驻广州旧城，为避免军民杂处以及满足管理的需要，以大北门到归德门的大北直街、四牌楼一线为分界，街道的西面（西城区）是满汉八旗驻扎所在地区，被称为旗境，界线的东部区域则被称为民境。因此，为便于管理，在政府的衙门机构中，全部军事衙门均分布在大北门到归德门以西区域，民事管理衙门，除了南海县所属的一些官署分布在旗境外，其他官衙均分布在民境（见图 3 - 25）。城内有布政司、广州府署、广府学宫、番禺县署、南海县署、两广部堂（见图 3 - 26）、巡抚部院、盐运司、按察司、学院署、督粮道、提督学院（见图 3 - 27）、贡院、番禺县署、钱局、军器局、捕厅、按司厅等省级、县级的各个行政管理衙门①，其中的巡抚部院、贡院、广府学宫占地广大。旧城内还分布着八旗军、汉军绿营的各种军事管理、训练、后勤部门，包括将军署、左都统、右都统衙门，还有都统以下的满汉八旗各级协领署、佐领署、防御署衙门等②。其中，将军署面积最大，都统衙门次之，然后随着级别的降低，官衙的规模越来越小。例如，协领署官衙为房 50 间，所有官衙署通共用房 2344 间。在城西的街道上还有起防御作用的堆

---

① 清代的地方各级文官包括总督、巡抚、司道、布政使、按察使、道台、知府、知县。广州城内有两广总督府、巡抚部院、广州府、布政使、番禺县署、南海县署等衙门。

② 清代军队分为八旗军与绿营兵两种，二者分别拥有自己的一套级别制度。地方绿营的各级武官包括提督、总兵、参将等，八旗军有将军、都统、协领和佐领等。八旗军于1795年驻守广州，城内分别有相应的官府。八旗军驻地分布有各旗箭道，以及前锋营箭道和抚标箭道。各旗还拥有自己的马圈。全广州城有堆卡 40 座。军事设施内容详见《驻粤八旗志》。

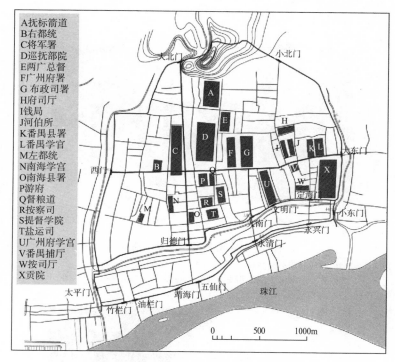

A抚标箭道
B右都统
C将军署
D巡抚部院
E两广总督
F广州府署
G布政司署
H府司厅
I钱局
J河伯所
K番禺县署
L番禺学宫
M左都统
N南海学宫
O南海县署
P游府
Q督粮道
R按察司
S提督学院
T盐运司
U广州府学宫
V番禺捕厅
W按司厅
X贡院

大北门　小北门　大东门　小东门　永兴门　定海门　文明门　大南门　永清门　归德门　西门　五仙门　蒲海门　珠江　太平门　竹栏门　油栏门

0　500　1000m

图3-25　清代广州主要衙署机构分布
资料来源：笔者根据《广州城坊志》相关记载自绘。

卡12处和栅栏91道，分别有士兵把守。旧城内尚有箭道11处，供士兵练习骑射[①]。除了广府学宫外，城内还有包括番禺学宫和南海学宫在内的各级学宫、社学[②]。

在四牌楼以东地区（中东城区），分布着大量的书院建筑，特别是大、小马站和流水井，形成了独特的书院建筑群城市景观（见图3-28）。据历史记载，其中面积比较大的有粤秀书院、越华书院、羊城书院和西湖书院等。粤秀书院（位于今越秀书院街）修建于康熙年间，在嘉庆时期东西宽约30米，南北长约125米，面积

---

① （清）长善等：《驻粤八旗志》，辽宁大学出版社，1992，第78~86页。
② 清代广州的官办学校除了府、县两级的学校以外，还有社学、义学等。社学是为儿童准备的学校，义学是为孤儿等设置的学校。据《羊城古钞》记载，广州城内有社学14所、义学4所。此外，还有为数众多的民办书院。古代的学校直接与科举制度相关，因此，学校是社会中的重要机构，在城市里也具有重要的地位。

图 3 - 26　清末两广总督署衙门

注：两广总督府在清末才搬至图 3 - 26 中的位置。

资料来源：《两广总督府历史照片》，http://www.fotoe.com/sub/100071/5。

图 3 - 27　清末提督学院

注：提督学院是学政部门。

资料来源：《提督学院历史照片》，http://www.fotoe.com/sub/100071/8。

近 3700 平方米①。越华书院位于司后街（现越华路），在乾嘉期间

---

① 广州市越秀区地方志办公室、政协学习文史委员会：《广州越秀古书院概观》，
中山大学出版社，2002，第 25 页。

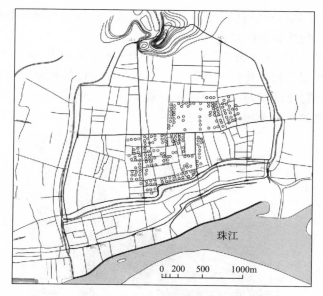

图3-28　清末广州城中书院分布

注：图3-28中的圆点代表书院建筑，可以看出其分布的密集程度。

资料来源：《广州越秀古书院概观》，中山大学出版社，2002，第2页。

面积达到6000平方米①。羊城书院和西湖书院的确切面积笔者并不知晓，但是，其与清初几大书院相比，面积也不会太小。除了这些官办的书院外，民间书院也大量建设②。其中规模比较大的有考亭书院，位于西湖路附近的流水井，其在21世纪初尚存1500平方米的面积；庐江书院也位于流水井，建于1808年，占地面积达1722平方米③。在中国古代社会中，读书是普通人成为社会精英的唯一途径。因为读书与社会政治有着密切的联系，因此无论是官办还是民办的书院都要与官衙邻近。新城内部没有书院建筑，衙门建筑也很少，分布有粤海关衙门。两广总督署在清中后期直到同治以前都位于新城内的卖麻街；同治以后，两广总督署搬迁至旧城区司后街

① 广州市越秀区地方志办公室、政协学习文史委员会：《广州越秀古书院概观》，
　　中山大学出版社，2002，第55页。
② 清代广州民间书院的功能比较复杂，有的也担负着祖祠、合族祠的功能。详细
　　情况请见黄海妍：《在城市与乡村之间》，生活·读书·新知三联书店，2008。
③ 广州市越秀区地方志办公室、政协学习文史委员会：《广州越秀古书院概观》，
　　中山大学出版社，2002，第143～145页。

（今越华路）。由此可以看出，旧城的中东部民境具有明显的社会政治地位，构成城市的政治核心。

城内还有很多代表家族乡绅力量的合族祠、族祠①（见图3-29）。除了这些宗族祠堂外，还有较多为纪念名人而设的祠堂。祠堂在旧城内分布得比较均匀，新城内的祠堂多位于城域的东侧，这也许与新城西侧的商业更加发达有关系。

图3-29 清末广州城中祠堂历史照片

资料来源：《祠堂》，中国记忆论坛，http://www.memoryofchina.org。

广州城内遍布寺庵庙观，几个大的寺庙分布在旗境区域内，包括光孝寺、六榕寺、怀圣寺、五仙观。只有大佛寺位于民境。在五

---

① 广州在经历了清初的屠城以后，人口减少很多，族祠建设也受到了很大影响。清中期逐渐出现了一些合族祠，这些祠堂并不仅仅是祭祀祖先的地方，更多的是担负着凝聚本族姓力量、教育下一代等社会职能，有一些祠堂就是民办的书院。在清代的社会中，大量考取功名却没有做官的读书人成为乡绅，成为民间重要的政治力量，在国家管理过程中起着重要作用。族祠是乡绅活动的主要场所，因此，族祠也是城市中的重要场所。

仙观中建有岭南第一高楼，又名禁钟楼。禁钟楼坐北朝南，宛如城楼，通高 17 米，分为上下两层，内有大钟（见图 3 - 30）。五仙观位于被称为坡山的一处小丘陵上。清朝末期，城内兴建天主教圣心教堂，教堂在修建以后，体量巨大，使得新城的城市景观深受教堂的影响。

（a）五仙观门口　　　　　　　　　（b）从南海学宫看五仙观

图 3 - 30　清末五仙观历史照片

资料来源：《五仙观旧照片》，大洋论坛，http://club.dagoo.com。

商业建筑在旧城与新城内均有分布，布局在街道、桥头与城门口，开放的市场相对较少，商业街道分布较广。这与广州自古以来就是商贸城市，以及商业文化异常发达的背景是密不可分的。在旧城内的商业街道主要有大市街、小市街、归德门市、清风桥市、大南门市、西门市、大北门市、四牌楼市、莲塘街市、正东门市、小东门市、仓边街市和二牌楼市①。

城内建筑环境中的两个高塔是城中的制高点。一个是位于六榕寺中的六榕寺花塔，该塔是一座仿楼阁式的穿壁绕平座结构的砖木塔，平面呈八角形，外观 9 层，内设暗层 8 层，塔高 57.6 米。另一个是怀圣寺（光塔寺）中的光塔，建于唐贞观年间，青砖砌筑，底为圆形，塔高 36 米。这两座塔都是可以登上去的高层建筑。

综上，18 世纪中后期，这些公共建筑、院落共同围合形成广州城内的公共空间，其立面构成公共空间实体界面。实际上，多数街道的立面景观是连续的墙面，其中掺杂着一些建筑入口（见图 3 - 31），商业街道的立面景观则是连续的店铺门面。

---

① （清）黄佛颐：《广州城坊志》，广东人民出版社，1994，第 38 页。

图 3 - 31　花塔与街道的历史照片

注：图 3 - 31 中远处为六榕寺花塔。

资料来源：《清末街景》，大洋论坛，http://club. dayoo. com。

3.3.1.2　路网结构

　　城内的道路系统结构基本上是由南北向、东西向道路共同形成的网格结构（见图 3 - 32）。由于发展时序、地理位置的差异，旧城、新城等几个局域内的路网结构在街巷肌理、道路密度等方面也存在不同，呈现一定的拼贴特征。在城墙围合的范围内，南北向道路的数量多于东西向道路，新城中东西向道路的数量比旧城中的多。城内主要道路大部分分布在旧城中，其中最长的道路是大北直街、拱辰坊、四牌楼和小市街一线，贯穿旧城和新城，总长约为 2.4 公里，也是唯一一条贯穿旧城和新城的道路。在城墙内的路网结构中，除了一些清晰可见、形式规整、可以互相交接的道路以外，在路网分隔形成的街区内部还有很多尽端小巷，这些小巷在街区内部呈现自然生长的状态（见图 3 - 33）。在旧城内部这种特征最明显，新城内部道路以沿城濠方向的东西向道路与南北向道路近似正交为特征。

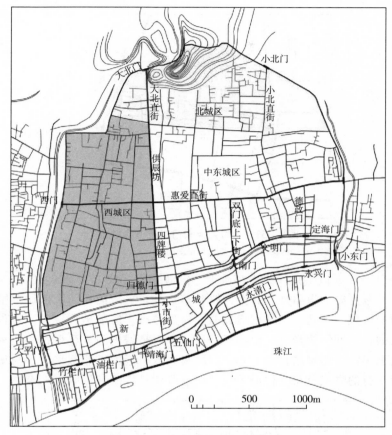

图 3 - 32 清末广州城内路网形态

资料来源：笔者根据历史地图自绘。

　　旧城南面有 4 个城门，道路穿过其中 3 个与新城连接。四牌楼出归德门连接新城内的小市街，即现今解放路；旧城内双门底下街出大南门为新城的南门直街（现今北京路），继续出永清门为城南的仓前街，连接旧城、新城和城南；旧城德政街出定海门与新城内的定海直街连接，即现今德政路。

　　旧城内部的路网最完备，道路多呈现十字相交、丁字相交，内部小巷的密度相对不高。旧城内部虽然基本是正交网格，但是其主要道路形成的街区内部街块大小各异。主要道路有惠爱直街（今中山四、五、六路），大北直街、拱辰坊、四牌楼一线（今解放路），双门底上下街、南门直街一线（今北京路），小北直街（小北路）、

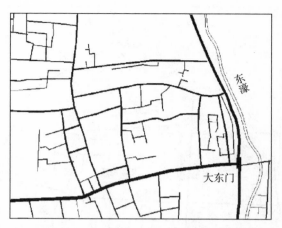

图 3 – 33　旧城内大东门附近小巷形态

资料来源：笔者根据历史地图自绘。

仓边街（仓边路）一线，德政街、定海直街一线（今德政路）。除了几条主要的道路外，其余道路并不笔直。一方面是因为旧城范围内的区域并不是一次规划形成的，而是经历了历朝历代逐步发展得来的，路网结构带有历史特征。另一方面是城内的六脉渠在一定程度上影响了路网结构的形式。旧城在渠道附近的道路都采取了与渠道平行的方式分布，构成了局部街道肌理的特征（见图 3 – 34）。

图 3 – 34　城中六脉渠与渠边的街道形态

注：图 3 – 34 中城内的粗实线代表六脉渠。

资料来源：笔者根据历史地图自绘。

在旧城路网结构中，北城区以较密集的小街巷为特征，肌理呈现自然发展的状态，西城区的街巷肌理呈十字正交的情况较多，而中东城区道路相交呈鱼骨状，丁字路口较多。在中东城区，惠爱直街是主要道路，两边的支路与它垂直相交。南北向道路较多，东西向道路较少，街块形状多呈现南北长、东西窄的形态。很多公共建筑分布在这个区域，且大都是院落式布局，相对来看，占地面积比较大。因此，该区域的街道肌理相对疏朗。最大的街块内部分布着广州府衙与布政司等，面积在 19 公顷左右，巡抚衙门所在地块位列第二，面积在 17 公顷左右，贡院所在街块位于第三，面积在 10 公顷左右。与其他几个区域相比，分布在街区内部的小巷较少，自发生长的特征不明显。中东城区的道路密度约为 10.18km/km^2，西城区的道路密度约为 10.68 km/km^{2}①，二者数据相差不大，但是，中东城区的道路分布没有西城区均匀。相距最远的两条街道是旧仓巷与卫边街、厚玉巷（今吉祥路），距离为 670 多米。西城区内部道路网格相对规整，惠爱直街、大市街贯穿东西，光孝街、纸行街、窦富巷、花塔街、朝天街（即现今光孝路、纸行路、海珠北路等）连通南北。街区尺寸变化不大，内部也较少尽端小巷。街道地面为石板路，但并不是整条街道都铺满石板，有些较宽的道路中间为石板，两边还是土路。

虽然新城与旧城的关系紧密，旧城道路通过三个城门延伸到新城，并成为新城内的主要道路，但是新城整体的路网肌理与旧城有着明显的区别。其中，南北向的小巷密集，并呈现垂直于珠江的趋势；东西向的道路较长，主要沿着珠江岸边展开，形成商业街道。濠畔街、高第街都是位列其中的繁华街道，从一些街巷名称如卖麻街、白米巷、小市街等也可以看出街区的商业特性。如果对广州城内区域进行功能分区，新城区应属于商业区。

除了几条主要街道以外，城市中还密布着大量的小巷。关于主要街道的宽度，后文将具体说明。其余街道的宽度，历史文献虽有涉及，但是记载却不准确。清末的时候，除了主要道路，"一些繁

---

① 此处计算的道路中没有包括街区内的小巷，道路数据以笔者绘制的清代地图为准。其中，中东城区道路总长度约为 16.39km，城区面积约为 1.61km^2；西城区道路总长度约为 13.89km，城区面积约为 1.3km^2。

华街道，阔仅六尺"①，"旧城或鞑靼城，除了三四条街道以外，其余只是狭窄曲折的小巷。这些脏臭的小巷里面的房屋是由泥土和竹子盖成的"②。在距离清末不远的民国时期，也有一些文献提到街巷的宽度，虽然不一定精确，但也可以作为参考。据1931年《新广州》记载，广州的"旧有内街，湫隘狭窄，……而六七呎者，占最多数"③。综上，大多数小街巷的宽度不到2米，小巷的剖面如图3-35所示。住宅区街道景观比较单调，多是墙面和建筑的山墙，只在有住宅入口的地方，墙面内凹。

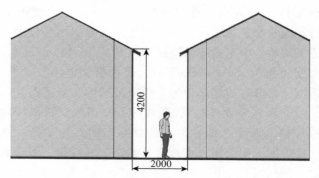

单位：mm

图3-35　广州城内小巷的剖面情况

资料来源：笔者自绘。

广州是中国历史上著名的商贸城市，既是对外贸易的港口，也是国内贸易的中转站。商业贸易一直是城市的重要功能与发展动力，这个特点也使广州的重要城市公共空间大都具有商贸功能。清代，广州城墙内外区域的城市公共空间形态有所差别，城墙内大部分地区建筑密集、空间紧凑。公共空间形态以街道网格为主，没有大面积的市民活动广场。商业性的公共空间也基本是线形的街道，即使是商业集市，也是沿着这些街道分布在路口、桥头。这些街道既是商业活动之处，也是市民活动之所，人员密集，景观丰富。城内主要的商业街道是四牌楼、双门底上下街和惠爱直街。值得注意的是，

① 杨颖宇：《近代广州第一个城建方案：缘起、经过、历史意义》，《学术研究》2003年第3期，第76～79页。

② 〔法〕伊凡：《广州城内》，张小贵、杨向艳译，广东人民出版社，2008，第60页。

③ 方规：《广州市政总述评》，《新广州》1931年第2期，第10页。

清代的广州城内曾四处布置牌坊①，在这些商业街道上，分布着系列牌坊，形成独特的景观，是理解街道空间形态的重要基础。

3.3.2　城外区域

城外区域包括城南、西关和东关。其中，东关在清中后期开发很少，本书主要论述西关和城南部分。

西关地区是城外位于西濠以西的广大区域。在 1907 年的广州地图上，西关地区的面积在 3.3 平方公里左右，是城墙内面积的1/2。乾隆时期，广州主要在城内发展。"清代前期的地图，如康熙《广东通志》《南海县志》及乾隆《广州府志》的地图对广州城外的街区建置并没有绘制，如对西关的街区并无标注"②，原因在于：一方面是地图制作失之简略；另一方面是当时的西关虽有所发展，但并不那么发达。西关地区在历史上河道纵横，东面是广州城的西濠，南面是珠江，西面是上下西关涌和柳波涌。西关地区在清初期还是人烟稀少的郊区，据《广州城坊志》摘《广东新语》中所载，"广州西郊，为南汉芳华苑故地，故名'西园'。土沃美，宜蔬，多池塘之利。每池塘十区，种鱼三之，菱莲茨菇三之，其四为雍田，以篾为之，随水上下，是曰'浮田'"③。可见，当时的西关地区还是种植蔬菜、遍布池塘的地方，百姓在池塘中养鱼并种植水生植物。西关地区地势低洼，为了能够在这样的地方居住，"计明清以来，西关平原开发即曾建有 4 条南北高基，有作堤围，有作大道。后来开街也沿着大堤建立"④。因为西关地势向西南倾斜，所

---

① 牌坊在唐代被称为坊门，在街道的起始端，树坊门以标志门口，广州目前的街道仍然有这样的做法。宋代以前，我国城墙内区域还有坊墙，将居住区划分为更小的彼此独立的封闭区域，这个区域在唐代被称为"坊"。每个封闭的坊都有坊门。宋代以后，由于政治、军事、经济等复杂的因素，封闭的里坊被打破，坊墙不再存在。但是，坊门却被遗留下来。在很多中国古城内部的街道交叉口都树有刻着坊名的独立坊门，后来逐渐演化成具有旌表、纪念等社会意义的独立式牌坊或者牌楼。牌坊与牌楼并没有太多的区别，主要区别在于牌楼是有屋顶的，而牌坊是没有屋顶的。但是，这种差异往往并不明显，也有很多人把有屋顶的牌楼称为牌坊。

② 曾新：《明清时期广州城图研究》，《热带地理》2004 年第 3 期，第 293~297 页。

③ （清）黄佛颐：《广州城坊志》，广东人民出版社，1994，第 533 页。

④ 荔湾区政协文史委：《荔湾风采》，广东人民出版社，1996，第 18 页。

以其兴建的堤围都是南北向。四条堤围是：高基、带河基、西乐围和永安围。其中，西乐围建于乾隆二十九年（1764），永安围建于道光九年（1829）。在这些堤围的内部，则形成了新的居住区。

　　曾昭璇教授研究了西关地区的发展变化，并绘制了相关的地图（见图 3 - 36）。在此图上可以比较清晰地看出西关的发展脉络。西濠在历史上是沟通城西北的兰湖码头与沿江商区的重要交通纽带，沿西濠地区最先发展起来，也就是从第一甫一直延续到第八甫，转而与江岸平行。到了 18 世纪中期，除了西濠边以及十三行一带有少量的居住区外，西关地区大部区域还是广大的郊区，遍布着水塘和农田。18 世纪末直到 19 世纪初，在西乐围和永安围以内地区，出现了以农村居住形态为特征的聚居点。据考察，西乐围内有 26

图 3 - 36　西关历史发展情况

资料来源：曾昭璇：《广州历史地理》，广东人民出版社，1996。

个村，永安围内有 12 个村。对外贸易带动了棉织和丝织加工贸易的兴起，高基内逐渐形成纺织工场区，"第六甫、第七甫、第八甫，转西上九甫、长寿里、茶仔园、小甫园，北连洞神坊、青紫坊、芦排巷包括的地区，成为'机房区'"①。据记载，广州附近的纺织工场在清代就已经有 2500 家，每家有手工业工人 20 人。18 世纪以后，西关也集中了大批的织造工场。1822 年，西关发生大火，火由第七甫烧起，蔓延至太平门，波及十三行，西至西宁堡。大火烧了三个昼夜，毁坏房屋万余间，烧毁街道七十余条②。此次大火波及地区就位于机房区，造成了大规模的损失。因此，虽然笔者无法考证上述记载大量的纺织工场到底有多少集中在西关，但是可以肯定这里当时已经有大量的织造工场。大约自同治、光绪年间以来，直到清末，即在 1860 年至 1910 年 50 年的时间里，在今宝华路、多宝路和逢源路一带，建成了高级住宅区，乡绅和富商在此兴建了很多著名的西关大屋式住宅。十八甫与十三行附近地区是商业区。西关各个区域连接紧密、成片发展，各个区域的形态特征有所不同。发展的态势是由沿濠发展逐渐向南、向西。于是，西关就成为居住、生产和商业兼备的综合区域，在清末的时候飞速发展，人口稠密，已经超越城墙内区域成为广州新的聚居区。

值得一提的是，19 世纪下半叶形成的以西关大屋住宅形式为主的绅士富商居住区采用了正交网格的道路系统（见图 3 - 37）。其中是否存在类似房地产开发的组织来运作这个住宅项目，笔者不得而知。但是，如果从以下几方面分析，住宅区建设采用正交网格的方式就不是一种巧合了。首先，这些购地建屋的人是"绅富"，就是乡绅和富商。乡绅是有功名在身且家族关系庞大的人，鉴于西关地区的绅富曾经在 1810 年组织"文澜书院"作为清理濠涌的组织，笔者有理由相信，在住宅建设过程中，存在由地方乡绅参与的某种民间组织，它们共同协调完成住宅建造。在该过程中，这些组织也有可能参考广府村落梳状布局的肌理（见图 3 - 38），从而进行住宅区的布局控制。其次，在"绅富"居住区开始建设的时候，沙面租界区的建设已经初见端倪。"绅富"居住区的屋主富商大多

---

① 曾昭璇：《广州历史地理》，广东人民出版社，1996，第 387 页。
② （清）黄佛颐：《广州城坊志》，广东人民出版社，1994，第 569~570 页。

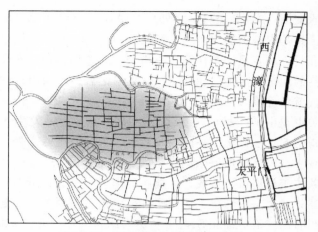

图 3 - 37　西关大屋区位置及平面情况

注：图 3 - 36 中的阴影部分为西关大屋区，其中的道路系统呈正交网格状。

资料来源：笔者根据历史地图自绘。

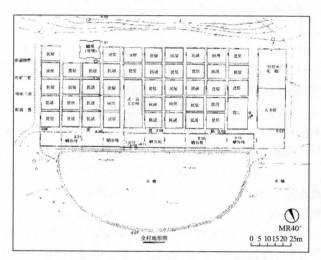

图 3 - 38　坑背村广府村落总平面

资料来源：汤国华：《岭南历史建筑测绘图选集（一）》，华南理工大
学出版社，2004，第 133 页。

经营国际贸易，与沙面岛上的外国人联系密切，所以，住宅区的布
局也一定会受到沙面岛网格状道路的影响。

在地图上测得，西关大屋区的街区进深方向多在 40～50 米，
面宽包括约 120 米、约 170 米、约 220 米三个类型的尺度。除去约

220 米的大街块，西关大屋区与沙面街区的面宽差别并不大（见图3－39）。综合以上因素，笔者认为，西关大屋的布局具有岭南传统村落与西方近代网格的双重意义。在西关大屋区的道路中，大街宽4～5 米，小巷宽约 3 米。西关大屋入口处的檐口高度为 8～9 米。西关大屋街巷剖面情况见图 3－40。

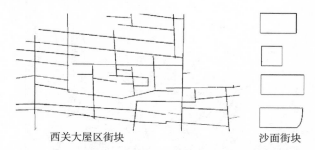

西关大屋区街块　　　　　　　沙面街块

图 3 – 39　相同比例的西关大屋街块与沙面街块尺度对比
资料来源：笔者自绘。

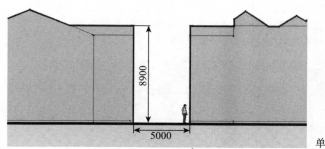

单位：mm

图 3 – 40　西关大屋街巷剖面情况
资料来源：笔者自绘。

　　西关地区的道路网格密集，地块比较零碎，大面积分布着尽端小巷。除西关大屋区外，整个西关道路狭窄而自由随意，街道小巷的网格形态与城濠、河涌的关系密切。不同道路网格拼接的界线往往是河涌，这成为西关地区道路网格形成的基础。即使现在这些河涌变为道路，也看得出来当年河涌的形状对城市公共空间形态的影响（见图 3－41、图 3－42）。整个西关地区没有公共的开敞空间，只在华林寺、长寿寺等几个寺庙中有较大的院落，有时会向一般民众开放。在城市的发展过程中，也会有一些菜地等空地被留存下来。西关区域内既有自然形成的公共空间系统，也有经过规划后形成的部分。

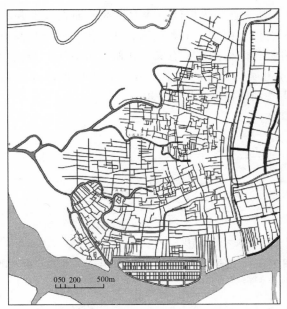

图 3 - 41　清末西关街道形态与河涌的关系

资料来源：笔者根据历史地图自绘。

图 3 - 42　现代西关地区街道形态

注：图 3 - 42 中白线表示现已是街道的原水系。

资料来源：笔者在 Google Earth 中改绘。

　　因为西关是主要由商业因素促进发展而来的新区，其河网纵横，环境质量较好，所以在富商眼里西关更适合居住，"内城不如外城好，如果它更好的话，我就会住进去。每天富人都会离开封闭的内城，来到溪边，为了呼吸一下流水带来的新鲜空气。那些富人从不回到内城"①。这种情形与西方城镇的富人在工业化的初期纷纷到城外居住的现象非常相似。只不过广州的情况是城内发展历史过长、人口增加，以及环境拥挤导致的居住条件下降，而国外的情况是工业化大生产导致环境污染，以及大量的失地农民短时间内涌入城内找工作导致的居住质量降低。由此看来，广州应该是在19世纪下半叶就已经开始城市的郊区化进程了。

国际贸易以及围绕国际贸易的周边服务产业是西关地区发展的主要动力。清末时，佛山的异军突起，广州已经不再是国内贸易的聚集地，更多的业务是为外贸服务的。佛山成为广货出口的重要生产基地，也是部分货物转运内陆市场的枢纽。与西方多数城市不同，商业成为促进广州城市化进程的主要因素，也是因为国际贸易，来自欧美的商人带来的不仅仅是工业化的商品，也带来了工业化的文化形态，还带来了局部的建成环境，广州城市公共空间的建设逐渐融入全球化。

由鸡翼城部分包围的城南地区形状与新城很相似，不过也是地理的原因，城南地区刚好形成西窄东宽的情况。处于城外的城南地区有一定的自发形成的形态特征。适应珠江码头的商业功能，在珠江岸边，几乎全是南北向道路形成的梳状肌理，与珠江河道形成了垂直的关系。越往西靠近十三行商馆区，这个情况越明显，街巷之间的距离最窄处只有10余米。

城墙根部因为与城濠接近，一般较少有建筑，也会形成一定的滨水线状开敞空间。据程天固的回忆，城濠"即其两旁寻丈余地，亦需用作道路，不许民业侵涉"②。可见，沿城濠两边有3米多的道路用地，属于公共空间。

第四节　城内商业街道

3.4.1　四牌楼与双门底上下街

清代中后期，广州城内外都有牌坊分布③，这些牌坊都是为了

①　〔法〕伊凡：《广州城内》，张小贵、杨向艳译，广东人民出版社，2008，第57页。
②　程天固：《程天固回忆录》，龙文出版社股份有限公司，1993，第121页。
③　具体情况请见附表1《清代中后期广州的牌坊情况》。

旌表或纪念的功能而设，是街道空间序列中重要的标志物，具有深刻的纪念意义，在普通百姓的日常生活中起着道德教化的重要作用。牌坊分布最为集中的街道是四牌楼小市街一线（今解放路）和双门底上下街（今北京路）（见图3-43）。其中，双门底上曾有大

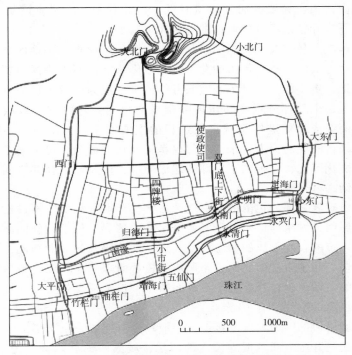

图3-43 清代四牌楼与双门底上下街在城中位置

资料来源：笔者自绘。

司成坊、榜眼坊等牌坊13座①，四牌楼街道上的牌坊为14座。荷兰使团的尼霍夫在1656年3月17日离开广州的时候，曾经写道："城里的房屋与宝塔都很漂亮壮观，较中国大部分城市更胜一筹。当我们经水门去二位藩王的府第时，穿过了十三道石砌的牌坊，这些牌坊上雕刻的人像、花卉都栩栩如生。"② 根据1750年广州地图（见图3-44）可知，水门是指珠江边上的城门，两位藩王的府邸

---

① （清）黄佛颐：《广州城坊志》，广东人民出版社，1994，第227～229页。

② 〔荷〕约翰·尼霍夫（Johan Nieuhof）：《〈荷使初访中国记〉研究》，厦门大学出版社，1989，第54页。

后来成为将军署和巡抚衙门，因此，这条拥有13座牌坊的路，是四牌楼（现今解放路）无疑了。上述文字叙述的是1656年广州的情况，但是因为当时的大部分牌坊是石砌的，四牌楼街道在清代中后期的情况应该没有大的改变，在上述1750年的广州地图中仍然可以看到四牌楼街道上的牌坊。这也就是说，当时解放路上牌坊密集，排列着一路向南延伸，一直延续到新城的小市街，形成了城市街道上独特的建筑景观。

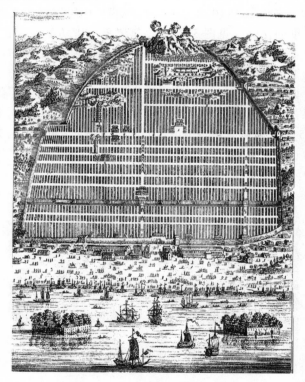

图3-44　1750年西方人绘制的广州城

注：图3-44中偏左贯穿南北的街道是四牌楼。

资料来源：广东省档案馆历史地图。

历史上并未见关于四牌楼与双门底上下街具体宽度的记载，既然这两条街道上都有牌坊分布，笔者就可以通过牌坊的尺寸来基本确定街道的宽度尺寸。那么，清代牌坊的具体尺寸是多少呢？根据楼庆西的论著，清代的牌坊并没有固定的宽度，只有间数，而每间的宽度也不固定。牌坊的通面宽是由道路的宽度决定的①。这种互相决定的叙述，似乎让笔者走进了死胡同。不过，毕竟牌坊只是一个古代建筑形式，而中国古代建筑都是木构架的形制，这为笔者提供了了解牌坊尺寸的线索。在清代的广府住宅中，正房当心间的开间尺寸在4米左右②。木构住宅开间的大小一般与木材的长度有关，牌坊虽然是石造的，但是也会参考木材的尺寸。因此，笔者推测广州城内牌坊最大尺寸的当心间宽度为4米左右，街道上大量的四柱三间牌坊的通面宽在10米左右。根据照片中民国时期尚存牌坊的面宽与高度的比例（见图3-45），笔者推测牌坊的高度在10米左右。由于古代民间建筑没有固定的尺寸，因此，这个牌坊的尺寸存在一定的浮动范围。笔者对广州市内目前仅余的一座牌坊进行了实地测量。如今，原四牌楼街道上的牌坊仅存一座，其余尽毁。根据实测结果，该牌坊当心间开间净宽4.3米，通面宽10.3米，总高度约10.5米，两侧屋顶各挑出约1米（见图3-46）。这个实测的尺寸数值也说明了笔者估算的思路过程和结果是正确的。因此，笔者可以肯定牌坊宽度尺寸的基本数值范围是10米上下。

图3-45　民国时期中华路（四牌楼）尚存的牌坊

资料来源：《民国时期四牌楼历史照片》，http：//club. dayoo. com/。

　　如果整条街道的宽度比牌坊的通面宽窄很多，街道空间就会在有牌坊的地方突然变宽。这种想法在牌坊很密集的街道上实现起来

① 楼庆西：《中国古建筑小品》，中国建筑工业出版社，1993，第40页。

② 关于住宅尺寸的具体情况，请见本章第五节。

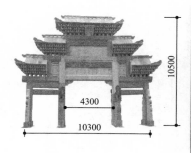

图 3 - 46　现今位于中山大学校园内的牌坊及其尺寸
资料来源：笔者自摄自绘。

比较困难。如果整条街道的宽度与牌坊的通面宽不相上下，那么牌坊就可以沿着街道排列，无论疏密，都能够从容布局。鉴于广州古城内街道两边的建筑不可能像现代一样受沿路红线控制排列得很整齐，街道的宽度也必然在较小的范围内变化。考虑牌坊屋顶向外的挑檐，四牌楼和双门底上下街的街道的最宽处应该为 12 米左右，这应该是城中最宽阔的街道了。据《羊城古钞》记载，明代正统六年，曾经修整广州城内的街道，最终"募工伐石，以甃砌之，广二丈五尺，延袤约数十里"①。明代 1 里为 1800 尺，10 里为 5.76 千米，虽然文中没有提及修了哪些路，但是，城内东西向最长的惠爱直街总长约 2.5 千米，按照数十里计算，这些用石块铺砌而成并进行修整的道路应该包括城内所有的主要道路，所以明代道路中用石块铺砌的部分的宽度为 8 米（25 尺）左右。如果这也是主要道路中比较窄的地方的宽度，那么当时双门底上下街和四牌楼最窄的地方就应该为 8 米左右，这个数值在清代应该变化不大（见图 3 - 47）。这两条街道两边的建筑多为商铺，当时的广州城内应该还没有功能单一的商业建筑，商铺大部分是由住宅临街部分改造而来的。"明清商业建筑中，'前店后坊''前店后居'的形式是很普遍的。"②明清的商业建筑是将住宅临街面开敞，将建筑内部作为商业卖场。

　　在清末画报《旧粤百态》中可见，当时四牌楼的故衣店基本为一层高（见图 3 - 48）。虽然《旧粤百态》是漫画作品，但是其内

---

① 仇巨川：《城古钞》，广东人民出版社，1993，第 172～177 页。
② 邢军：《广州明清时期商业建筑研究》，华南理工大学建筑学院，2008，第 120 页。

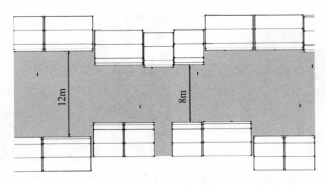

图 3 - 47　双门底上下街和四牌楼街道局部平面

资料来源：笔者根据推测尺寸自绘。

图 3 - 48　清末漫画中四牌楼的故衣店

注：由图 3 - 48 可见商业店铺的建筑形式。

资料来源：广东省立中山图书馆：《旧粤百态》，中国人民大学出版社，2008，第 28 页。

容反映了清末社会生活的方方面面，所绘制的建筑形式也具有连贯性，所以可以认为其所绘制的情况是真实的。店铺建筑中可能有夹层，其层高应该比住宅稍高。当时广州城内一般住宅的临街部分为坡屋顶，檐口高度在 4～4.5 米，屋脊高度在 5～6 米[1]。因为夹层

---

① 关于住宅建筑高度的探讨请见本章第三节。

被用作库房，可以利用坡屋顶下方空间（见图 3 - 49），所以笔者估算，其高度只比一层住宅高出 1.2～1.5 米。因此，四牌楼街道临街店铺檐口的高度应该在 5.2～6 米，屋脊高度为 6.2～7 米。街道两边的建筑高度不及街中的牌坊，街道的剖面宽高比（D/H）为 1.51：1 到 2.26：1（见图 3 - 50、图 3 - 51、图 3 - 52）。四牌楼街长为 800 米左右，平均 50 多米就有一座牌楼，空间节奏密集，给人的印象深刻。

图 3 - 49　1836 年外销画中的锡器店

注：可以看到，店铺上有夹层。

资料来源：《1836 年店铺》，FOTOE 图片库/广州旧影，http：//www. fotoe. com/sub/100071/5。

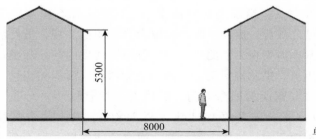

图 3 - 50　四牌楼街道宽度为 8 米处的剖面情况

资料来源：笔者自绘。

清代双门底上下街上的拱北楼仍然存在，即原唐代的清海楼。

图 3 - 51　四牌楼街道宽度为 12 米处的剖面情况
资料来源：笔者自绘。

图 3 - 52　四牌楼街道空间复原效果
资料来源：笔者自绘。

该楼所在位置基本为双门底上下街沿线的中间位置，原为广州城内
番山、禺山所在之处。这两座小山作为城市中的丘陵高地，对居民
而言具有特殊意义，南汉刘龑将两座小山削平，叠石建双阙于其
上，以壮宫城之威势，后几经改建，成为清代的拱北楼。虽然清代
番山和禺山基本消失在人们的记忆中，但是拱北楼的存在却提示了
城池的发展历史。拱北楼建筑"筑基广十丈四尺，深四丈四尺，高
二丈三尺，虚其东西两间为双门，而楼其上者七间"①。可见，拱
北楼面宽 30 多米，进深约 14.1 米，高 7 米多，其上建有高楼一
座。楼的面宽为 7 间，按照古建形制，面宽 7 间的楼一定不会是低
矮的。位于五仙观内的禁钟楼通高 17 米，如果该楼号称"岭南第

---

① （清）黄佛颐：《广州城坊志》，广东人民出版社，1994，第 217 页。

一高楼"，那么拱北楼整体通高应该仅次于它，也就是接近 17 米。街道在拱北楼处变宽，由两面和门洞穿出。双门底上下街的牌坊数量也比较多，由于没有双门底上下街牌坊的历史照片，笔者暂时无法确定该街道的尺寸。不过从街道的重要性来推断，清代中后期双门底上下街与四牌楼的情况类似。因此，双门底上下街的宽度与四牌楼相近，都是 8～12 米。在清中期，双门底上下街两边应该也是一层的商业建筑。在清后期，双门底上下街的发展则超过了四牌楼，商业更加发达，街道两旁出现了骑楼样式建筑，这也可以被看作比较早期的骑楼（见图 3－53）。同样参考住宅的高度，笔者估算两层骑楼式样建筑的坡屋顶檐口高度应该为 6～7 米，屋脊高度为 7～8 米。因为屋脊的高度与建筑进深的大小也有关系，所以笔者还不能确定它的数值范围。不过，可以肯定的是，两层建筑的屋脊高度不会超过 10 米，不会超过牌坊的高度。街道的高宽比（D/H）为 1.23∶1 到 1.84∶1（见图 3－54），双门底上下街总长在 540 米左右。

图 3－53　清末漫画中的双门底上下街

资料来源：广东省立中山图书馆：《旧粤百态》，中国人民大学出版社，2008，第 166 页。

　　明清时期，对牌坊的使用具有严格的规定和等级限制。街道中的系列牌坊既在高度上控制着整个街道，同时也比城中其他大部分建筑高，因此成为城中明显的地标（见图 3－55）。

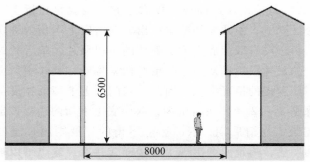

图 3 - 54　双门底上下街宽度为 8 米处的剖面

资料来源：笔者自绘。

Rue de la Trésorerie à canton, d'après les dessins tirés de l'album de M. le docteur Rideau et envoyés de Chine.

图 3 - 55　清末广州街道景观

注：图 3 - 55 中可见，牌坊高于一般建筑，是城中的地标。

资料来源：《法国人绘制的广州街景》，FOTOE 图片库/广州旧影 http://www.fotoe.com/sub/100071/8。

　　因为受古代的水路运输影响，古代的广州城一直向西发展。西江和北江都汇集于广州的西北，来自北方中原内陆和西北的货物皆云集于广州西面的码头。而且，广州的地理条件是北、东两面为台地丘陵，南面是江，虽然西面地势低洼，不过比较起来，广州最容易向西面发展。于是，西面商贸比较发达的特性促使旧城内的四牌楼与北面的大北直街和拱辰坊连成一条贯穿城池的街道，直达北面的大北门和南面的归德门，在明嘉靖以后成为城内唯一一条贯通南北的重要道路。四牌楼出归德门向南延伸为小市街，归德门外是南濠，历史上的南濠很宽，是商船躲避风浪的内河，濠畔街的商业也很发达，虽然清代的城濠逐渐失去了大船航运的功能，但是濠畔街仍然集中了很多商铺，其中大多数是由外地来广州做生意的人开办的[①]。其商业圈的功能一直延伸到城内的四牌楼市，清代的四牌楼市主要是灯市、故衣店等。四牌楼市、归德门市与小市街都是有历史记载的广州城内街市。此外，四牌楼街也担负一定的政治功能，如起兵反清的陈子壮就于四牌楼被处决[②]。

双门底上下街（现为北京路）位于古城的中心，历史更加悠久。在唐末的南汉政权期间，广州兴建了大规模的宫殿，那时的双门底上下街就已经是宫城前的一条主街了。目前，北京路地下考古发掘的路面铺砌遗迹也证明了这条路有上千年的历史。双门底上下街北面与惠爱直街（现为中山路）呈 T 字相交，正对惠爱直街北侧的是布政司、广州府衙门，街道两旁学院林立。在旧城中，大北直街—四牌楼街道以东的城区内分布着众多的衙门官署机构，双门底上下街基本位于这个区域的中心位置。同时，双门底上下街还是商业中心，街道两边分布着刻书坊、装裱铺等与书院功能相联系的商业建筑。每到年底，双门底上下街还是重要的花市，"每届年暮，广州城内双门底卖吊钟花与水仙花成市，如云如霞"[③]。

由此可见，四牌楼与双门底上下街共同构成旧城内两个重要的商业街道空间。一条贯通南北，另一条位于传统政治中心，各有特点，各自发展。

3.4.2 惠爱直街

在广州城内，惠爱直街几乎位于城的中间位置，是唯一一条贯穿东西、连接城门的大街（见图3－56）。惠爱直街也是重要的商业街，沿街分布着系列市场，与四牌楼一样，"两条道路皆为商业通衢"[④]。不仅如此，在清代以前的历史上一直都有重要衙署分布

---

① 龚伯洪：《商都广州》，广东省地图出版社，1999，第83页。

② （清）黄佛颐：《广州城坊志》，广东人民出版社，1994，第294～295页。

③ （清）黄佛颐：《广州城坊志》，广东人民出版社，1994，第219页。

④ 邢军：《广州明清时期商业建筑研究》，博士学位论文，华南理工大学建筑学院，2008，第78页。

在街道两旁。清初时候，藩王独占广州旧城，除了他的府邸，其余广州各级衙门都位于新城内。康熙年间平叛撤藩以后，各级衙署重新搬进广州旧城，大都位于惠爱直街的两侧。其中的重要部门位于惠爱直街的北面，这里由东向西分布着番禺学宫、番禺县署、城隍庙、关帝庙、布政司、广州府、巡抚部院、将军府、右都统府等一系列衙署建筑，这条街道再一次成为主要的政治性街道。同时，在惠爱直街上也分布着一些牌坊，这在史籍上都有所记载，只是都已经湮没不存了。有人考证，原来四牌楼街道上的四个重要牌楼最初就位于惠爱直街，后来才搬到四牌楼街的。"四牌楼，起初指的是明代广东巡抚戴瞑于嘉靖十三年（1535）选点巡抚署坐落的惠爱大街六约所建的 4 座木质牌坊：惠爱坊、忠贤坊、孝友坊、贞烈坊。"① 无论历史上哪个朝代，惠爱直街一直是广州城东西向的主

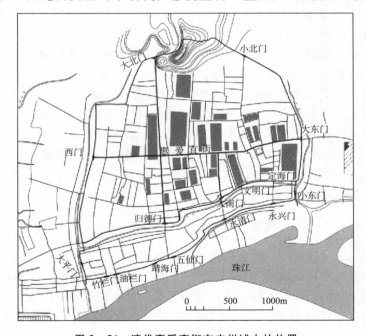

图 3 - 56　清代惠爱直街在广州城中的位置

注：色块代表衙署、书院等，多数沿惠爱直街分布。

资料来源：笔者自绘。

---

① 杨万翔：《家在广州：四牌楼起源》，http://www.ycwb.com/gb/content/2004 - 11/16/content_795827.htm。

要街道。所以，惠爱直街在当时的广州人心目中一定具有重要的历史意义。

　　既然惠爱直街曾经分布有牌坊，那其街道的宽度应该与四牌楼街道类似，也为 8～12 米。沿惠爱直街分布的重要衙门建筑的入口处一般从街道退后，在门前形成一个较宽的街道空间，这是惠爱直街与其他街道的不同之处。虽然广州城内其他街道两边的建筑也不一定排成一条直线，但是衙门入口的后退幅度要明显大于因建筑参差不齐所形成的凹处，成为一处特别的类似于西方广场的空间，有时有发布消息、进行诉讼等活动。例如，据《广州市志》记载，将军府前道路（今中山五路附近）宽约 50 米①，这样的宽度比道路大几倍。在清代末期的广州城图上，尤其是西方人绘制的较准确的地图上，将军府前确实存在较宽空地（见图 3－57、图 3－58）。如果两相比较，可以证明府衙前的空地是真实存在的，那么在历史地图上沿惠爱直街（即今中山路）分布的番禺学宫、布政司、广州巡抚衙门等几处门前都有类似的空地。从一些历史照片中对这些空间也得以窥见一斑（见图 3－59、图 3－60）。从整体布局来看，这些空间均分布在官府衙门等公共机构门前，有一定的功能。在照片中，

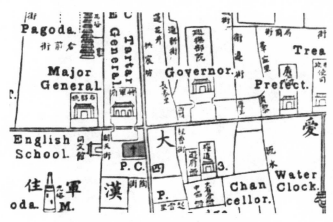

图 3－57　1890 年广州地图中将军署前空地

注：图 3－57 为西方人所绘，大致反映了当时城中的真实情况。

资料来源：国家图书馆历史地图。

---

①　广州市地方志编纂委员会：《广州市志·卷二》，广州出版社，1995，第 328 页。

有些官衙建筑的门前竖立着牌坊或照壁，构成空间的围合层次。

图 3－58　1900 年广州地图中将军署前空地

注：图 3－58 中可见将军府和巡抚部院前的空地。

资料来源：广东省档案馆历史地图。

图 3－59　1869 年布政司衙门前景观

资料来源：《1869 年布政司门前照片》，http：∥club. dayoo. com/
read. dy？ b＝viewpoint&t＝822310&i＝822310&p＝1&page＝4&n＝20。

图 3－60　清末将军署门前照片

资料来源：《清末将军署门前照片》，http：//www. memoryofchina. org/
bbs/read. php？ tid＝26120

　　根据以上判断，再结合笔者绘制的清代地图，可知，惠爱直街
巡抚衙门前的空地最大，进深在 90 米左右，面宽在 50 米左右，面
积在 4500 平方米左右。广州府与布政司衙门前的空地面积大小几
乎一致，呈现为边长近 20 米的正方形。这些在街道局部变宽的部
分是为了适应古代社会活动需要而出现的空地，虽然其在形态上类
似于广场，但是二者容纳的活动不同，代表的意义也不同，这些空
地并不是现代意义上的公共开敞空间，也不能与西方意义上的广场
相提并论。但是，无论如何，它们的存在都使街道景观出现了变化
与空间层次，为广州城内紧凑的公共空间体系带来了一些活力。

第五节　城内开敞空间

　　城市公共空间结构中的开敞空间是城市公共空间中的节点，西
方城镇往往利用开敞空间突出重要的建筑并容纳人们的公共活动。
据历史文献记载，广州城内几乎没有类似的开敞空间，笔者所能找
到的仅是在旧城内沿惠爱直街分布的各处府衙入口处加宽道路形成
的场地。除此之外，城内的开敞空间还包括一些空地，这些空地可
能是菜地、鱼塘，或者空房、破庙。

　　据《驻粤八旗志》记载，"将军、满汉副都统署外尚有群房余

地，归右司招租者编为将字、左字、右字、续左字、续右字，统计月租群房共七百五十四号，鱼塘大小十口，菜地十六幅，又年租土房共九十三号，空地十一段，厕所二……其在旗境者不备载，在民境者，将字菜地十五幅，一在大石街东，计长二十五丈，折宽十四丈……"① 可见，清中后期的城内尚有很多菜地和空房是八旗产业。其中大部分位于民境，小部分位于旗境。菜地、鱼塘分布在大石街上、越秀山下、小北门附近。根据记载，菜地面积共计大约9646平方米。在清末的地图上笔者也发现，在旧城西北角的地方，还留有大面积的菜地（见图3-61）。明初的广州城向北扩展，将越秀山的一部分扩进城垣之内，但是城北地区发展并不充分。同时，有些房子无主，也有些祠堂庙宇因无人管理而坍塌，《羊城古钞》里面记载的祠堂，有一部分已经不存，只保留了原址②，这些都是城内空地形成的原因。

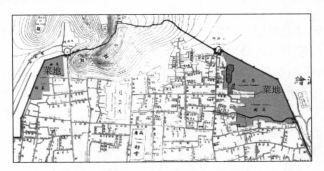

图3-61　1907年地图中城北的菜地

注：图3-60中阴影部分代表菜地。

资料来源：省立中山图书馆1907年历史地图。

在旧城的西城区，还有一些大的寺庙，例如六榕寺、光孝寺。虽然寺庙内的空地是否可以作为公共空间还要探讨，但是寺庙在一定时段内容纳公共活动却是不争的事实，属于广义上的城市公共空间。寺庙中规模最大的当属光孝寺，由于是院落式的布局，光孝寺大殿前庭院面积广阔，1990年时面积近4000平方米，当年的面积只会大于这个数值。

---

① （清）长善等：《驻粤八旗志》，辽宁大学出版社，1992，第77～78页。

② 仇巨川：《羊城古钞》，广东人民出版社，1993，第172～177页。

城北的越秀山有一部分被围合在城内，是最大的开敞空间（见图 3－62）。在山的高处有镇海楼，"是楼巍然五重，下视朝台，高临雁翅，实可以壮三城之观瞻。而奠五岭之堂奥者也"①。镇海楼是整个广州城中的最高楼。平面尺寸面宽 30.4 米，进深 18.2 米，高 24 米②，东西两面山墙和后墙的第 1、2 层用红砂岩条石砌筑，第 3 层及以上为青砖墙（见图 3－63）。镇海楼的西南面是观音阁，越秀山麓有三元宫、龙王庙、关帝庙等寺庙。清末此处还建有学海堂、应元书院、菊坡精舍书院。

图 3－62　清末城内越秀山开敞空间景观

注：图 3－62 拍摄位置在大北门附近，远处可见镇海楼。

资料来源：《越秀山景观历史照片》，http：//bbs. ilzp. com/forum－78－1. html。

新城内部发展充分，住宅密集，有很少开敞空间，只在石室教堂紧邻区域才有广场空地。广州圣心大教堂又名石室教堂，始建于1861 年，建成于 1888 年。该教堂位于卖麻街，当时永久租借原两广总督的故地，租地面积为 42 亩 6 分，后又增 17 亩 6 分，共用地

---

① （清）屈大均：《广东新语》，中华书局，1985，第 468 页。
② 镇海楼自兴建以来几次重建，清康熙年间由巡抚李士帧重修，据（清）崔弼的《白云越秀二山合志》（道光己酉新镌，卷四），该楼"高计七丈五尺，广计九丈五尺，衷计五丈七尺"（按照清营造尺合 320 毫米计算）。

60 亩 2 分，约合 4 公顷。法国人陆续在这块土地上兴建了教堂、学校、医院、孤儿院等建筑（见图 3 - 64）。

图 3 - 63　清末镇海楼照片

资料来源：《镇海楼历史照片》，http：∥www. memor yofchina. org/bbs∕read. php？tid = 26120。

图 3 - 64　一德路边的圣心教堂

注：图 3 - 64 中的空白处为圣心教堂及其附属建筑的场地，下面的黑白间隔线是一德路所在位置。

资料来源：广州市档案馆 1918 年历史地图。

总之，整个城墙内的建筑密度较高，这些开敞空间分布其中，虽然并不是真正意义的属于公共所有、为公共使用的公共空间，各个开敞空间元素之间缺乏关联，具有各自的作用和特征，但是也使空间秩序疏密有致，成为城内景观的重要感受点（见图3-65）。

图3-65　清末从光孝寺看远处的六榕寺花塔景观

注：图3-65摄于19世纪末20世纪初，在光孝寺大殿的侧面向东望，远处可见六榕寺花塔。

资料来源：《寺庙历史照片》，大洋论坛，http://club.dayoo.com。

第六节　城外滨江空间

珠江横亘在广州城的南面，历史上，城南沿江地区都是广州城拓展的重要区域。清代中后期，珠江逐渐缩窄，水量减少，城南滨江地区对水的利用越来越充分。由于城南滨江地区位于城外，发展空间相对自由，此处的公共空间形态具有与城内不同的特点：先是在西南角形成十三行商馆区，然后又在附近建设了沙面租界区，最终沿江修建了长堤马路（见图3-66）。

3.6.1　十三行商馆区

与十三行商馆区的设立相关的清代对外贸易、行商制度等背景，在梁嘉彬所著的《广东十三行考》中有详尽的考证，本书不再赘述。不允许洋人与华人杂处，是中国历朝历代处理对外关系的基本政策。作为对外通商的口岸，广州有在城外设立专门对外贸易区

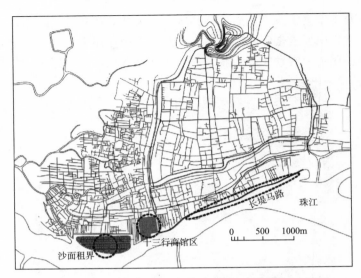

图 3 - 66　清代中后期广州城外滨江空间布局

注：由图 3 - 66 可见，城外滨江空间为城市发展提供新的动力。

资料来源：笔者自绘。

域的传统。唐宋时期的蕃坊、明代的怀远驿都是国际贸易服务区。
清康熙二十四年（1685），开放海禁，进行四口通商，在原明代怀
远驿附近开始形成十三行商馆区①。可见，十三行商馆制度与我国
古代的对外贸易制度一脉相承，十三行商馆区既是广州的外贸区，
也是广州国际贸易城市的象征。

　　现有的资料表明，18 世纪中叶以后的十三行商馆区分布在北
以十三行街为界、南以珠江岸为界、东以西濠为界、西以联兴街为
界的区域内（见图 3 - 67）。彭长歆与邢军的博士论文较详细地论
述了十三行商馆区的建筑形式②。十三行商馆建筑已经湮灭，好在
很多当时的油画反映了商馆建筑的景观，笔者只能从中一窥端倪，

---

①　关于清代十三行制度的具体情况，在《广东十三行考》中叙述详尽。具体请见
　　梁嘉彬：《广东十三行考》，广东人民出版社，1999。

②　根据几次火灾的影响，彭长歆将商馆建筑的风格分成三个时期，分别表述为文
　　艺复兴风格、新古典主义风格以及殖民地外廊式风格。邢军认为建筑风格的时
　　间分期并不是如此明确，而是呈现一个渐变的过程。彭长歆：《岭南建筑的近
　　代化历程研究》，博士学位论文，华南理工大学，2004，第 35 页。邢军：《广州
　　明清时期商业建筑研究》，博士学位论文，华南理工大学，2008，第 155～170 页。

以了解建筑景观的发展情况。在 17 世纪商馆区建设之初，商馆建筑基本上都是由国人兴建，然后租给外国人使用，因此建筑风格与城内的建筑没有什么不同。"18 世纪后期至 19 世纪中期，西洋形式在十三行得到极大的发展。"① 在反映当时情况的油画中，笔者看到，当时的建筑基本上是在本地建筑造型上加了一个西洋风格的立面②，后面起伏的硬山坡屋顶仍然是住宅建筑的样式，在建筑前面加建的一些部分则采用了更多的西洋要素（见图 3－68）。鸦片战争之后，十三行商馆建筑出现了殖民地外廊式的风格，这与后期沙面租借地里面的建筑几乎如出一辙。可见，商馆区建筑风格总的发展趋势是由原来的具有地方建筑风格转变为越来越具有西洋建筑风格，到最后就几乎成为西洋建筑了。

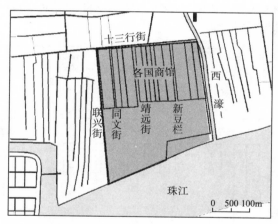

图 3－67 1856 年十三行商馆区平面情况
资料来源：笔者根据 1856 年的巴特实测图自绘。

区域内的商馆建筑面向珠江，每个商馆的地块狭长、沿江排开（见图 3－69）。但是，最初的十三行商馆区是如何进行建筑布局的呢？本来清代城外地区就没有规划，商馆区建设之初也没有民间的组织进行协调，可以肯定的是，十三行商馆区在一开始并没有一个自上而下的明确规划。商馆建筑属于各个行商所有，行商为了方便

① 彭长歆：《岭南建筑的近代化历程研究》，博士学位论文，华南理工大学建筑学院，2004，第35页。
② 香港艺术馆：《珠江风貌——澳门、广州及香港》，香港市政局，1996，第47页。

图 3 – 68　18 世纪后期十三行商馆区建筑

注：本作品绘制于约 1760 年。

资料来源：香港艺术馆：《珠江风貌——澳门、广州及香港》，香港市政局，1996，第 47 页。

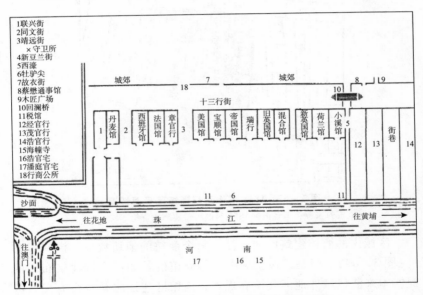

图 3 – 69　亨特绘制的十三行商馆区总平面

资料来源：〔美〕亨特：《旧中国杂记》，沈正邦译，广东人民出版社，2000，第 17 页。

贸易与配合清政府对外商的管理政策，就在自己行栈所属地块内建设商馆出租给国外商人。最初各家行栈都尽可能选择在江边建设商馆，于是就形成了沿江排开的布局方式。1777 年，十三行街划定，商馆区有了北面的界限，并在北面构成整齐的界面。南面临江的地方则成为十三行商馆区空间拓展的主要方向。根据彭长歆的观点，在 1748 年大火以后，在公行的统一协调下才出现了后来的面江布局的商馆区①。笔者基本同意他的观点，在此仅补充两点内容，以更加深化我们对十三行商馆区的认识。第一，1748 年以前，在外商描绘广州的词语中，广州城被称为"City"，城外被称为郊区，而十三行商馆区被称为"Town"②，可见，这里是一个建筑比较集中，类似于欧洲的镇的地方。在"镇"的南面，"这种夷馆，通常向江岸上伸出一个大阳台，阳台下面，石柱直接打入水面"③。由此可知，18 世纪初，珠江岸边距离商馆区很近，大多数商馆临江布局。第二，商馆在修建的初期，就与城外其他地方的建筑有所不同，商馆建筑的高度都是二层的。"瑞典公司大班卡尔·约翰·格力特（Carl Johan Greete）在其写于 1748 年的日记中提到，夷馆通常造得比一般的房子要好，而且都是两层楼。"④ 这个日记不仅说明了十三行建筑的情况，也证明了 18 世纪中叶广州城域内一般的房子大多是一层的。在 18 世纪中叶以后，商馆区内的建筑排列井然有序，十三行商馆区逐渐发展成型，这在外销画与十三行的地图中有明确表示（见图 3 - 70）。

随着江岸的南移，商馆区南面的广场面积越来越大。在几个版本的十三行商馆区平面图中⑤，巴特实测图与珠江风貌图有比例尺，反映了商馆区的实际尺寸（见图 3 - 71、图 3 - 72），珠江风貌图的成图时间应在 19 世纪早期，其中从十三行街到江边的距离只有近 200 米，到 1856 年的巴特图时，这个距离就是 360 米左右了。在笔者绘制的数字地图上测得，1907 年从十三行街到珠江确实有近 360 米的距离。1822 年以前，建筑前的广场用栏杆围合，禁止中国人进入（见图 3 - 73）。1822 年大火以后，栏杆被毁，虽然有规定禁止国人进

①　彭长歆：《岭南建筑的近代化历程研究》，博士学位论文，华南理工大学建筑学院，2004，第31页。

②　阿海：《雍正十年：那条瑞典船的故事》，中国社会科学出版社，2006，第 26 页。

③　阿海：《雍正十年：那条瑞典船的故事》，中国社会科学出版社，2006，第 33 页。

④　阿海：《雍正十年：那条瑞典船的故事》，中国社会科学出版社，2006，第 32 页。

⑤　曾昭璇等：《广州十三行商馆区的历史地理·广州十三行沧桑》，广东省地图出版社，2001，第 28～38 页。

图 3 - 70　19 世纪初期十三行商馆区的建筑

注：本作品绘制于 1805 年前后。

资料来源：香港艺术馆：《珠江风貌——澳门、广州及香港》，香港市政局，1996，第 52 页。

入，但还是有很多中国人随意出入，广场热闹非凡，生活气息很浓。

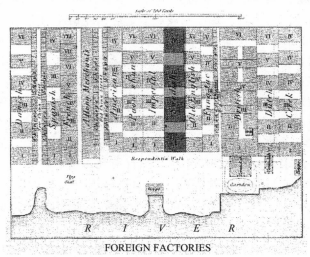

图 3 - 71　《珠江风貌》中的商馆区总平面

资料来源：香港艺术馆：《珠江风貌——澳门、广州及香港》，香港市政局，1996，第 2 页。

据亨特记载，"中国人常常把广场当成通衢大道，一些沿街叫

卖的小商贩也喜欢麇集在这里做些小本生意"①。法国人奥古斯特·博尔热也记载了1838年的商馆前的广场，"从早上开始，鞋

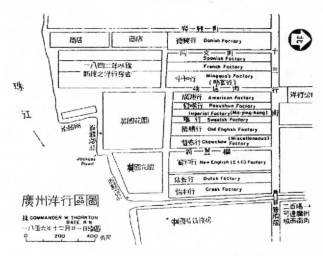

图 3 - 72　十三行商馆区巴特实测情况

注：图 3 - 72 绘制于 1856 年，可见美国与英国花园。

资料来源：曾昭璇等：《广州十三行商馆区的历史地理·广州十三行沧桑》，广东省地图出版社，2001，第 28～38 页。

图 3 - 73　1822 年大火中的十三行商馆区广场

资料来源：香港艺术馆：《珠江风貌——澳门、广州及香港》，香港市政局，1996，第 49 页。

---

① 〔美〕亨特：《旧中国杂记》，沈正邦译，广东人民出版社，2000，第 16 页。

匠、屠夫、饭店老板和剃头匠就到这个地方搭起铺子"①。在1841
年大火以后，商馆前的广场上建成了美国花园和英国花园（见图
3－74），广场被再次用栏杆围起来，形成一处与18世纪英国伦敦
住宅围合的花园相似的空间。从形态来看，19世纪后期的广场北、
西两面是建筑，东面是河涌，南面是珠江，面宽200米左右，进深
近150米，建筑只有两层，广场的视野很开阔。虽然商馆区江边的
广场给广州城市整体公共空间形态没有造成重要的影响，不过，广
场的空间形制、花园中的绿化景观以及在美国花园中建设的新教教
堂，都使这块面积不大的广场成为广州乃至中国近代史上第一个具
有现代意义的公共开敞空间，带给广州人新的空间体验。

图3－74　1841年大火后十三行商馆区的美国花园

资料来源：香港艺术馆：《珠江风貌——澳门、广州及香港》，香港市
政局，1996，第56页。

　　商馆区内的街道有同文街（又称"新中国街"）、靖远街（又
称"旧中国街"）和新豆栏街（又称"猪巷"）。在三条街中，靖远
街最宽，宽度为12英尺②，约3.6米。三条街道将商馆分成四个区
域，位于四个区域地块内部的商馆之间并没有街道。同文街和靖远
街两边有商店，商店都是一层的。1840年，法国人伊凡写道，"这
两条街道，经常被比作我们的过道，是狭长的巷子，铺着花岗岩石
板，上面盖着席子，为行人遮阳挡雨。每隔一段距离就会有一座竹

① 〔法〕奥古斯特·博尔热：《奥古斯特·博尔热的广州散记》，钱林森等译，上
　　海书店出版社，2006，第32页。
② 〔美〕马士：《中华帝国对外关系》，三联书店，1957，第81页。

楼——像各种各样的桥一样，晚上守夜的人站在那里。街道的两边都是商店，有大扇的窗户和窗帘。旧新中国街的房屋只有一层，大部分用作商铺。……房屋只有四码宽"①。但是，曾昭璇教授认为这两条街道两边的商铺是两层的②。笔者以为，伊凡所说的一层实际上也是两层，因为这些商店内部都有夹层，所以二人的说法并不矛盾。商店的面宽接近4米，参考前面的商业建筑，这里檐口的高度为5.2～6米（见图3－75）。新豆栏街只在西面有商店。

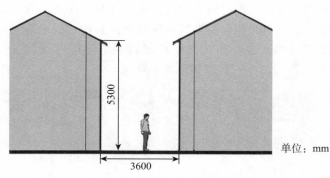

图3－75　靖远街剖面情况

资料来源：笔者自绘。

十三行商馆区对西关地区的发展起了极大的促进作用。商馆的国际贸易主要以丝绸、瓷器和茶叶的出口为主，一口通商以后，巨大的需求刺激了这些产业在当地的发展。西关地区的机房区得以形成，富有的商人们开发了西关大屋高级住宅区。1895年，西关人口已经接近内城人口的3倍③，西关成为清中后期广州城市化发展最活跃的地区。由于商馆是行商拥有的产业，所以从商馆修建开始就带有房地产开发的性质。受经济规律的影响，行商肯定希望在有限的土地上争取更多的建筑面积，所以商馆区建筑几乎从开始的时候就是两层的。当城域范围内的土地开始紧张时，这种办法就给周边区域，包括城内的建筑由原来的一层向两层、三层发展提供了范例。

---

① 〔法〕伊凡：《广州城内》，张小贵、杨向艳译，广东人民出版社，2008，第34页。

② 曾昭璇等：《广州十三行商馆区的历史地理·广州十三行沧桑》，广东省地图出版社，2001，第28～38页。

③ 杨颖宇：《近代广州第一个城建方案：缘起、经过、历史意义》，《学术研究》2003年第3期，第76～79页。

十三行商馆区并不是孤立地位于广州城西南角，而是与周边区域形态构成了一定的结构关系。首先，商馆区最开始是由行商修建的，必然与行商的行栈联系紧密。商馆区东面通过回栏桥与城南区域相连接。紧邻商馆区的这片区域，在西濠以东，坐落着几家国内的行商行栈。从街道布局可以看出，国内行商行栈所形成的空间肌理与十三行商馆类似。其次，商馆区与西关地区在街道肌理上也存在一定的关系。商馆区周边与西关地区呈现自由发展的态势。但是，在商馆区附近，街道肌理向北、向西延伸，南北垂直，成为一个小区域，形成与北面自由发展的西关地区相拼接的肌理特征，这种正交的网格形式也在西关大屋地区得到了呼应（见图3－76）。1856年大火以后，十三行商馆区彻底湮灭。

（a）商馆区与东面街巷　　　　　（b）商馆区与北面和西面的街巷

图 3－76　原十三行商馆区与周边街巷肌理

注：在图3－76中，通过电脑软件处理，将1856年十三行总平面图叠加在1907年广州历史地图上。因为十三行周边区域肌理基本没有大的改变，所以由此图可以看出原十三行商馆区与周边街巷肌理之间的关系。

资料来源：笔者根据广东省立中山图书馆1904年历史地图自绘。

3.6.2　沙面租界区

沙面租界区原来所在地是一片名叫"拾翠洲"的沙洲，与陆地相连。1859年，沙面租界开始修建。人们在沙面北面和东面各挖一条宽30米的人工河，命名为"沙基涌"。通过人工河将沙面租界与陆地隔开，仅在东、西两侧分别设小桥与陆地相连，形成沙面岛。与国内其他城市比较起来，沙面租界的面积并不大。一方面，第一次鸦片战争之后，广州人与入城的侵略者进行了多次斗争，使英法殖民者在租界设立之初将租界的安全性也作为一个主要因素进行考虑。另一方面，离广州不远的香港已经成为英国在中国最大的租界区，广州的地位正逐渐下降。这些综合因素可能是离原十三行商馆区不远的沙面被选择作为租界地的原因。沙面岛面积约 55 英亩，合 22.26 公顷①。1861 年，沙面岛填筑完毕，正式成为英法租界地，其中占所有面积 1/5 的东面区域是法租界，其余是英租界。沙面租界建筑的建设可以分为三个时期，各个时期具有不同的风格。19 世纪末期以前，建筑多为所谓的殖民地式的居住建筑，两层高，每层外都有外廊围绕（见图 3-77）。19 世纪末期到 20 世纪早期的建筑风格多为新古典主义、新巴洛克或折中主义，建筑高度超过三层，建筑面积超过 1000 平方米，多为银行、洋行等②，在一片绿树环绕中，该时期的建筑表现出与广州城市环境迥异的风貌（见图 3-78）。

图 3-77　1883 年正在修建的沙面

注：图 3-7 为正在修建中的沙面租界，可见中间的林荫道已初具雏形。

资料来源：《1883 年修建沙面历史照片》，中国记忆论坛，http://www.memoryofchina.org/bbs/read.php? tid = 26120。

沙面岛上大小道路一共 8 条（见图 3-79），形成正交的道路网格。其中，位于中间东西向的沙面大街是主干道，宽为 30 米，长为近 800 米，是一条宽阔的林荫路（见图 3-80）；其余次要道路包括南面的 1 条东西向道路，以及其余 5 条南北向道路。根据实

① 汤国华：《广州沙面近代建筑群艺术·技术·保护》，华南理工大学出版社，2004，第 1 页。

② 汤国华：《岭南历史建筑测绘图选集（一）》，华南理工大学出版社，2004，第 177 页。

图 3 - 78　一组民国时期沙面建筑的历史照片

资料来源：《沙面建筑的历史照片》，http：∥www.memoryofchina.org/
bbs/read.php? tid=26120。

测结果可知，中间南北向次要道路宽 18 米，其余次要道路宽 16
米。除此之外，还有 1 条环岛道路，北面环岛道路边的建筑距江边
16 米。沙面岛被这些道路划分为 12 个街区和 4 块公共用地。12 个
街区面积从 1065 平方米到 12800 平方米不等。街区的面宽介于
76～160 米，进深基本为 84 米，街区的分割与国内其他城市的英法
租界区类似①。为便于拍卖土地，每个街区内部进行了进一步的分
割，分割所得建筑地块的大小一致，宽约为 27 米，长约为 42 米，
地块的长和宽比为 1：1.56。

　　沙面的公共空间特征体现为以下三点。首先，方格网状道路分
主次布置，主要道路为林荫路；岛内的正交网格状道路规划宽敞整

---

① 梁江、孙晖：《模式与动因——中国城市中心区的形态演变》，中国建筑工业出
版社，2007，第 33 页。

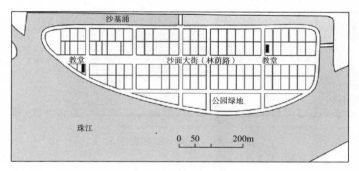

图 3 - 79　沙面总平面

资料来源：笔者自绘。

图 3 - 80　现在的沙面大街林荫路

资料来源：笔者自摄。

齐，与北面的西关区域以及东北面的广州城内街道形成了强烈的对比。在图 3 - 77 中，可以见到树木先于建筑栽种，林荫路初见雏形。次要道路沙面三街与沙面大街交口处的建筑檐口高度为 16 米，此处的沙面大街剖面情况如图 3 - 81 所示。

其次，公共开敞空间沿江布置，视野开阔，空气清新。4 块最南面靠近珠江的公共用地被用于建设公园和运动场。其中，最大的一块用地面积为近 9000 平方米，最小的一块用地面积为近 3200 平方米。这是继十三行商馆区之后，广州城域内再一次出现真正具有西方意义的公共开敞空间。

最后，教堂已经不是布局中的重要因素，比起林荫路和江边的广场，明显变得比较次要。英、法租界各有一座教堂，法国露德圣

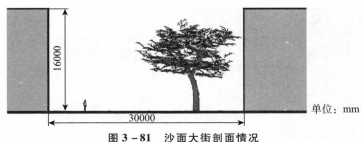

图 3 - 81　沙面大街剖面情况

资料来源：笔者自绘。

母天主教堂钟楼高 23.55 米，英国租界圣公会基督教堂钟楼总高 27.86 米，两个教堂的钟楼是沙面租界建筑的最高点。但是，在总平面布局中，它们并没有位于网格道路中比较中心的位置，甚至都偏向了各自租界的角落。这是殖民地城市空间布局的一个缩影，经济因素已经成为影响形态形成的主要因素，宗教也开始为资本主义的扩张服务了。公共空间与教堂的关系减弱，开敞空间的功能转变为满足运动与游憩等现代社会的需求。人们关心的是在保持身心健康的同时如何能赚取最大的商业利润。

沙面规划反映了当时西方的规划理念，并未采取巴洛克的样式，直接清楚地彰显了资本主义的需求，给广州带来了城市建设的新气象。

3.6.3　长堤马路

清光绪十二年（1886），湖广总督张之洞决定沿珠江北岸修建长堤。有学者就张之洞修建长堤马路的出发点做了仔细的探讨，认为作为洋务运动的代表人物，张之洞修建长堤的首要目的仅仅是整治珠江的堤岸以利于防洪，但是，随着准备工作的深入，张之洞赋予长堤马路以新的意义，想利用长堤马路的修建为广州市创建新的市政面貌，从而与沙面相媲美。他认为，沙面的整齐使"街市逼窄，屋宇参差，瓦砾杂投，芜秽堆积"的省河沿岸"相形见绌"。同时，"一经修筑堤岸，街衢广沽、树木葱茂，形势远出其上，而市房整齐、码头便利、气象一新，商务自必日见兴起"①。因此，

---

① 杨颖宇：《近代广州长堤的兴筑与广州城市发展的关系》，《广东史志》2002 年第 4 期，第 12～15 期。

长堤计划既是改良城市的市政建设，也是重整广州传统商业地位、发展经济的长远措施。为此，张之洞尝试运用商业手段进行长堤马路的建设，并提出堤岸修筑的具体措施："修成之堤一律坚筑马路以便行车，沿堤多种树木以荫行人，马路以内通修铺廊以便商民交易，铺廊以内广修行栈鳞列栉比。堤高一丈，堤上共宽五丈二尺，石瑚厚三尺，堤帮一丈三尺，马路三丈，铺廊六尺。"① 可见，张之洞计划中的长堤宽近17米，其中马路的宽度近10米，两边有近2米宽的铺廊，马路的宽度与城中主要道路的宽度相仿。

虽然在张之洞督粤期间有如此宏大的规划，但长堤最终仅完成了天字码头至今海珠桥的一段120丈（约385米）的堤岸及官轮码头的局部工程。后来各个部分陆陆续续修建，直到1914年，长堤才全部完工。完工后的长堤马路东起川龙口，连接东门外东沙马路，西至西濠口直达黄沙。"正如《粤海关十年报告》所言，长堤'供了一条从沙面直达广九铁路大沙头终点站的马路——该马路宽50英尺，全长2.25英里'，为当时广州最长最阔的马路。"② 根据这段描述，建成后的长堤马路长3.62千米，宽约15米。清亡以前，长堤已成为广州最繁荣的商业娱乐区，戏院等娱乐场所林立。民国时期，长堤仍然是最重要的城市道路，沿路修建了很多著名的建筑，形成了丰富的沿江景观。

长堤的修筑以防洪为出发点。在清末的时候，广州城市的发展向西成为西关地区，向南则逼近珠江，珠江北岸所在地日渐拥挤。沿江和东关的发展空间渐渐超越将达到饱和的西关③。在这种情况下，珠江的防汛比以往任何时候都更加重要。由于珠江沿岸自古就具有重要的商业价值，无论是码头还是商业服务业都很发达。在珠江还水宽浪急的时候，无法形成避风码头，这种沿江商业区并不能实现，反而是与珠江相通的城墙下的城濠成为运输船只的避风港，因此造就了当年濠畔街的繁华。现在，由于珠江日渐狭窄，已经成为"省城内河"，不再是水宽浪急的"海"，城濠也因淤塞而丧失

---

① 彭长歆：《"铺廊"与骑楼：从张之洞广州长堤计划看岭南骑楼的官方原型》，《华南理工大学学报》（社会科学版）2006年第6期，第66～69页。

② 杨颖宇：《近代广州长堤的兴筑与广州城市发展的关系》，《广东史志》2002年第4期，第12～15页。

③ 曾昭璇：《广州历史地理》，广东人民出版社，1991，第58～60、185、423页。

了其原有的功能，新的码头建设需求日益增多。基于这些原因，张之洞敏锐地抓住了这个契机，提出了建设河北河南的珠江堤岸、疏浚水道的宏伟市政计划。

沙面租界的马路形态一定对张之洞的长堤马路计划产生过影响。1886年，欧洲城市还没有进入现代化时期，大部分还是中世纪城镇的面貌。法国巴黎刚完成豪斯曼改造不久，英国则仅仅对伦敦的旧城进行了局部改造。但是，英法的海外殖民地却进入了建设的高潮，沙面可以看作一个典型的殖民地规划类型。租界采取方格网式的道路组织，道路形态受当时法国林荫路建设的影响，也是"树木葱茏"。也许在崇尚"中学为体，西学为用"的张之洞看来，修建珠江的长堤与疏浚六脉渠的不同在于，这将是一条商业繁华的街道，作为城内道路的标杆学习沙面并超过沙面。张之洞去世之时，长堤马路仍然没有完工，估计他本人也没有预料到长堤大马路会给广州城市的空间结构带来巨大影响。

长堤的修筑使珠江北岸沿江一线成为通途，连接了珠江北岸码头、西面的粤汉铁路终点站和东面的广九铁路终点站，从而促进了近代广州商业的新发展，同时奠定了城市向东拓展的基础。当时广州城的东面已经修建了一条东沙马路，这条马路虽然连接市区与东郊燕塘，但是对城市发展没有产生什么实质影响。后来的长堤马路连接了东沙马路，为城市空间结构沿江向东发展带来了新的方向。从历史来看，广州城域范围持续向西、向南拓展。但是，这一次，城市有了向东发展的潜力。长堤的修建也意味着珠江的角色从小海转变为省城内河，更加贴近广州城，城市空间架构沿江发展的模式得以成立，城市公共空间结构也由内聚封闭向更加开敞转变。总之，长堤马路是近代广州新的发展轴，是广州城发展的新动力。

第七节　城市公共空间形态综合分析

3.7.1　整体形态的拼贴特征

从以上描述可以看出，清代中后期的广州城市形态主要包括三个部分，一部分是城墙内的旧城和新城，一部分是城外的西关，还有一部分是城外的沙面租界地，三个部分是分别具有自己特点的公

共空间体系。城墙内的区域以基本正交的道路网格为主体（见图
3－82），城外的西关地区呈现自由发展的特征，沙面租界地则是具
有西方特征的完整正交网格与开敞空间体系（见图3－83）。

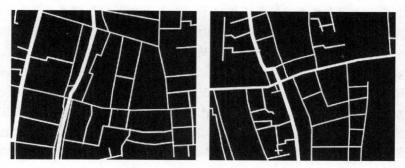

图3－82　城内典型道路网格局部
资料来源：笔者自绘。

图3－83　西关地区与沙面租界道路网格体系
资料来源：笔者自绘。

　　一般来说，中国古代城内部的道路网格都呈现基本正交的系
统，并被限定在城墙的范围内。当城内发展开始饱和时，围绕城关
周围的市场形成城外的居住区。由于城墙的存在，城内、城外两个
公共空间体系往往形成紧邻的拼贴形态，广州也不例外。不过，广
州城西关的发展自有其规律，由于沿城濠的码头功能，很早的时候
西濠旁边就形成了居住区。虽然该居住区也与城内的公共空间体系
紧邻，但是，这个居住区形态与城内的关系非常弱。在西关与城内
两个公共空间体系之间的是西濠边城墙下的空地。受历史的影响，
沙面租界周边是水路，形成了自成一体的独立区域，最终限制了自
身的发展。

广州城市形态的三部分之间形成了相互紧邻的拼贴状态，其中有两个是具有自身发展物理界限的要素。这种情况决定了三者之间的拼贴关系不可能有进一步的改变，相互之间的联系不会太方便，在形态上出现相似性的可能性也不大。三者之间的地域必然是某种线形的公共空间形态。由于广州山水城市的特点，这种线形的公共空间形态以水道相伴，一条是沙基涌，一条是西濠（见图3－84）。城市在发展的过程中，因为某种动力因素，出现了不同区域的拓展，进而出现不同形态的拼贴情况。因此，不同区域之间拼贴的过渡地带及其周围领域必然是具有比较大活力的地带，在叠加或紧邻的拼贴情况下更是如此。在广州城市公共空间中，沙面租界与城墙邻近的西濠口地区，以及西关与城墙之间的各个甫，都是公共活动聚集的地方。

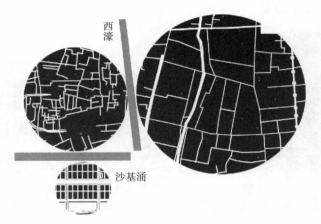

图3－84　清末广州城市公共空间拼贴关系
资料来源：笔者自绘。

3.7.2　整体形态的中心

整体形态往往具有中心。城市的中心有多层含义，一般是指商业活动或者公共活动聚集的地方，本书主要强调形态的意义。形态中心通过区位、形状、建筑高度等因素呈现，并与路网形成紧密的关系。凯文·林奇提出，城市意象五要素中的标志、节点可以被看作中心。在《城市形态》中，他用专门的文字论述形态中心，并且认为，"……人类活动会在非常接近的区域活跃起来，而且中心的存在对人们的思想也是很重要的"①。这也就是说，中心既发挥容纳活动的作用也提供意义。诺伯格·舒尔茨在场所三要素中也提出中心。西方城镇公共空间的整体形态往往通过突出几何构图的中心来控制整体秩序。利用广场、绿地等开敞空间结合教堂和市政厅等重要建筑形成中心，道路与这些中心联系密切，既方便使用，也突出中心的作用。重要建筑或雕塑往往与开敞空间浑然一体，相得益彰，构成良好的城市景观。无论是中世纪自发形成的城镇中的街道和教堂广场，还是巴洛克时期的放射形道路和圆形广场，抑或是现代的方格网城市中的绿地和广场，都呈现这种特征，形成具有几何关系的模式（见图 3 - 85）。

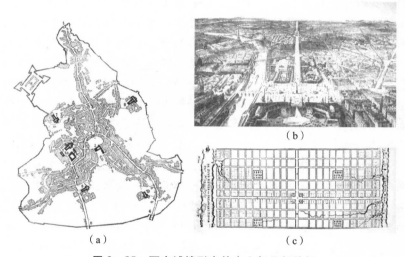

（a）　　　　　　　　　　（c）

图 3 - 85　西方城镇形态的中心与几何特征

注：（a）为中世纪佛罗伦萨，（b）为巴洛克城市巴黎，（c）为最初的费城规划。

资料来源：Wolfgang Braunfels, *Urban Design in Western Europe*（Chicago：The University of Chicago Press，1988），p. 56.

〔意〕L. 贝纳沃罗：《世界城市史》，薛钟灵、余靖芝、葛明义等译，科学出版社，2000，第 847、882 页。

形态中心存在的背后是城市的社会经济组织模式，西方城镇形

———————————

① 〔美〕凯文·林奇：《城市形态》，林庆怡、陈朝晖、邓华译，华夏出版社，2002，第 260 页。

态中心的突出，在历史上的不同时期可以归属于不同的原因。简单地说，在中世纪城镇中，宗教的强大力量导致教堂周围形成居住区，并逐渐与商业因素结合，促进城市的复兴；巴洛克时期以放射性道路与广场为特征的公共空间形态是彰显强大皇权的产物；现代城市则体现了资本的力量，土地利用市场规律的影响体现在市中心活动与建筑的高密度聚集上。中国传统社会的组织模式与西方社会不同，城市公共空间整体就会因此出现不同的形态。由于几千年的持续稳定发展，传统的社会组织复杂，涵盖了皇权、宗教、信仰、宗族等各种力量，并呈现不同的地域特点。

在清代中后期的广州城域范围内，大部分地方的建筑是一层的。只有十三行商馆区、主要商业街道等个别地方的建筑稍高，除了狭窄的街道和小巷外，建筑之间几乎再没有其他间距空间。在城市中，高出一般住宅的独立式建筑分布其中，成为控制公共空间的要素。其中包括位于越秀山的镇海楼、五仙观的岭南第一楼、双门底街的拱北楼、六榕寺的花塔、怀圣寺的光塔，以及分布在各处街道上高高耸立的牌坊。文后附表1是根据《广州城坊志》中的记载而总结的广州城内牌坊的分布情况。这些高度突出的建筑要素相对均匀地分布在城内外，尤其是城内（见图3－86）。

因为清代的社会政治组织特点，密集的建筑之间还分布着很多衙署、祠堂、寺庙等重要建筑。这些建筑采用院落式布局，占地广阔，虽然大部分建筑是一层的，不像独立建筑实体那么引人注目，但是其威严华丽的外部入口、高大堂皇的内部建筑及社会地位，都决定了它们也是城市公共空间中的重要因素。它们并不单独构成公共空间中的主角，也不具备紧邻并扩大的开敞空间，而是在街区中与其他建筑共同构成公共空间的连续界面。对于重要的公共建筑来说，更加重要的是选择具有人文意义的区位。朱文一在《空间·符号·城市——一种城市设计理论》中认为，中国城市符号空间的"原型"是一种"边界原型"，在这个原型中，建筑被弱化或者被"墙"化，从而最大限度地形成空间的边界。笔者认为，对于城市整体公共空间体系来说，城市环境中的建筑的确存在"弱化"的情况，但是并不一定是因为"墙"化而被弱化的。重要建筑作为一个单体存在，在普通百姓看来，其本身很强大，并不会被弱化。但是，当它们不分彼此地在城市公共空间整体形态中凸显分布的时

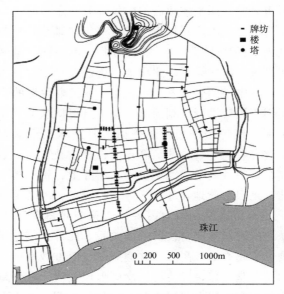

图 3 – 86　清中后期广州城中体量突出的公共建筑分布
资料来源：笔者根据《广州城坊志》等史籍记载绘制。

候，空间与建筑实体便相得益彰、互相映衬，形成整体均衡匀质的
场所感受，就像一个平衡的力场。各个建筑反而因为互相影响而弱
化，形成一个整体的感受。

　　由此可见，广州的城市公共空间整体形态中不具备完全公共的
开敞空间，重要性、纪念性建筑穿插在城市公共空间的整体形态结
构中，表现了广州城内的政治、社会、宗教等多元社会力量共存，
形成一种各方均衡的秩序，各要素分别具有一定的中心感。但是，
其中没有哪一个或哪几个要素可以统摄全局。它们虽然也与街道产
生联系，但是彼此不会因为这样的联系而形成一定的形态关系，也
不会互相映衬而形成整体形态突出的构图中心。因此，笔者认为，
广州城市公共空间的整体形态具有一种中心弱化的特征。

3.7.3　整体形态的网格

　　除了点状的中心外，街道交通空间是公共空间整体形态中最重
要的线状形式。在线状形式的公共空间系统中，中国古代城市一般
具有中轴线，这是与周王城理想规划形式一脉相承的传统，但是在

考察广州城市公共空间整体形态的时候却有一点不同。

有人认为历史上的广州城市形态有一定的轴线，比如说北京路一线（清代的双门底上下街）。笔者对此并不苟同，虽然在唐末南汉时，按照都城标准建设了广州城池，曾经在城中局部大致形成了以现今北京路为中心的轴线①，但是这并不代表后世的广州城整体建设持续运用中轴线进行规划控制。这一点可以从明代镇海楼的建设中得到证明。镇海楼选址于越秀山，但并不位于越秀山的最高点。之所以放弃有利于景观的最高点而选择这个位置，是因为这样它就位于整个广州城的中线之上了吗？实际上，镇海楼建设之初考虑选址于此，是因为此地位于"越秀山之左"，"以压紫云黄气之异者也"②，也有记载说是因为需要"以镇奠地脉"③。总之，并不是为了与城内的官衙形成对位的轴线关系。此外，修建于近代的中山纪念碑则位于越秀山最高点，并遵照受过西方教育的建筑师的意见，将中山纪念堂西移，以便与纪念碑形成一线，成为现代注重几何秩序的实例。在中国古代世界里，方位具有明显的人文意义，标志着风水、阴阳、五行、占星等内涵，这些也是人们在生活中习以为常的一套参照准则系统，比起几何关系或者单纯的视觉景观效果来说更加重要，而后者则是西方城镇中常见的公共空间布局控制性因素。因此，公共空间与建筑的布局也就不一定必须形成以轴线控制整体的形态特征了，如果城市形态的外观在现代看来呈现一种几何关系，就不是规划设计的初衷了，因为城市形态是在动态的发展中形成的，笔者无法知道其最初的规划情况。朱文一教授也认为中国古代城市中并不存在中轴线④。从西方城市形态的角度出发理解中国古代城市，容易出现偏差。从某种意义来说，广州城市公共空间的整体形态更加具有完整性。这种完整性并不仅仅强调视觉或者几何构图的中心，而且强调通过文化观念形成并强化的各要素之间

① 广州市地方志编纂委员会：《广州市志·卷二》，广州出版社，1995，第293页。"皇城在宫城之南，大体上以今中山路以南、文明路——大南路以北的北京路为中轴线，是商业居住区。"
② （清）屈大均：《广东新语》，中华书局，1985，第468页。
③ （清）崔弼：《白云越秀二山合志》，道光己酉新镌，卷四。
④ 朱文一：《空间·符号·城市——一种城市设计理论》，淑馨出版社，1995，第133～136页。

更紧密的结构关系。

因此，既然不具备真正意义上的中轴线，那么广州城市公共空间整体形态中由线形要素形成的网格也就构成了城市公共空间整体形态的主体。城市形态学对网格的分类有不同的方法，可以分为人工规划、自然生长或者正交网格、有机网络等类型。格哈德·库德斯在其著作中对网格分析得比较透彻，他把网格的类型分为完整的和不完整的两种基本类型。完整的网格形式"对其所组织的空间进行完整的划分，而没有剩余的地方，不完整的网格是有些部分没有连接"①。笔者根据他的网格分类进行整理，得出的网格类型如表3－2所示。

表3－2　城市形态中网格的类型

网格分类		城市实例或示意图
完整的网格	完整的直线网格	图3－87
	完整的不规则网格	图3－88
	完整的斜角度网格	堪培拉（图3－89）
	完整的直角网格与对角线	华盛顿（图3－90）
不完整的网格	叉形网	图3－91
	尽端胡同网	图3－92
	支线道路网	图3－93
	梳状网	图3－94

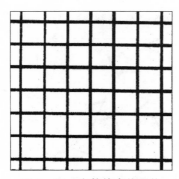

图3－87　完整的直线网格

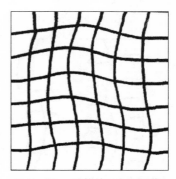

图3－88　完整的不规则网格

---

① 〔德〕格哈德·库德斯：《城市结构与城市造型设计》，秦洛峰、蔡永洁等译，中国建筑工业出版社，2007，第185～187页。

图 3－89　堪培拉规划平面

图 3－90　美国华盛顿规划平面

图 3－91　叉形网

图 3－92　尽端胡同网

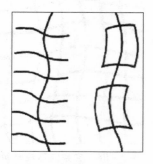

图 3－93　支线道路网

图 3－94　梳状网

　　资料来源：图 3－84 到图 3－94 都来自〔德〕格哈德·库德斯：《城市结构与城市造型设计》，秦洛峰、蔡永洁等译，中国建筑工业出版社，2007，第 184～190 页。

　　格哈德·库德斯的分类比较完善，按照这个分类考察广州街道交通空间，清代中后期广州城内外的公共空间网格主体是完整的不规则网格与不完整的尽端胡同网拼接的形式（见图3－95）。广州的主要道路呈现完整的不规则网格形态，街块内部与西关地区则呈现尽端胡同网的形态。广州城外局部地区（西关大屋区）具有完整的直线网格特征。

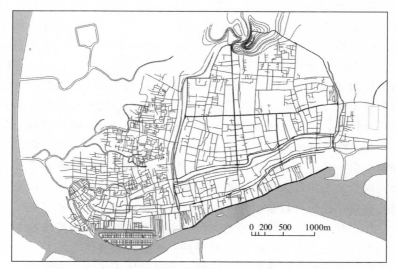

图3－95　清代中后期广州城域范围内公共空间网格形态
资料来源：笔者根据历史地图自绘。

　　清代广州旧城内的几个区域在形态上并未表现出截然不同的特征，只是其中街道公共空间的肌理密度、交接方式以及公共建筑的分布情况有些许不同。各区域内部肌理匀质，线形的街道公共空间网络虽然不是垂直的正交关系，但是路口都呈现十字或者丁字，局部受到河渠和地形的影响。清代中后期，广州城市逐渐进入一个新的社会转型期。一个突出表现就是西关地区的城市公共空间形态开始出现不同的趋势，整体特征从局部开始逐渐改变。在中国古代，城外的地方基本上是郊区，具有乡村发展的特点，西关地区最初是一层建筑，呈现牌坊、祠堂和庙宇分布其中的郊区形态。但是，因为国际贸易带动了十三行商馆区、沙面的建设，以及后期绅富所建的西关大屋区，所以西关城市公共空间具有了商业促进城市发展，以及公共空间中心转移的萌芽状态。

综上所述，清代中后期广州城市公共空间的整体形态呈现一种中心弱化的完整不规则网格形式，城外局部地区以尽端胡同式不完整网格为补充。

3.7.4 整体形态的纪念性

城市形态在某种意义上就是城市公共空间的整体形态，它并不是简单地表现为外在的形状或城市景观，而是具有某种内在的意义。因为城市中人的活动就是在公共空间中进行的，所以这种意义也会被人所感受和体验。凯文·林奇在其著作 *Good City Form*（国内翻译为《城市形态》，直译应为《好的城市形态》）里认为，城市形态本身无疑反映了某种具体的价值判断。中国城市形态是宇宙模式的代表，反映了神秘的特质①。笔者认为，这种神秘特质也是一种纪念性。阿尔多·罗西提到，"在谈论'纪念物'时，我们也许就是指一条街道，一个地区，甚至一个国家"②。在研究了汉代长安以后，芝加哥大学教授巫鸿认为，"这座新的长安城中没有任何一座单体建筑可以被看作一座独立的纪念碑，整个城市变成了一座'纪念碑式城市'"③。笔者认为，清代中后期的广州城市公共空间的整体形态所反映出的价值判断是一种纪念性。

历史上，决定广州城市选址建设的因素体现了古人对宇宙的认识，具有人文意义，在此基础上发展起来的城市公共空间整体形态具有纪念性。据清代著名学者顾祖禹所著的《读史方舆》记载，"秦末，任嚣谓赵陀曰：番禺负山险，阻南海，东西数千里，可以立国"。广州城北靠白云山，南邻珠江，与自然关系和谐，最初建城选址于此，具有风水意义。虽然笔者无法知晓广州历史上早期的任嚣城、赵佗城等城池的具体建城情况，但是后世南汉时期广州城的建设反映了同样的建城思想，况且南汉时期的城池布局影响一直

---

① 〔美〕凯文·林奇：《城市形态》，林庆怡、陈朝晖、邓华译，华夏出版社，2002，第25页。

② 〔意〕阿尔多·罗西：《城市建筑学》，黄士钧译，中国建筑工业出版社，2006，第123页。

③ 〔美〕巫鸿：《中国古代艺术与建筑中的"纪念碑性"》，李清泉、郑岩等译，上海人民出版社，2009，第210页。

延续到清末。所以，笔者通过考察其建设情况，了解广州古城所反映的宇宙思想。唐末，刘隐在广州割据建国，后世称为南汉。南汉时期，"以广州为首都仿长安进行了建设，广州城市形态才有了突破性的变化，奠定了唐朝以后一直到明清时期广州古城的格局"①。南汉时期广州的宫城所在位置一直是后世广州城的中心。宫城位于当时广州城的最北端，即今天的中山四路以北，省财政厅、儿童公园一带的高地，坐北朝南，居高临下。宫城以南为皇城，皇城以南为郭城。南汉宫殿建筑工程为何选址于此，历史并未明确记载，不过既然南汉都城的建设效仿唐长安，那笔者也可以根据唐长安的建设一窥端倪。根据吴庆洲教授的观点，唐长安的规划建设象天法地，是"北辰太极宇宙模式"，城呈长方形，"宫城和皇城置于北面正中的位置，而不是居于都城平面的几何中心。这是法天象'北辰'意匠的体现"②。因此，笔者相信南汉时期广州宫殿区也建在城市的北面正中位置，而不是位于城的正中间。虽然因为时间的推移，当初南汉宫殿所在的位置在后世已经近乎在整个城的中心位置，不再位于原来的方位，但是在共享一套传统文化思想的清代，一定也对官府重地的选址布局有方位上的考虑，因此才将重要部门复回原位。这种在当代看来近乎迷信的看法，在当时人们的心目中具有切实的意义，他们相信生活在山水之间的城池中，自己的生命也会符合上天运行的节律。

　城池内外建筑的布局也使城市公共空间的整体形态具有纪念性。城市的起源与宗教关系密切，最初的城市可能就是宗教祭祀的场所。中国传统中最重要的祭祀场所是体现血缘关系的宗庙，宗庙建筑最初采用的是院落的形制。虽然没有了建筑遗存，但是我们仍然可以在历史文献中看到最初的宗庙的平面形态（见图3-96），以及在中国的文字中得到启示，在古老的甲骨文、金文中，与院落、空间相关的文字都具有祭祀的含义，比如"域""亚""家"等字③。可见，古代早期的祭祀活动主要在院落中进行，从而使院落空间与祭祀过程联系在一起，院落空间也因此体现了纪念性。院

① 周霞：《广州城市形态演进》，中国建筑工业出版社，2005，第33页。
② 吴庆洲：《建筑哲理、意匠与文化》，中国建筑工业出版社，2005，第374页。
③ 任军：《文化视野下的中国传统庭院》，天津大学出版社，2005，第10～15页。

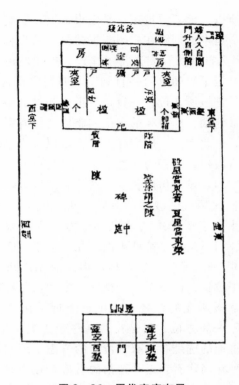

图 3 – 96　周代宗庙布局

资料来源：巫鸿：《中国古代艺术与建筑中的纪念碑性》，李清泉、郑岩等译，上海人民出版社，2009，第 112 页。

落在后世成为中国建筑与城市的原型，或者说中国传统城市是"家国同构"，院落与城池具有形态关联性。院落是一种建筑与空间的复合体，在一般的院落中，建筑不可能脱离它所服务的院落而独立存在，所以，院落空间是主角，而建筑是为了空间而存在的。这如同朱文一所描绘的建筑是"边界原型"一样①，建筑的立面构成空间的界面。城池中的公共空间主要由墙来围合，很少见到完整的建筑，从某种意义上说就是建筑消失在城池里。这种形态的统一同构也将院落所具有的纪念性带给了城池。广州城内外的重要建筑大致均匀地分布在整个城域范围内，与大量的住宅一起构成公共空间的

---

① 朱文一：《空间·符号·城市——一种城市设计理论》，淑馨出版社，1995，第 124 页。

界面。走在城池内外的公共空间中，不时可见一个又一个重要建筑的入口，街中的牌坊，以及远处的佛塔和镇海楼所具备的纪念性不言而喻。

城池内外大量分布的寺观祠坛为人们的公共活动提供了空间，也使城市整体公共空间形态具有纪念性。我国传统建筑具有院落式的特点，以及广州的社会特征，广州城域内的开敞空间还应该包括寺庙、祠堂内的院落空地（见图3-97）。这些院落空地是人们生活中必不可少的场所。从使用人群以及活动内容来看，这些开敞空间并不一定具有随时向所有居民开放的最普遍的公共性，不过由于它们在人们社会生活中所起的作用，可以将其看作广义的城市公共空间。佛教在传入中国以后，既得到了大的发展，也受到了中国文化的同化作用。佛寺不仅仅是佛教徒修行的场所，也是普通人许愿、还愿的地方。来到这里的人们除了那些具有虔诚信仰的以外，还有很大一部分是怀着对美好生活的向往来祈求佛祖保佑的。不仅在寺庵，在道教的庙观里面祈福的人更多。广州是华南佛道教的重要基地，这里的佛寺除了供奉佛教的神以外，往往还供奉着其他神灵，比如光孝寺的偏殿里就供奉着关帝。除了这些佛、道教的寺庙以外，城中还有一些民间信仰的庙宇，比如关帝庙、急脚先锋庙、

图3-97　清末广州光孝寺内庭院
资料来源：《光孝寺历史照片》，大洋论坛。

金花庙、五仙观、天后宫等。因此，寺庙已经成为广州城域内人们日常精神生活和社会生活的重要场所。据《羊城古钞》记载，广州的寺观祠坛共有 164 个（见图 3 - 98）。在这些场所中，还有很多纪念先人的祠堂。这些祠堂除了缅怀先人功绩、发挥纪念作用、教化人民以外，还有一些与那些寺观庙宇一样，成为人们寄托愿望的场所。因此，这些与精神信仰有关的场所成为构成城市公共空间整体形态必不可少的重要部分，也体现了城市的纪念性。

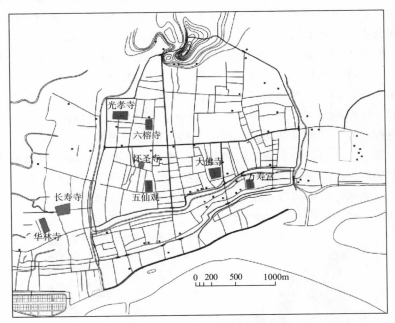

图 3 - 98　清中后期广州城域内寺观祠坛的分布

注：黑点与色块代表寺观祠堂的分布，其中有一些在清代已经坍塌不存在。

资料来源：笔者根据《羊城古钞》等史籍绘制。

3.7.5　形态的类型学分析

类型学是城市空间研究中一种重要的分析方法。在前文的叙述过程中，我们已经运用类型学的方法描述分析了广州城内外的建筑类型与空间类型。笔者在此就公共空间类型进行简单总结，然后继续研究街块类型并运用罗西的类型学方法对广州的城市公共空间形态进行进一步的分析。

清代中后期，广州城内的城市公共空间以街道为主，只有少数开敞空间，开敞空间的形状并不完整，沿江空间独具特色，其类型可以总结如下（见图3-99）。由类型总结可以看出，清代中后期的广州城市公共空间以街道为主，街道和开敞空间之间的关系并不

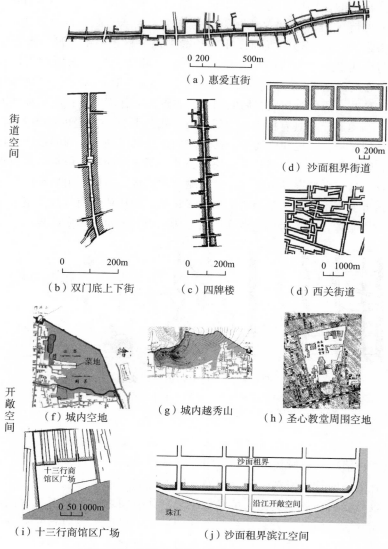

图3-99 清代广州城市公共空间类型总结
资料来源：笔者自绘。

密切。大面积的开敞空间是由菜地和越秀山构成的，形状有机，景观呈现自然的状态。仅有的几个呈现几何形状的以人工环境为主的开敞空间都与西方文化有关，这也是公共空间所表现出来的文化特征。

在建筑类型与空间类型之外，克里尔还重视对街块类型的研究。在他的论述中，街块类型被总结为三种情况（见图3-100）。第一种情况为"街块是街道和广场布局的结果"，在这种情况下，对街道和广场都做了规划设计，形态比较完整，但是并没有考虑街块与公共空间之间的相互依存关系；第二种情况为"街道和广场是街块布局的结果"，在这种情况下，只考虑了街块的布局、形状等特征，公共空间成为街块布局的剩余，在形态上并不完整；第三种情况为"街道和广场具有精确的空间形态，街块是这一布局的结果"，在这种情况下，街道和广场等公共空间的形状都得到了精确的设计和控制，效果更加丰富和完整，街块与公共空间之间的相互依存关系更加紧密。这三种情况基本参与了欧洲城市的形成。虽然清中后期的广州与西方城市不同，但是笔者把由墙和建筑共同构成界面的院落组合看作街块实体，这是因为笔者在街道上所感受到的也都是实体界面。

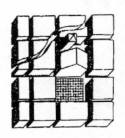

图3-100 克里尔的街块类型

资料来源：张冀：《克里尔兄弟城市形态理论及其设计实践研究》，硕士学位论文，华南理工大学，2002，第43页。

清代中后期，广州城的实体空间关系以第二种情况为主，兼有第一种情况。那时候的公共空间并不被重视，以街道空间为主，也没有统一的管理控制体系，如同六脉渠的宽度逐渐变窄，街道的宽度也可能出现局部变化。虽然街块与公共空间之间的相互依存关系比较紧密，但是，大多数公共空间的形状、尺度等没有被精确地处理过（见图3-101）。不过也存在局部的变化，在巡抚衙门、将军署衙门等重要官府建筑前面的开阔地因为其重要性，形状和尺度规定必然得到了严格的遵守（见图 3 - 102）。

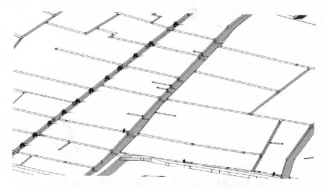

图 3 - 101　街道受街块影响的实体空间关系

注：根据前述建筑高度与历史地图绘制的城内三维体块局部可知，虽然建筑比较低矮，但是可以感受到街道的形状受街块的影响和控制。

资料来源：笔者自绘。

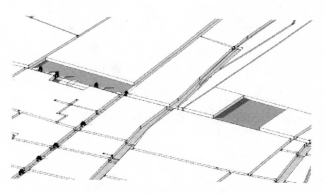

图 3 - 102　街块受街道广场影响的实体空间关系

注：图 3 - 102 为惠爱直街局部与衙门前空地的实体空间关系，可以感受到空地周边的建筑受到了控制。

资料来源：笔者自绘。

清代中后期，在广州城内外街块的类型中，城内的街块尺度相对较大，尤其是在有几个府衙分布的地方，街块的尺度更大，比如，广州府衙、巡抚衙门等几个衙门连接一起的街块长度达到了近 500 米（见图 3 - 103），而在居住区内，街块的最小平面尺寸都在 100 米左右（见图 3 - 104）。城外西关街块的平面尺寸多为 30 米左右，甚至更小（见图 3 - 105）。因为城域范围内的建筑高度以一层居多，整体街块的三维比例低矮，因此呈现低平的态势。这种情况只在西关大屋区和沙面租界有所变化。

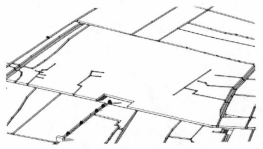

图 3 - 103　几个衙门聚集形成的大街块

资料来源：笔者自绘。

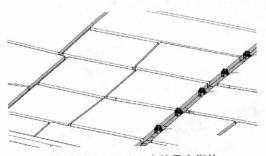

图 3 - 104　居住区内的最小街块

资料来源：笔者自绘。

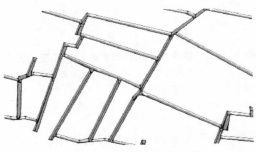

图 3 - 105　城外西关的街块

资料来源：笔者自绘。

罗西的类型学方法与克里尔的有所不同，在此，本书也尝试运用罗西的类型学分类分析方法，将广州城市空间的整体形态简要地分为具有纪念意义的公共空间、作为首要元素的公共空间与作为研究区域的城市公共空间三个方面并进行研究。

具有纪念意义的城市公共空间也是一种纪念物，代表了城市公共空间的时间结构，凝结了城市公共空间的历史意义、社会文化精神和人群的集体记忆，体现了城市公共空间的精神功能，是城市公共空间场所感的重要来源。除了一些具有悠久历史和永久纪念意义特质的空间场所，有些城市公共空间局部也在某个历史时段与城市文化相契合，经受住了时间的考验，从而具有纪念意义；也有些公共空间因为时代的变迁、文化的转型而丧失了其曾有的纪念意义。清代中后期，广州城域范围内具有纪念意义的公共空间应该是那些分布着具有历史意义重要建筑（包括衙署、庙宇、祠堂和牌坊等建筑）的局部公共空间。城内的四牌楼、双门底上下街和惠爱直街是有历史的街道，充满了公共活动，并且分布着众多的衙署和牌坊，是具有纪念意义的城市公共空间。值得一提的是，由于广州城内建筑分布的特点，笔者认为广州城市公共空间整体形态也具有某种纪念性意义。

作为首要元素的城市公共空间是城市中最具有活力的局部，充满了人的社会经济活动，可以促进城市公共空间结构的拓展。它与具有纪念意义的城市公共空间往往密不可分，或者说二者相辅相成，甚至互相转化，这是因为具有纪念意义的场所经常在城市新的发展中具有持续性的活力，就如同古罗马广场一样。对于具有千年商业传统的广州市来说，对外商贸一直是促进城市化发展的重要因素。自1759年以来，十三行商馆区的进一步建设和沙面租界区的开发就是具体的实例。前者是清政府实行一口通商的政策以后日趋繁荣的对外经济贸易对城市空间建设的实际影响，后者是1859年以后真正意义上的外国人居住区。二者作为促进城市空间拓展的强劲动力，先后带动了西关地区的建设，使西关地区成为18世纪中叶以后城市空间拓展的主要区域。另外，1888年，两广总督张之洞决定建设珠江北岸长堤，建成后的长堤成为广州新兴的商贸中心，拉开了广州城市现代化的序幕。因此，十三行商馆区、沙面租界和长堤马路是清中后期广州城市公共空间的首要元素。

研究区域是城市公共空间形态中的局部子系统，它并没有绝对大小的概念，而是相对一个区域来说，包含一定面积的相似元素，例如具有大致相同平面肌理的领域就可以作为一个研究区域。城市公共空间的研究区域主要指具有相似元素的局部公共空间区域，元素包括了其中所有的路网结构、街巷肌理和开敞空间等内容，主要以居住区域为主。中国古代城市功能复杂，不过仍然以居住为主，而且城墙内外的区别比较明显。广州城域范围内的研究区域应该是包括城内与城外两个部分的居住区域的。

克里尔的类型学分类方法可以让我们很好地把握广州城市公共空间的外在形态，对视觉景观效果的控制，以及城市公共空间人文意义的回归都很有帮助。罗西的方法则考虑了城市公共空间整体结构中的时间、经济等隐性要素，对类推思维的主体性要求比较高。二者结合，可以更深入地理解广州的城市公共空间。

综上，清代的广州属于省府的重要城市，城北的越秀山、白云山，城南的珠江形成了最大的公共空间领域。越秀山与白云山上寺庙林立，珠江上则密布着由疍民居住的小船，构成了一个水上城市。在整个城域范围内分布着官衙、祠堂、学校、书院、牌坊和军事设施等机构和公共建筑，相应的建筑、院落元素在整体公共空间形态中构成线状街道公共空间的界面或者成为其中的分隔元素，最终形成城市公共空间的整体面貌。城市公共空间成为社会各方政治、经济、军事、宗教、宗族力量展现的场所，表现出其特有的社会文化内涵以及某种纪念性。

第八节　本章小结

18世纪中叶，广州再次成为中国独口通商的对外贸易口岸，这一做法刺激了广州经济与社会的发展，带动了十三行的进一步繁荣，也带动了整个西关地区的发展，城市公共空间整体结构开始呈现新的特质。作为古老的中国传统城市，广州拥有了新的生命力，缓慢但有力地走向现代化。本章运用相关的研究方法，从整体形态、商业街道、滨江空间等几方面入手，从微观、中观和宏观几个角度，考察了广州城市公共空间的形态。本章首先对广州进行了形态的描述和说明，综合运用历史资料，还原历史场景。在此基础上，本章还就公共空间形态的拼贴特征、中心、网格等进行了分析，不仅研究城市公共空间的客观实存，也探讨城市带给人的切实意义。

第四章
民国时期的城市公共空间
形态（1911～1949）

1911 年，辛亥革命成功，中华民国成立，标志着中国进入了一个新的发展时期。民国时期的广州是一个重要的城市，发生了很多著名的历史事件。在市政管理和城市规划理念的影响下，城市公共空间发生了显著的变化，开始逐渐走上现代化的道路，奠定了新中国成立后广州城市公共空间的大结构。

第一节　城市发展背景

4.1.1　国际与国内背景

在英国工业革命的带动下，欧洲国家先后进入了机器化大生产时代。19 世纪后期开始的科学革命推动了工业革命的进一步发展，将原来还是自发进行的技术发明转变为有组织、有目的的应用科学成果，彻底改变了传统的手工业形式，极大地提高了生产效率，也将先进的工业技术带到全世界，从而改变了人类的生活。19 世纪末 20 世纪初，石油、电力开始在生活中全面应用，人类社会再次找到了新的发展动力，使得现代科技突飞猛进，在极短的时间内取得了巨大的成就。这一段时间内还发生了两次世界大战，大战期间经济社会发展基本停顿，战后则形成了新的国际秩序。1914～1918年的第一次世界大战后，美国取代英国成为世界头号强国。1937～1945 年，第二次世界大战波及了全球大部分国家，造成了更加严重的后果，在共同抗击日本法西斯的过程中，中国与世界联系得更加紧密。

辛亥革命推翻了封建帝制，但是革命进行得并不彻底，中国并没有成为一个理想的资本主义共和国，反而进入了军阀混战时期。1911～1927 年，各省纷纷独立。"大大小小的军阀拥兵自雄，自成派系。或控制数省以为己有，或盘踞一省称督军。"① 各路军阀混战纷纷，人民生活在水深火热中。不过，在第一次世界大战期间，中国民族资本家抓住机遇，开办了很多工厂企业，奠定了近代我国的工业与资本基础。1928 年，国民政府成立。在中央控制力量较弱的地方，南京政府只是通过协议，"授予确认军阀地方性半独立地位的委任状，换取它们承认南京政权为中国的中央政府"②。并且，南京政府也备受党内派系斗争的困扰，在这样的背景下，国民党无法进行预期的社会经济改革，广大农民仍然生活在苦难中。不过无论如何，在 1937 年抗日战争爆发以前，中国还是有了一段暂时的基本稳定时期，各地割据的"新军阀"在某些地方也进行了一些建设。20 世纪 20 年代以后，一些在军阀统治下发展较好的区域，建设了更多的新式现代化工厂、学校、银行等公共设施和建筑，出现了局部的繁荣。但是，好景不长，1937 年抗日战争全面爆发，1945 年战争结束，此时的国家经济几乎处于崩溃的边缘。直到1949 年中华人民共和国成立，中国才重新走上和平发展的道路。

　　辛亥革命以后，西式生活逐渐在上流社会中普及，普通人也逐渐以模仿西式生活方式为时尚，全国范围内的城市生活逐渐西化。民国时期的对外关系基本是不设防的，清末留洋回来的社会精英成为民国时期治理国家的骨干力量，在城市里到处可以见到西方文化的印记，中国城市已经全面参与全球化进程。

4.1.2　广州地方情况简述

　　1911 年 11 月，广州在辛亥革命的风潮中光复，广东军政府成立，胡汉民任都督，政权持续到 1913 年 8 月。1913 年至 1920 年，广州经历了龙济光和桂系军阀统治的动荡时期。1920 年，陈炯明率粤军返回广州，成为广州的主政者。民国成立以后，广州并没有

①　陈旭麓：《近代中国社会的新陈代谢》，上海社会科学院出版社，2006，第375 页。
②　徐中约：《中国近代史》，世界图书出版公司，2008，第432 页。

马上成为一个建制市。1911 年至 1921 年，广州城分属于番禺、南海两县管辖。1921 年，广州正式建市，孙科任首任市长。1923 年 2月，陈炯明被打败，孙中山回到广州。同年 3 月，中华民国陆海军大元帅大本营成立，广州成为当时中华民国的首都，直到 1927 年底，国民政府迁都武汉。1929 年，陈济棠成为广东实际的控制者，在广东举起反蒋的旗帜，实际上是割据广东的"新军阀"，广东处于半独立的状态。不过，在陈济棠治理广东期间，政治环境相对稳定，加之他采取了一系列的措施发展经济，1929 年至 1936 年的广州的城市建设也取得了相应的成就。1938 年 10 月，广州陷落。

从经济发展来看，建国的热情以及 1914 年爆发的第一次世界大战，都为 20 世纪初广州经济的发展创造了有利条件，民族工业开始兴旺，很多工厂投入生产，形成了一个近代工业发展的小高潮，在机器工业、火柴工业、橡胶工业和纺织针织业方面都有所建树。尤其是在陈济棠主粤时期，成就更加突出，他提出《广东省三年施政计划》，有计划、大力度地推进了广州的工业化进程，具体做法是：购买新式机器，延请回国的科技人员主持建厂事务和工厂的管理，兴建纺织厂、硫酸厂、造纸厂等一系列先进的现代化工厂。经过这样一番努力，广州的经济发展重新回到了正常的轨道。"战前广州近代官营、民营工业得到长足的发展，企业规模扩大，数量增加，门类增多，广州的近代工业体系初具规模，可以说，广州工业在 1936 年发展到历史的最高水平。"①

辛亥革命以后，广州成立工务司管理城建事宜，程天斗任工务司司长，计划拆除城垣，改筑马路，但因当时广州政局不稳，战乱频仍，计划未能实现。1918 年 10 月 22 日，广州市设立市政公所，分 4 个科，置总办、坐办职，负责拆除城垣、规划街道等市政建设事项，至此城墙才被全面拆除，为广州建市做了重要的准备工作。1920 年 9 月，陈炯明以总司令兼省长身份首倡地方自治。1921 年 2月 15 日，《广州市暂行条例》公布实施，广州市政厅成立，广州正式建市，孙科任首任市长。市政厅下设六局，其中工务局负责全市的规划建设。同年，广州成立工程设计委员会，负责各种工程的规

① 黄菊艳：《日本侵粤与广州工业化进程的中断》，《广东社会科学》2005 年第 4期，第 33～39 页。

划设计。1922 年，广州成立建筑审美委员会，负责审定涉及市容美感的公共建筑设计。

1928 年，广州市城市设计委员会成立，虽然该委员会是广州市第一个专门负责城市规划的机构，掌管全市的规划设计事务，具体拟订城市改造的全面计划，但是其并没有制定出完整的城市规划方案，并于 1929 年 12 月被撤销。1929 年，由广州市工务局局长程天固主持制定的《广州市工务之实施计划》比较全面细致地规划了道路、公园等公共空间。1931 年 10 月，广州市设计委员会成立，主管城市规划设计。1932 年制定的《广州城市设计概要草案》是第一个比较全面的整体规划。1937 年 6 月，广州市设计委员会改组为广州市政府设计委员会。抗日战争期间，广州伪政府虽然也有管理工务的机构，也制定了一些条例规章，但是城市建设基本陷于停顿。

1945 年，抗日战争胜利，广州民国政府各机构恢复运作，工务局制定了几个新的规划文件，但是，种种原因使这些规划并不切合实际，只是进行了一些战后的恢复重建工作，这种情况一直延续到广州解放。

由于民国时期广州的政治经济情况变化频仍，为了便于把握，现将上述内容总结后列简表，如表 4-1 所示。

表 4-1　民国时期广州地方情况

时段	主政者	与公共空间建设相关背景事件
1911.11～1913.8	广东军政府，胡汉民任都督	成立工务司，程天斗任司长
1913.8～1920	龙济光和桂系军阀统治	1918 年 10 月，设立市政公所，开始大规模拆墙筑路
1920～1923.2	陈炯明	1921 年建市，孙科首任市长，工务局成立，程天固任局长
1923.2～1927.12	中华民国陆海军大元帅大本营	—
1929～1936	陈济棠	1930 年，程天固再任工务局局长，制定《广州市工务之实施计划》，1931 年成立广州市设计委员会
1938.10～1945.8	日本占据	—
1945.8～1949	民国政府	工务局恢复工作，制订重建计划

第二节 城市自然山水

自然山水景观与人的活动密切相关，在清代的时候，越秀山与城内的六脉渠是城市的主要自然景观。民国时，城墙被拆除，六脉渠淤塞更加严重，大部分水渠逐渐消失。同时，由于城市空间的扩张，原来距离城市较远的郊区的西关水塘、河涌逐渐成为城市的自然景观，成为人们游玩活动的地方。

古代城市中的水系有供水排水、泄洪排涝、军事防御、交通运输等功能，广州的六脉渠也不例外。这些功能建立在一定的环境容量以及对水系的定时疏浚基础上，当政府的管理到位、人口增长不快的时候，城内的水系就会持续保持原有的功能。但是，随着时间的推移，城内人口增多，管理力度下降，情况就会发生质的变化。清末到民初，广州城濠和六脉渠不断地被壅塞，城内水系的综合功能就只剩下排除污水和少量交通运输了，甚至对排除城市积水的功能也无法承担，城内经常会发生积水内涝。民国时期，城濠和六脉渠几经整治，因为全面整治所需经费巨大，政府无力承担，所以只是通过不断地疏浚来保证水系的畅通。位于城外的城濠原本就比较宽，疏浚起来相对容易，而城内的六脉渠一经堵塞，被渠边居民跨占建屋并形成居民区，位置就不容易被辨认，给疏浚工作带来较大的困难。

程天固曾在1921年至1923年、1930年至1931年两次任广州工务局局长，并主持疏浚六脉渠。在他的回忆录中，较详细地记述了清理城濠渠道的经过。他初次执掌工务局时写道，"广州之有六脉渠，远自数百年之前，它为全市沟渠之总线，从前规定每年小修，三年大修一次。但自清末以来，已有十多年没有清理……明涌城濠，为露天制度，其上固不得已楼宇遮盖，即其两旁寻丈余地，亦须用作道路，不准民业侵涉。至于六脉暗渠，虽用砖石，铺盖渠面，但其上仍只用作道路，不准屋宇涉及……然至余长工务局时，市内所有暗渠，俱被附近居民占盖，而明涌城濠，亦已十九被人填占或架占。因此，六脉暗渠之路线，实在不易跟踪寻出，费了许多精神，始略得其大概。惟余开始清理时，其中有木屋架在渠上者，多不肯迁就让步……"①。可见，1921 年，城中的六脉渠或者已经湮没，或者已经成为暗渠，连路面都不存，程天固也只能暂时疏浚。7 年后的 1928 年，程天固再次执掌工务局，7 年间的六脉渠并没有什么改观，情况反而更加糟糕。"即环城濠涌，亦侵盖至几无泄水余地……及至晚近，时见潦水反喷，秽水上侵街面，横溢而入于屋内者没膝……若照建设现代新式渠道计划如英美者，用费巨大，动辄二、三千万元，实无力实现，只有仿效法国的暗渠办法，将脉渠尽量修浚改善，并扩大及整理。"② 最终，工务局继续对六脉渠进行修整。1930 年 6 月的《市政公报》记载，全市范围内的沟渠被分为 11 个区，市政厅按顺序依次进行清理，市内沟渠的情况是："合共街渠长七十三万七千尺，脉渠四万尺，濠涌五万六千尺。"③ 街渠是那些连接脉渠的小排水沟，总长度最长。在民国 22 年（1933）的一份更加详细的报告中，六脉渠一部分成为街内暗渠，一部分流经市内建筑底下，还有一部分结合马路的修建而成为马路渠（即沿马路修建的暗渠）④。可见，六脉渠已不再是地面景观。城濠也随着城市建设而发生改变，图 4-1 到图 4-3 是反映当时整理玉带濠的历史照片，从照片可以看出，当时的玉带濠边沿已没有道路，建筑紧逼河涌。南濠已经随着马路的修建而变为马路渠，部分西濠也因 1919 年太平南路修建而成为暗渠，只有东濠仍然继续存在至新中国成立。

民国时期，广州城域范围内的自然景观主要位于西关地区。该地区在清末的时候有驷马涌、上西关涌、下西关涌和柳波涌几条河流。随着城市化进程的加快，这几条河涌的淤塞速度加快，部分河段成为陆地或暗渠⑤，更向西面靠近珠江，包括泮塘在内的荔枝湾地区成为城里人到郊外游玩的地点。荔枝湾是一个区域的名称，并没有明确的地理范围，大致位于今天的泮塘、荔湾湖一带。清末民初，北至司马涌、南至黄沙的区域都可以被称为荔枝湾地区

① 程天固：《程天固回忆录》，龙文出版社有限公司，1993，第 121 页。

② 程天固：《程天固回忆录》，龙文出版社有限公司，1993，第 177 页。

③ 广州市工务局：《清理全市濠涌之计划》，《市政公报》1930 年第 355 期，第 109～110 页。

④ 广州市工务局：《整理东濠计划等》，《市政公报》1933 年第 27 期，第 104～116 页。

⑤ 荔湾区政协文史委编：《荔湾风采》，广东人民出版社，1996，第 20～24 页。

（见图 4 - 4）。

图 4 - 1　玉带濠清理前　　图 4 - 2　玉带濠清理中　　图 4 - 3　玉带濠清理后

资料来源：《广州市之建设计划》，《广东民政公报》1929 年第 18 期，广州市档案馆，第 244 页。

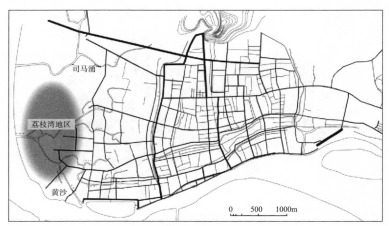

图 4 - 4　民国时期荔湾地区位置情况

资料来源：笔者自绘。

这部分区域之所以被称为荔枝湾，是因为这里曾河涌纵横，遍植荔枝树。荔湾地区种植荔枝树的历史最早可以追溯到南汉时期的昌华苑。《羊城古钞》记载，"荔枝湾在城西七里。《古图经》云：广袤三十余里。南汉创昌华苑于其上。今皆居民"①。根据地图测量可知，城西七里基本接近现今的珠江岸边。《广东新语》记载，"又五里有荔枝湾，伪南汉昌华故苑显德园在焉……其在半塘者有

①　仇巨川：《羊城古钞》，广东人民出版社，1993，第 140 页。

花坞、有华林园、皆南汉故迹，逾龙津桥而西，烟水二十余里，人家多种菱、荷、茨、芹之属，其地总名西园……"① "南宋以后，……西园地区（包括泮塘和荔枝湾）仍是广州的风景区。清初张心泰《粤游小志》曾描述过当时荔枝湾的景色：'松桧之外，杂植荔枝。……夏日，泊画船绿荫下，枝叶荫覆，……故宫三十六，虽蔓草荒烟，而夕阳明灭中，犹想见当日红云宴也。'"② 清末，荔枝湾地区有海山仙馆，后改为彭园和荔香园；民国时期，荔香园公开接待游客入园游览（见图4-5），里面仍然有很多荔枝树。综上，广州城西在历史上就有很多园林。民国时期，有很多游客在多宝路尾搭乘小艇到珠江岸边的"海角红楼"（见图4-6）和"西郊泳场"游玩，顺便游览荔枝湾地区，于是荔枝湾地区再次繁盛起来（见图4-7）。荔枝湾景观以河涌及两岸的荔枝树林为特征，泛舟其间，林荫浓密，凉风习习，有浓厚的岭南水乡意蕴。

图4-5 民国时期的荔香园

资料来源：《荔香园照片》，Fotoe图片库，http://www. fofoe. com/image/30005650。

在广州原有的山水格局中，越秀山成为公园，整体自然景观变化不大，其中却多了一些纪念性的建筑景观，以及供游人游玩的设施。珠江航道继续变窄，1928年，海珠石被建为海珠公园向公众开放。1931年，新堤修建，海珠石被炸，珠江航道再一次变窄了约90米，成为目前所存在的状态。

---

① 屈大均：《广东新语》，中华书局，1997，第471页。
② 荔湾区政协文史委：《荔湾风采》，广东人民出版社，1996，第39页。

图 4 - 6　民国时期海角红楼湖心亭

资料来源：《海角红楼湖心亭照片》，Fotoe 图片库，http://www. fofoe. com/image/30005650。

图 4 - 7　民国时期荔枝湾景色

资料来源：李穗梅：《广州旧影》，人民美术出版社，1996，第 50~52 页。

　　总之，民国时期，广州的山水格局逐渐失去了往日的风水意义，水的变化也呈现新的态势，珠江变窄，以及海珠桥的修建，使珠江两岸的联系更加紧密，也使广州城更加符合沿江城市的空间布局特点。由于人的活动，山水景观不断地变化，原来位于远郊的荔枝湾现在成为城域内充满活力的自然景观。

第三节　城市公共空间的整体形态

4.3.1　原城墙内区域

　　原来城墙内的区域可以分为北城区、西城区与中东城区。但是，由于原有大型院落式住宅或官衙一部分转变为开敞空间和政府机构，一部分土地被细化成普通住宅用地，而且旧城内道路通畅，因此这几个局域之间的区别越来越小，城墙内区域的完整性越来越强。

4.3.1.1　区域内建筑

民国时期，原来清代末期的建筑有的消失了，比如衙署、牌坊；有的依然存在，比如寺庙；有的在发生缓慢的变化，比如住宅。城市化带来的人口聚集，需要大量的住宅。市中心原有的属于封建官员、军营的大宅院都已经消失，土地明显增值，这些因素使每栋住宅的占地规模越来越小，层数不断增加。但是，城内私人住宅的形制并没有发生根本变化，沿主要马路，竹筒屋成为主要的住宅形式，住宅区的街道界面仍然以实墙为主，只是显得更加狭窄了。

1929 年，民国政府曾经出资兴建平民住宅，不过这些住宅都位于郊区[①]。1936 年的《市政公报》中记载了政府建设"劳工住宅"的情况，平民宫第一、第二平民宿舍，劳工安集所等建筑（见图 4 - 8），分别位于八旗会馆故址、河南义居里等地，可容纳平民2400 余人，在大南路、东校场等地方建设的平民住宅可容纳 3000余人[②]。

图 4 - 8　1932 年的平民宫

资料来源：《平民宫照片》，《新广州》1932 年第 2 期。

---

① 广州市市政厅：《河南尾建筑平民村之计划》，《市政公报》1929 年第 336 期，
　第 40 页。

② 广州市市政厅：《刘市长在联合纪念周中之市政报告》，《市政公报》1929 年第
　526 期，第 156～157 页。

虽然如此，清末民初百废待兴，少有房地产公司在旧城内部开发成片住宅。由于土地的私有性质，大多数人无力重新建设新住宅，所以住宅建筑处于渐进式的改造过程中。据《民国日报》1924年1月10日的报道，"自去年3月以至12月，赴工务局报告建设者，匀记每月在三百件以上，其属于小修者匀记每月在千件以上，尤不在此数之内"[①]。表4-2是民国19年（1930）、民国25年（1936）《市政公报》中公布的3个月的住宅建设统计数据[②]，虽然不够全面，不过民国时期的住宅建设情况亦可见一斑，比较起来，新建住宅的数目远比不上改建住宅的数目。这表明旧城中大量的住宅建筑基本还是原来的面貌，已有住宅的加建、改建现象明显，层数有所提高。"民国以后，由于西方建筑技术的传入，竹筒屋也起了一些变化，出现两三层建筑，楼层用混凝土梁，门楣上使用混凝土过梁，上设小阳台，并采用西洋建筑的局部装饰，屋顶改为平顶，时称'洋楼'。30年代较出名的有霞飞坊、盐运西、将军东、将军西等街坊。"[③]

表4-2　民国时期住宅建设情况统计

单位：间

时间	开工新建	建设完成	开工改建	改建完成
1930年8月	16	15	79	43
1936年9月	68	19	132	59

在旧城原来的政治中心，还有一个新建公共建筑分布比较集中的区域（见图4-9）。这里分布了市府合署（见图4-10）、中山纪念堂、财厅（见图4-11）、广州市中山图书馆（见图4-12）等重要的大型政府公共建筑。其中，财厅位于原布政司署，广州市中山图书馆在原广府学官，中山纪念堂在原抚标箭道，市府合署则在巡抚部院北面。可见，民国政府依然延续了旧城中心的政治功能，并赋予其近现代民主政治的新内涵。在这片区域里，既有政府办公

---

① 《增加建筑》，《广州民国日报》1924年1月10日，第2版。
② 广州市市政厅：《本市新建改建房屋之统计》，《市政公报》1930年第372期，第36～37页。
③ 广州市地方志编纂委员会：《广州市志·卷三》，广州出版社，1995，第359页。

建筑，也有纪念物，还有公益建筑。这批建筑的形式大部分为中国
固有风格，具体地体现了传统建筑特点。广州民国政府的官员大多
是留洋回来，却在建筑中采用了中国固有风格，表明了对传统文化
的重视与认同，也表明了民国政府计划在建筑中标明政府形象，以
更好地转变国人观念的原初构想。不过，虽然民国政府极力提倡中
国固有风格，但是，从设计者到决策者都是接受了完整西方教育的
社会精英，他们眼里的传统建筑几乎失去了原有的意义而只剩下一
般形式的要素。中山图书馆的平面构图"让人联想到美国华盛顿国
会图书馆"①，中山纪念堂平面的希腊十字的集中式构图，也能看
出西方建筑的影子。

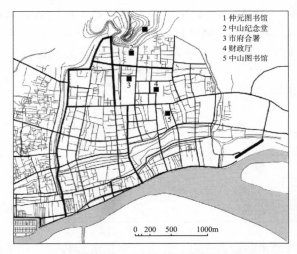

图 4 - 9　市中心重要公共建筑分布情况

资料来源：笔者自绘。

图 4 - 10　市府合署立面

资料来源：程天固：《工务实施计划》，广州市工务局，1930，第68页。

---

① 赖德霖：《中国近代建筑史研究》，清华大学出版社，2007，第382页。

图 4－11　现在的省财政厅

资料来源：笔者自摄。

图 4－12　市立中山图书馆立面

资料来源：程天固：《工务实施计划》，广州市工务局，1930，第
69 页。

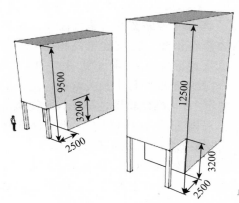

单位：mm

图 4－13　1912 年骑楼模型

资料来源：笔者根据资料自绘。

　　骑楼是民国时期的广州具有突出特色的建筑类型，有较多学者
对骑楼进行了方方面面的研究。本书仅从影响城市公共空间的骑楼

建筑形态及其与城市公共空间之间的关系两方面进行进一步的探讨。自清末张之洞在长堤马路旁修建铺屋以来，骑楼开始越来越多地出现在广州城域范围内。民国2年（1912）制定的《广东省城警察厅现行取缔建筑章程及实施细节》是与骑楼建筑相关的比较早的规划管理文件[1]。其中，骑楼被称为"有脚骑楼"，并规定要在沿街个人私有地块内部留宽8尺，作为骑楼街道用地。骑楼地面至楼底层的高度为1丈，余层高度最少不能少于9尺。如此看来，早期人行道上骑楼空间的尺寸是宽约2.5米，高约3.2米。骑楼建筑其余层高为近2.9米，如果骑楼建筑的高度是三层到四层，则总高度是9米到12米（见图4-13）。民国9年（1920），市政厅在重新修订《广东省城警察厅现行取缔建筑章程及实施细节》的基础上，制定了《临时取缔建筑章程》[2]，其中，骑楼取代有脚骑楼成为骑楼建筑的正式称谓，并一直沿用至今。与骑楼相关的规定是，凡在宽100尺（宽约32米）马路旁修建的房屋，可以修建宽20尺（宽约6.5米）的骑楼；在宽为80尺（宽约26米）马路旁修建的房屋，准建宽15尺（宽约4.8米）的骑楼。凡在80尺马路两旁建骑楼，第一层高度最低不得在15尺（约4.8米）以下，第二层最低不得在13尺（约4.2米）以下，第三层最低不得在11尺（约3.5米）以下；在100尺马路两旁建设骑楼，第一层高度最低不得在18尺（约5.8米）以下，第二层以上参照80尺马路的规定。可见，此时的规定更加完备，考虑了道路宽度与骑楼高度的比例问题。在宽约26米的马路两旁修建骑楼，三层建筑高约13米；在宽约32米马路两旁的骑楼，3层建筑高约14米（见图4-14、图4-15）。民国19年（1930），市政府再次修订了相关章程，发布了《修正取缔建筑章程》，其中规定，"凡准建骑楼之马路其骑楼高度，第一层最低以15尺为限"[3]。民国33年（1944），广州市伪政府发布《广州市建筑规则》，规定骑楼的底层高度不得低于4.5米。

　　骑楼建筑在商业街道上较为集中，多为2～4层，底层前部为骑楼柱廊，后部多为店铺，两层以上为住宅。临街立面处理为西式

① 林冲：《骑楼型街屋的发展与形态的研究》，博士学位论文，华南理工大学，2000，第101页。

② 广州市市政厅：《广东省现行单行法令》，1921，第2148页。

③ 广州市市政厅：《修正取缔建筑章程》，《市政公报》1930年第367期，第36页。

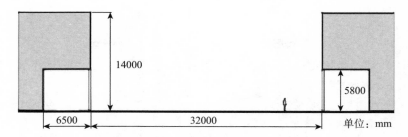

图 4 - 14 32 米宽的骑楼马路剖面情况

资料来源：笔者根据资料自绘。

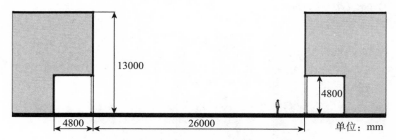

图 4 - 15 26 米宽的骑楼马路剖面情况

资料来源：笔者根据资料自绘。

造型或中西结合，具有仿哥特式、巴洛克式或南洋式样的风格，骑楼一般分为楼顶、楼身、骑楼底三段式。在每座骑楼建筑的楼顶，基本有山花和女儿墙。山花设计成曲线和半圆形，是屋顶的重点装饰部分。在广州骑楼建筑中，凹阳台最为常见，设在骑楼立面的中部，由栏杆或其他胸墙围起来，栏杆呈直条状或方块状，偏重于实用性装饰。有的楼顶矗立着尖顶塔楼，有的正面墙顶挑出拱形雨篷。这些奇特的造型为单调、平整的天际线增添了情趣。墙面具有丰富多彩的艺术效果，上面的浮雕图案、窗洞形式、线角、阳台铸铁栏杆等，融合了西方的"巴洛克"或"洛可可"建筑装饰风格。广州骑楼建筑中最具中式建筑特色的是满洲窗，这种在西关大屋中常见的满洲窗，被设计师们运用到骑楼上，由五颜六色的玻璃及木格组成窗花，非常特别（见图 4 - 16）。可见，无论骑楼采用什么样的风格，中国传统风格要素仅仅体现在局部的装饰上，所有骑楼的一个共同的特点就是或多或少带有西洋建筑的元素符号，这奠定了骑楼街道的整体特色的基础。

位于起义路（维新路），
3层，12.6米

位于大德路，
3层，12.6米

位于大新路，
3层，12.6米

位于一德路，
3层，12.6米

位于人民南路（太平
南路），4层，15.4米

位于人民南路（太平
南路），5层，21.2米

位于北京路（大南路到
万福路），3层，12米

位于北京路（中山路到
大南路），3层，13.3米

位于北京路（财厅到
中山路），3层，14.2米

图4-16　现在的各种骑楼街道现状照片

资料来源：笔者自摄。

　　综上所述，骑楼一般的尺度为：3层总高13米左右，3层以上层高为3.5米左右，则4层总高约16米，5层总高约20米。传统骑楼街多由小体量的建筑拼接而成。这些小体量建筑立面的开间大小相当，均在 3.5～4.5 米。在旧城区的街道，由于土地情况复杂，骑楼街道少见总开间比较大的骑楼建筑，街道立面分割尺度较小，节奏紧凑。新开辟的道路，例如拆除城墙改建和沿江新开发道路，则可能建筑总开间比较大些，街道立面的节奏稍松缓。

4.3.1.2　路网格局与开敞空间

民国时期，原城墙内区域建设了密度较高的新式马路和城市公园。新开辟的道路分布比较均匀，密度相对较大，奠定了后世道路建设的基础，几乎完成现在同一区域内整个道路体系的80%。因为将城墙基改成道路，通达整个区域的道路增加至 6 条，整体道路网格的大格局相比清末时候发生了较大的变化。南北向贯穿的道路除了中华路，还有介于旧城内与西关地区之间的丰宁路、长庚路和太平南路（现人民路）一线，介于旧城与东关的越秀路（现越秀路）一线；东西向贯通的道路除了惠爱路，还增加了大德路、文明路一线和一德路万福路一线，形成三纵三横的大格局（见图 4－17）。但是，贯穿南北、东西的道路分布不均，多集中在临江的原新城区域。以骑楼为特征的道路系统也几乎分布在惠爱路以南区域。

沿江一带原有的公共空间以江边码头、垂直江边的小巷和江边的空地为特征。新的商业区建成后，以西堤到东堤一线的沿江路，以及与它垂直的一些道路为骨架，凯文·林奇所谓的边沿空间特征明显。沿江道路进一步整治完毕以后，空地逐渐开发完毕，垂直堤岸的道路也扩展修整，沿江一带成为广州的新兴商业发达地区，具有了近代城市的显著特征。沿江道路系统的形成，使广州的公共空间架构拥有了新的要素和新的空间体验。

在原城墙内区域还分布着中央公园等 4 个城市公园，彼此间的距离最远不超过 400 多米。同时，中山纪念堂绿地也是一处较大面积的开敞空间。在惠爱路以北、越秀山山脚下的区域公共空间疏密有致，作为城市的政治核心，公共空间景观具有新的特征。惠爱路以南地域则以住宅和商业区为主，原新城区域由于拆除城墙而修建的两条道路，促使珠江岸边成为新的商业聚集的地方。

为了增强民众的体质，政府也注重体育场所的创建，在广州城内建设公共运动场地。同时，对社区内的小公园、儿童游乐场也进行了规划。

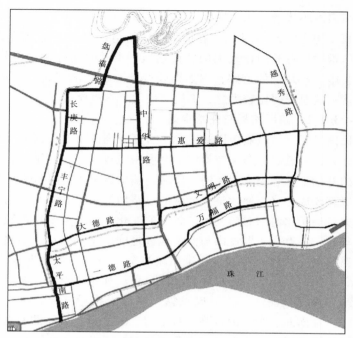

图 4 - 17　民国时期原城墙范围内道路的大格局

资料来源：笔者自绘。

　　早在民国 10 年（1921），政府就已经对修建儿童游乐场有所考虑了。当时的教育局请示政府拨用玄妙观余地作为儿童游乐园，市政公所派人前往测量，玄妙观前余地"尚有四百六十一井七十一方尺一方寸"，约合 5000 平方米，按照教育局的申请，这块地应该作为儿童游乐园用地加以建设，不过，原来教育局有在此地建设市场与劝业场的想法，但由于当时的征地费用过高，最终没有建成①。1929 年，玄妙观空地再次成为儿童游乐园用地，教育局关于建设该场地提出六条建议，包括注意宣传以吸引儿童前来、修整场地加强安全、增加运动器械、加设特警四人驻守、附设儿童阅览所等②。1923 年 9 月 28 日的《广州民国日报》有一则关于儿童游乐场的新

---

　① 训令教育局请拨玄妙观余地辟做儿童游乐园应准照拨由《市政公报》1931 年第 9 期第 2~4 页的附表中的面积单位原为亩与井。按照 1 亩约为 667 平方米，1 井为 1 平方丈，即约为 11.1 平方米换算。

　② 《儿童游乐园重新整理》，《广州民国日报》1929 年 1 月 9 日，第 2 版。

闻，内容是广州的驻军占用了"惠爱西路市立第一儿童游乐园"，政府希望军队迁出①。在之后 10 月 13 日的《民国日报》中，又出现该游乐园的新闻，文中称自军队迁出以来，拟将该园未竣工程改由工务局续建，但是，并未见其兴工修筑，且该园四周所种之树也为居民砍伐，甚至连树根也被刨出。可见，这个位于惠爱西路的儿童游乐园并未完全建好②。

另外，城中还有一些空地可以进行集会活动。例如，在 1923 年 9 月 25 日的《广州日报》中，有一则新闻称："筹赈日灾园游大会，昨日开幕。公安局长吴铁城以开会期内，日夕游人甚众，特派出便装警探，并督察百数十人，分往西瓜园教育会图书馆等处，梭巡保护，以防宵小混迹云。"③ 可见，西瓜园、教育会和图书馆等处有公共的开放空间，可以举行一些公益活动。

4.3.2 西关和东关区域

民国时期的西关地区空间继续向西扩张，逐渐接近泮塘。住宅建筑仍然以竹筒屋和西关大屋为主，较少兴建较大规模的公共建筑。

作为清代兴起的商业地区，原西关地区的整体变化并不大。此地区原来就是商业地带，土地产权比较明确，公共空间的建设必然带来征地困难、费用较大的问题。在填平西濠口，建设旧城内最早被开辟的道路——太平南路时，就出现了士绅阻挠的情况，这也从侧面说明了西关地区道路建设的不易。在 20 世纪 30 年代，西关地区的道路得到改善，以龙津路和上下九路形成主体框架（见图 4－18），其余道路与其垂直，拥有了新的面貌。西关住宅密集，道路狭窄，缺乏开敞空间，不过，西面的荔枝湾地区成为人们游览休闲的地方，初步具备了郊野公园的基本特征，成为为位于城市边缘的人们的公共活动提供场所的开敞空间。虽然该地区没有建成，但是国民政府多次希望建设荔湾公园。

城市需要新的扩展空间，民国时期城内的土地已经不敷使用，

---

① 《游乐园讯》，《广州民国日报》1923 年 9 月 28 日，第 2 版。
② 《玩乐园讯》，《广州民国日报》1923 年 10 月 13 日，第 3 版。
③ 《保护园游》，《广州民国日报》1923 年 9 月 25 日，第 2 版。

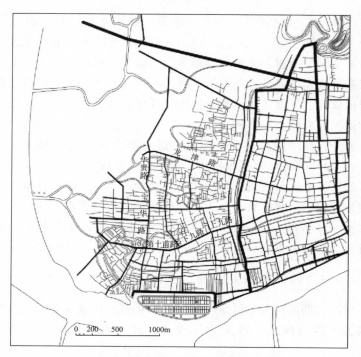

图4-18　民国时期西关地区的主要路网

资料来源：笔者自绘。

原为郊区的城东部分得到进一步开发，由华侨地产开发商开发兴建了很多新式的别墅式住宅，成为模范住宅建设示范区。主要的住宅小区依托小山岗而建，集中在石榴岗、竹丝岗等地区，住宅建筑基本以现代摩登样式为主（见图4-19）。示范区内对道路以及小公园（见图4-20）等公共空间都有所考虑，代表了当时先进的规划理念，形成了不同于原有城市区域的新居住区域。在1929年的规划中，开发理念完整，小区内住宅皆为两层到三层，分成几个类别，道路也具有级别（见图4-21）。但是，总体上来看，东关地区开发得并不完全，仍有很多空地。

　　另外，这里还分布着东山公园、省体育场、黄花岗等一系列纪念陵园。1915年，孙中山决定将广州城东原清兵训练的东校场扩充为公共运动场，后因战事耽搁。直至1930年，省府再次决定建设运动场，整体分四期建设。1932年，一期工程告竣，场内有足球场、田径赛场、观众座位、篮排球场等。二期工程计划建设田径

图 4 - 19　民国时期东关现代风格的别墅式住宅

资料来源：程天固：《工务之实施计划》，广州工务局，1930，第 62 页。

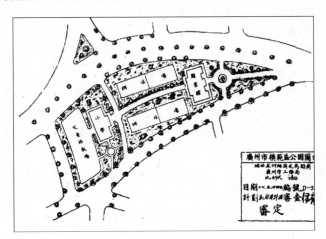

图 4 - 20　东关模范住宅小区内的公园平面

注：图 4 - 20 中可见小学、图书馆和网球场。

资料来源：广州市工务局季刊编辑处：《东关模范住宅小区》，《工务季刊》1929 年第 2 期，第 132 页。

场座位、竞走路、篮排球场座位等设施；另外，在石牌附近建设了赛马场，场地为椭圆形，长轴 710.2 米，短轴 265.2 米，另有观众席座位 3000 多个。这些运动场虽然不多，但是在当时的市民生活中已经非常重要。运动场建成后，市民多次召开运动会以及群众集会。总体来说，东关地区以现代化的住宅小区分布为主，建筑分布没有其他区域密集，环境好，具有良好的发展潜力。

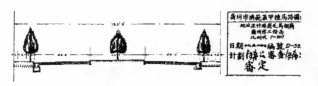

图 4-21　东关模范住宅小区内的林荫路剖面

资料来源：广州市工务局季刊编辑处：《东关模范住宅小区》，
《工务季刊》1929 年第 2 期，第133 页。

　　在省运动场没有修建以前，东校场已经是重要的公共空间，不仅是多次召开运动会的场所，也是很多市民集中举行大型公共活动的场所。早在清宣统元年（1909）11 月，广东省大运动会（后改称"第三届省运会"）在广州东校场举行，运动会由广东各界自治会主办，南武学堂获团体冠军①。1925 年 4 月，广州各界人士齐集东校场，召开孙中山先生的追悼大会。1925 年 6 月，为抗议帝国主义在上海制造的"五卅惨案"和声援上海人民的斗争，使外国军队撤出中国，周恩来和省港罢工工人及各界群众在东校场集会，会后举行了 10 万人参加的示威大游行。1926 年元旦，国民党第二次代表大会开幕后，这里举行了盛大的阅兵典礼和军民反帝游行。毛泽东、林伯渠、吴三章、恽代英、邓颖超等人也参加了这次阅兵式和反帝示威游行。1926 年"五一"国际劳动节，这里举办了由劳动大会代表和广州各界 30 万名群众参加的庆祝活动。1926 年夏天，国共合作的广东国民政府决定出师北伐，推翻北洋军阀黑暗统治。同年 7 月 9 日上午，声势浩大的北伐誓师出发典礼在东校场举行，省港罢工工人、黄埔军校师生、粤军各部及广东各界群众数十万人参加典礼，广东国民政府要人孙科、谭延闿、宋子文、李济深等出席，大会发布了《北伐宣言》。同年 4 月 12 日，各界在东校场召开追悼大会纪念孙中山先生。当时各界团体有七百余个，有二十余万人参加，当时的《民国日报》记载了追悼会情况②。1929 年 1 月，

---

① 广东省地方史志办公室：《广东省志·体育志》，http://www.gd-info.gov.cn/books/dtree/。
② 《空前未有之孙中山先生追悼大会》，《广州民国日报》1925 年 4 月 16 日，第 2 版。

在东校场召开免乞讨运动大会，会后举行游行活动①。

民国初年，城市公共空间中原有的教化、规范人的活动的元素逐渐消失，拱北楼、牌坊被拆除，衙署成为城中空地。城市形态逐渐显现西方城市形态的特征，整体公共空间架构的中心性逐渐加强，整体纪念性大大减弱。随着社会生活的改变，民国时期的纪念建筑已经从清代传统的牌坊、祠堂等转变为与西方一样的纪念碑、纪念陵园以及容纳公共集会的纪念堂。原先具有历史意义的一些街道空间焕发了新的生机，对城市建设的促进作用明显，而纪念建筑与周边的纪念场所成为城市中具有纪念意义的公共空间元素，包括中山纪念堂广场、中山纪念碑、黄花岗七十二烈士陵园等一些纪念陵园。

第四节 主要商业街道

广州自古就是一个商贸城市，商业是促进城市发展的重要因素之一。民国时候也是如此，虽然民族工业取得了长足发展，但是，商业仍然是推动城市化进程的主要动力。

附表2是民国35年（1946）的广州的商业分布情况，从附表2可以看出，以商店分布的间数为基准，比较繁华的商业街有太平南路（现人民南路，各种店铺40间）、一德路（各种店铺63间）、惠爱东路（各种店铺39间）、惠爱中路和惠爱西路（分别是现中山三、四和五路，各种店铺62间）、维新路（现起义路，各种店铺11间）、汉民路（现北京路，各种店铺51间）（见图4-22）和长堤大马路（各种店铺25间）。其中的长堤大马路因为是沿江空间，所以具有特别的形态意义，后文再仔细说明，在此先就其余几条道路展开讨论。1946年是抗战结束的第一年，抗战时期，广州的商贸发展和城市建设受到极大影响，抗战结束后仍然比较繁华的街道在抗战前必然也是重要的商业道路。1924年，广州发生商团叛乱事件，事后，报纸上刊登了市面的店铺开业情况的新闻："查昨廿七日，市内各大小商店开门营业者，较昨日为多。永汉北路各大小商店完全开市，……计永汉全路开始商店居十分之九。……惠爱路各小商店，均大开门营业，大商店如大新先施两公司等，均照常营

---

① 《明日举行免乞讨运动大会》，《广州民国日报》1929年1月21日，第3版。

业，其余各洋货西服车衣故衣杂货米粮等商店，无不大开其门。计全惠爱路完全开门商店，居十分之八九。……维新路、大南门……一带商店均完全开市。……一德路、太平南路之银号除间有关门者，余多兑换贸易。……长堤一带，各大公司如大新先施德昌等公司，及各酒店如西濠大东亚洲一景等均开市营业。"① 对于这种社会民生的调查，记者必然会选取商业集中的道路作为考察对象，因此从这则新闻中我们也可以印证以上道路的繁华与重要性。

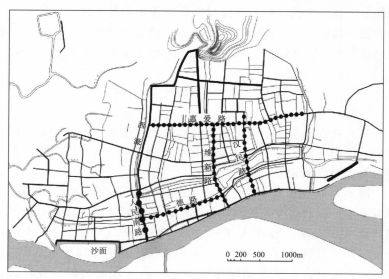

图 4 - 22　民国时期广州主要的商业街道分布
资料来源：笔者自绘。

在这几条路中，惠爱路和汉民路在清代就已经是重要的商业街道了，在民国时期也具有新的活力；太平南路与一德路都是城墙拆除以后形成的新街，太平南路与西堤垂直，构成广州新的"T"字形商业中心；一德路为拆除原新城南墙而建，与太平南路垂直，平行于珠江。新城南墙外在清代就已经是商业重地，与太平南路垂直形成商圈也是其继续繁华的原因；维新路与惠爱路垂直，与北京路平行，是在传统市中心新建的道路。因此，从区位也可以看出这几条道路的商业地位。

---

① 《市面之形势》，《广州民国日报》1924 年 8 月 28 日，第 3 版。

　　清末时候的惠爱直街在民国时期被开辟为惠爱路，包括惠爱东路、中路和西路。1918 年，开辟惠爱直街东段为惠爱东路，宽 15 米，长 1000 米。1919 年，扩展惠爱四约、五约、六约建成惠爱中路，成为主要商业街，长 637 米，宽 16 米。1919 年，扩展惠爱首约（西门口）、二约、三约建成惠爱西路，长 767 米，宽 16 米。至此，惠爱路全部建设成为一条骑楼马路（见图 4－23）。如果 3 层骑楼的高度约为 13 米，4 层骑楼的高度约为 16 米①，则惠爱路的剖面如图 4－24 所示。1948 年，为纪念孙中山，惠爱路改名为中山路，至今未变。惠爱路在清末已经具有重要的商业功能，两边分布了很多商铺，同时，也有很多官府衙门布局于此，到了民国时期，仍有几个政府部门以及公园分布在惠爱路的两边，由东向西依次分布着番禺县政府、永汉公园、省财厅、中央公园、市府合署。惠爱路成为兼具政治、商业和市民性的一条道路，一直扮演着主要道路的角色，在市民心中具有重要的意义。

图 4－23　民国时期的惠爱路

资料来源：《惠爱路老照片》，中国记忆论坛，http：//www.memoryofchina.org。

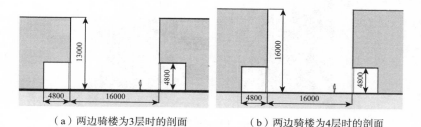

（a）两边骑楼为3层时的剖面　　　　（b）两边骑楼为4层时的剖面

图 4－24　民国时期惠爱路剖面

资料来源：笔者自绘。

---

①　关于街道两边骑楼的高度，请参见本章第 5 节。

清代，汉民路一线由北向南依次为承宣直街、双门底、雄镇坊和永清街等。1918年永清街失火，1919年当局乘机拆城门及拱北楼，并筑成137米长的汉民路，后向北扩展至财厅前，最终形成总长1252米、宽15米的商业中心街道（见图4－25、图4－26），1966年改名为北京路。汉民路自古以来就是广州的主要中心道路，民国时期该路向南一直延伸到江边，正对珠江边的天字码头，大南路以北靠近中山路一段，更加繁华。该路也是一条骑楼街道，不过在1929年，该路南段自泰康路口至珠江边不再允许建设骑楼，于是，北段与南段就形成不同的景观。汉民路与惠爱路的尺度相差不大，两边的骑楼也类似（见图4－27）。

图4－25　民国时期的汉民路

资料来源：《汉民路历史照片》，中国记忆论坛，http：∥www. memoryofchina. org。

图4－26　1924年汉民路景观

资料来源：《1924年汉民路照片》，华声论坛，http：∥bbs. voc. com. cn。

　　中华路原为城中南北干道，由大北门南通归德门，为骑楼式马路，是主要商业区之一，包括中华北路、中路和南路。其中，中华北路是1930年扩建大北直街而成，1935年改铺沥青路面，长1180

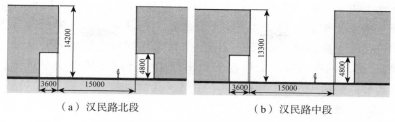

（a）汉民路北段　　　　　　　　（b）汉民路中段

图 4 - 27　汉民路剖面

资料来源：笔者自绘。

米，宽 33 米有余，今名解放北路；中华中路是 1930 年扩建四牌楼街而成，长 554 米，宽 16 米，1954 年改名为解放中路，至今未变；中华南路是 1930 年扩建小市街而成，长 405 米，宽 15 米，1954 年改名为解放南路，至今未变（见图 4 - 28、图 4 - 29）。在惠爱路以北、位于中华北路西面的净慧公园，形成一处开敞空间，虽然当时的公园有围墙，但是其内部参天的古树也给连续的街道界面带来一些变化。中华路在清代时牌坊密集，至 1947 年，中华中路尚存牌坊五座，自北向南的排列为：盛世直臣坊（即海瑞牌坊）、乙丑进士坊、熙朝人瑞坊、奕世台光坊、戊辰进士坊。由于不利于交通，民国政府决定将牌楼移走。五座石牌坊除了乙丑进士坊由岭南大学拆取外，其余四座均由市工务局统一处置，具体情况是：移建"奕世台光坊"于汉民公园南门，并将原有日本式牌楼拆去；移建"戊

图 4 - 28　民国时期中华路景观

资料来源：《民国时期中华路照片》，中国记忆论坛，http：//www. mem-oryofchina. org/bbs/read. php？tid = 26120。

辰进士坊"于汉民公园西门；另移建"盛世直臣坊""熙朝人瑞
坊"两座于纪念堂后、粤秀山上石级处。也就是说，其中两座石牌
坊被移建于惠爱路边的汉民公园门口（新中国成立后更名为儿童公
园），另外两座石牌坊则移建于中山纪念堂背后连接中山纪念碑的
百步梯入口处（见图4－30）。目前，其余几座牌坊都已经被毁，
仅有乙丑进士坊尚立在中山大学校园中。

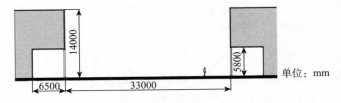

单位：mm

图 4－29　中华北路剖面

注：中华北路已经不存在，图4－29中骑楼地的宽度是按照当时骑楼建筑管
理的规定所画，详细情况请见本章第5节。

资料来源：笔者根据相关资料自绘。

图 4－30　移建于越秀山百步梯入口的"熙朝人瑞坊"

资料来源：李穗梅：《广州旧影》，人民美术出版社，1996，第68页。

维新路正对中央公园，与惠爱路垂直，南至珠江边，是1919年新建的道路，因多次穿越清代衙门内空地而被拆建，如抚台前空地、按察司等，故取维新变革之意，命名为"维新路"，长525米，宽27米，1966年改名为广州起义路。本来计划将维新路建设成一条直路，可是由于市民多从自身利益出发，阻挠道路建设，而且维新路穿越之处多为官宦等有背景的人家，工务局不得不在道路用地方面一再妥协退让，所以最终的维新路被建设成为一条弯弯曲曲的道路。虽然如此，维新路以其宽度及位置，在当时的广州城中，当仁不让地具有重要的商业价值。因为修建海珠铁桥，1929年，国民政府决定维新路上不再修建骑楼，已经修建的骑楼在海珠桥修建的时候也要被拆除[①]。于是，维新路的骑楼最终只在局部有所分布（见图4-31）。

图4-31　现在的起义路照片
资料来源：笔者自摄。

1919年，广州的西鸡翼城被拆除，该段西濠也被填平，城基被修建成为马路，因大部分在城门太平门以南，故此段马路被称为太平南路。从与大德路的交口起，至江边西堤大马路，道路全长820米，路宽32米，为当时全市最宽的马路之一，是全市的商业中心。民国18年（1929），太平南路改为沥青路面[②]。太平南路为拆城墙新建马路，路两边土地的权属简单，同时，与西堤垂直相

---

①　《维新路两旁铺户不准建筑骑楼》，《广州民国日报》1929年2月21日，第3版。
②　广州市工务局：《太平仓边一德等路涂扫腊青》，《市政公报》1928年第342期，第4页。

交，邻近沙面和原十三行地区，这些都为太平南路发展成为新兴商业中心创造了条件。路两边的骑楼尺度较大，层数较多，样式美观大方（见图4-32）。

（a）由西濠口北望，路的右边依次　　　　　（b）太平南路上向南望
是新华大酒店和新亚大酒店

图4-32　民国时期太平南路景观

资料来源：广东省立中山图书馆：《羊城寻旧》，广东人民出版社，2004，第39页。

一德路，1920年因拆新城城墙而被建成，因附近有一德学社，故名，长1150米，宽15～17米，是当时的杂货海味总汇街道。民国18年（1929），路面全部改为沥青路面（见图4-33）。圣心天主教堂（石室）坐落在一德路北，教堂前有小广场（见图4-34）。

图4-33　民国时期一德路景观

资料来源：中国记忆论坛。

以上所提马路基本是骑楼街道，构成了广州民国城市特色的街道空间框架。在骑楼街道两边连续的建筑形体中，局部也有些空地，因为路两旁业主的财力不等，有的业主无力出钱兴建骑楼，建筑之间就存在空白。骑楼街道两边较少种树，不过在后来不允许建

图 4 - 34　一德路天主教圣心教堂

资料来源：《石室旧照片》，中国记忆论坛。

设骑楼的街道两旁，才种植有各种树木，形成骑楼与路树相间的街道景观。例如，根据 1932 年的统计，在维新路北段两旁种有 154 棵路树，树种分别是石栗 122 棵、楹树 32 棵，间距为 20 英尺（约 6.1 米），南端两旁种有 47 棵桉树①。

在修建新式马路之初，马路路面的材料主要是花砂和三合土，当时六二三路的建设章程详细说明了花砂路面的做法：首先将路基用"辘路汽机"压实；其次用约 6 寸见方 4 寸厚英石铺垫路底石，并用机器压实；再次铺路面，先铺大白石碎 4 寸压平；最后用 1∶1 沙泥匀铺路面压实。人行道的具体做法是：首先填筑路基并用石辘压实；其次铺垫 4 寸煤渣压实；再次铺 1∶3∶6 水泥三合土 3 寸厚；最后铺 1∶2 水泥砂浆批荡 6 分厚，做成矩形块状分段②。花砂马路路面质量不好，随着汽车的增多，过多的碾压造成路面晴天扬尘过多，雨天泥泞难行，维护费用过高。1929 年以后，因为筑路技术的提高，城中马路陆续铺设沥青，改善了路面的质量。

---

① 广州市工务局：《广州市各马路路树统计表》（1933 年 6 月 3 日），广州市档案馆，案卷号：2043。

② 广州市工务局：《广州市工务局建筑六月廿三路（即沙基路）章程》，《市政公报》1926 年第 215 期，第 7～15 页。

第五节　重要城市公园

民国时期，国民政府重视城市公园的建设，先后兴建了 9 处公园①（见表 4 - 3），包括中央公园、越秀公园、东山公园、河南公园、永汉公园、净慧公园、中山公园、白云公园、海珠公园，并陆续规划了另外十余个公园，包括黄花公园、荔湾公园等。

表 4 - 3　1933 年广州的公园

单位：m²

名称	中央公园	越秀公园	东山公园	河南公园	永汉公园
面积	77629.8	126509.83	2334.4	16551.9	28178.8
名称	净慧公园	中山公园	白云公园	海珠公园	—
面积	23275.6	5739320.7	168920.3	957.2	—

在已建成使用的公园中，除了位于珠江以南的河南公园，其余公园都在本书的研究空间范围内，笔者选取中央公园、越秀公园、中山公园、永汉公园、海珠公园和净慧公园 6 个主要公园作为个案进行详细介绍，它们在城市中的位置如图 4 - 35 所示。

中央公园所在位置原为清代的巡抚部院，即省级巡抚衙门，是广州市内最早建成的公园，也是市内保存至今的唯一一个民国时期的公园。1918 年，孙中山倡议在此地建"第一公园"，昔日的官府园林开始走向寻常百姓。公园由民国著名建筑师杨锡宗设计，平面布局采用欧洲园林的几何式布局（见图 4 - 36），四周围墙围绕，总平面呈矩形，面积为 77629.8 平方米，长边约为 360 米，短边约为 216 米。当时用地的北面包含后来的市府合署建筑用地，南面以南门为界，北面并未到达东风路，南面也未到达中山路。1934 年，市府合署建设完毕，中央公园南北长约 277 米，面积缩小为近 50000 平方米。至此，中央公园北面边界是市府合署，南面为其他建筑，西面为连新路，东面为吉祥路。1926 年，"第一公园"改名为"中央公园"。

---

① 《广州市公园面积表》（1935 年 8 月 6 日），广州市档案馆，案卷号：2043。

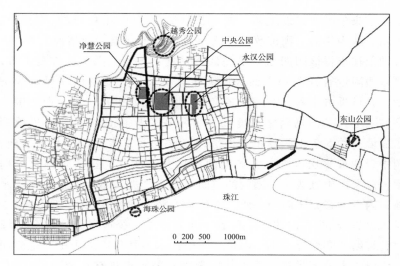

图 4 – 35　民国时期广州城市公园分布情况

注：其中海珠公园因为修建新堤，于 1931 年与陆地连接，形态有所改变。

资料来源：笔者自绘。

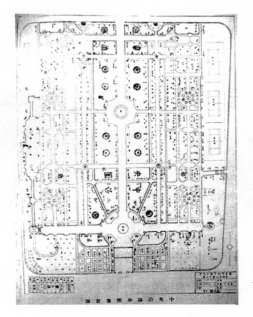

图 4 – 36　中央公园平面

资料来源：胡冬香：《广州近代园林研究》，华南理工大学建筑学院，2007，第 137 页。

中央公园在建设之初，四周曾有墙壁（见图4–37），公园较封闭，从当年的一则市政府呈文中可以看出其围墙的情况。"……尊即前往查得该园四面墙壁高低之尺度不齐，双隅三隅亦复不等。其东边附近吉祥路一方面高度为十九英尺，计应留回三尺以为护壁，共可拆去十六尺……园之前后门墙高约六七尺，其余西边围墙高约六七尺，而马路之高度几与墙角齐。"[①] 由此可见，中央公园东面墙高约5.7米，其余三面围墙高度为近2米。经过几次改建，园中景观被多次改变，大体空间结构并未变化，包括对称式的构图，以及用中轴线统一园内的空间。南入口进去不远处是一个喷水池，内有观音童子雕像一座，水流从童子的水瓶中流出（见图4–38）。沿中轴线再向北，坐落着一座音乐亭。公园其余空间分布绿地、道路和雕像等，不一而足。园中古木多百年以上历史，也曾加建假山、水池等景观。除了休闲游憩，公园也具有动物园的功能。1927年，安置了汪精卫所送的狐狸和铁笼。1928年，曾建一所兽舍，以便饲养小老虎[②]。1946年，缅甸远征军送大象一头，也在此展览。广州城内原有的一些著名历史遗物，也曾被移到此处，包括原清代将军署前的石狮、原大佛寺内重达3000斤的古铜钟（见图4–

图4–37　民国中央公园大门

注：从本照片可以见到大门两边的围墙。

资料来源：广东省立中山图书馆：《羊城寻旧》，广东人民出版社，2004，第97页。

---

① 广州市工务局：《呈省长据工务局呈第一公园围墙不便拆卸请令尊由》，《市政公报》1922年第1期，第1页。

② 广州市工务局：《中央公园兽室已建成》，《市政公报》1928年第581期，第305页。

39）。史坚如的纪念碑也曾立于此处。园内原还建有网球场 4 处，还有球场、浴室、放音台和收音机等。

图 4 - 38　中央公园内观音童子雕像

资料来源：《中央公园景观历史照片》，http://www.ilishi.com。

图 4 - 39　中央公园内的大钟

资料来源：广东省立中山图书馆：《羊城寻旧》，广东人民出版社，2004，第 98 页。

1921 年 10 月 12 日，公园举行了隆重的开园典礼，当时的广州市市长孙科在公园开幕式上发表了演讲。据说，有 20 万名市民前往观看，可谓万人空巷。公园建成后，市民使用频繁，各种公共活动在此展开，公园一时成为广州市内引人注目的公共场所。

建公园的最初设想是作为市民休闲活动的场所。但作为当时广州市内主要的公共空间，中央公园也常被用作各种公益、商业活动的用地，慰问部队的慰劳会也在此举行，并举行了多次游艺会，也就是近似于现在的游园活动。《广州民国日报》1925 年 5 月的报道称，5 月上旬，公园里举行了一次大规模的游艺会，为筹建孙中山纪念堂筹款。游艺会从 5 月 5 日开始，接连几天，公园里热闹非凡。白天，园内有各种歌舞表演轮番登场；晚上，电灯照耀下的园内如同白昼，各种烟花绽放，令园中一派热闹非凡的景象。当时，东莞的民伦堂还送来该县著名的五彩大烟花，连续三晚放烟花助兴。另外，该会还聘名门闺秀到场演唱歌曲，还有香港中华音乐会到会演奏等。每天参加游艺会的游客人数众多，为此，场中座位分特别对号及对号两种。自此以后，公园里开办了各种游艺会、赈灾会、慰劳会，简直成为一个游乐、公益之场。不仅如此，竟然还有商人想包下公园，将公园变成一个专门的游艺场所。据 1925 年 5 月 16 日的《广州民国日报》报道，当时有人认为"第一公园地点适中，园内古树参天，绿荫可爱"，而且从以往历次开设游园会的情况看，"均士女如云，收入甚巨"。因此，该商人想仿照上海大世界观游艺场，在该园开设大规模的游艺场所，并且"只收门券二角，园内所设种种游艺，任便游览，不另收费"。当时，广州全市就只有这一处公园，因其被用作市民公共憩息场，所以这一要求没有被批准①。

在公园中举办赈灾活动、燃放烟花早有先例，1923 年的《民国日报》就曾经报道因燃放烟花引起火警的事例②。1927 年的《市政公报》记载，为了筹款建设越秀公园，"各界热心人士，更组织筹建越秀公园游艺会，于本年二月间，函借中央公园开会七天"③。也有单位借中央公园进行彩票开奖，因为借用时间过长，市政厅并没有批准④。1924 年，因为商团叛乱首领陈廉伯私运军火，广州市民在第一公园召开大会声讨陈廉伯。当天，在"公园内大榕树下，盖搭会坛，院内外均有小旗"，"赴会者约两万有余"⑤。在《辛丑条约》签订之日，广州各界也在中央公园召开纪念大会，"人数约

①　《公园修建游艺场》，《广州民国日报》1925 年 5 月 16 日，第 3 版。

②　《公园火警》，《广州民国日报》1923 年 10 月 22 日，第 3 版。

③　广州市工务局：《广州市工务局一年来之进行状况》，《市政公报》1927 年第 244 期，第 59 页。

④　《公园未便长借》，《民国日报》1924 年 5 月 13 日，第 2 版。

⑤　《昨日市民大会之详情》，《广州民国日报》1924 年 8 月 25 日，第 3 版。

有数万",并以该地为起点出发游行①。孙中山去世以后,广州各界举行了各种纪念活动,有很多活动是在中央公园进行的。比如,1925 年 3 月 23 日,广西旅粤国民党员就在第一公园召开追悼会②。随后,中国红十字会番禺分会、省港罢工委员会均在此地举行游艺会筹款。不仅如此,公园建成后也成为广州花事活动之地。1923 年 2 月 11 日,第一公园举行水仙花赛会,一连 5 天,热闹非凡。其后,1930 年至 1949 年,这里曾先后举办过 5 次广州市菊花比赛会。中央公园内也举行文化活动,1929 年 3 月的《民国日报》报道了一个 10 岁的女孩在公园内表演书法,虽然该女孩年龄不大,但是其书法已经蜚声国内③。中央公园里的播音台也延请戏剧名家演唱经典曲目。由此可见,中央公园的功能多样,既有展览、体育的功能,也有休闲的功能,更有纪念和教化的功能。民国时期的公共空间数量有限,民众的公共活动却提出了多种多样的要求,公园就因此具备了多种功能。

越秀公园又名观音山公园,民国 12 年 (1923),民国政府决定将越秀山建为公园和模范住宅区,主要的建设思路是通过出让越秀山土地为住宅用地,获得资金,再修建公园,既可以美化模范别墅区的环境,也可以为市民提供公共活动的场所④。越秀公园占地12.6 公顷,内部分布着几个小山岗,是距广州市中心最近的一处山野自然景观公园。除了优美的自然景观 (见图 4 - 40),越秀山历史悠久,山上的历史遗迹也较多。人文景观与自然景观同时具备,是越秀公园的独有特点。除了著名的镇海楼,越秀山上还分布着几处近代遗迹,包括孙中山纪念碑、孙中山读书治事处、伍廷芳墓地、海员亭、光复纪念亭。孙中山读书治事处位于越秀山南麓半山腰,其纪念碑高 5.5 米,呈尖顶方柱形,此处原是粤秀楼的旧址,也是孙中山和宋庆龄居住过的地方;伍廷芳是我国近代外交官,先后任司法总长、外交部部长、代理国务总理等职,他的墓地

---

① 《九七国耻纪念活动》,《广州民国日报》1924 年 9 月 6 日,第 2 版。

② 《我旅粤同志昨假第一公园开会追悼》,《广州民国日报》1925 年 3 月 24 日,第 2 版。

③ 《十龄女童在公园卖字》,《广州民国日报》1929 年 3 月 2 日,第 3 版。

④ 广州市市政厅:《拟定开辟观音山公园及住宅区详细办法》,《市政公报》1923 年第 11 期,第 1 页。

位于越秀山孙中山纪念碑的东面，墓的东北面塑有伍廷芳铜像；海员亭位于越秀山小蟠龙岗上，是为了纪念1922年香港海员为提高工资、改善待遇、摆脱包工制进行的一场大罢工的历史功勋而建造的一座重檐八角尖顶亭；光复亭位于越秀山小蟠龙岗上，是抗日战争胜利后，广州及香港人民为纪念辛亥革命胜利、缅怀当年香港同胞慷慨捐献巨款、支持辛亥革命的功绩而建。这些景观都具有某种纪念意义，代表了时代精神。

图 4-40　1934 年越秀山景观

资料来源：民国广州市政府：《广州指南》，1934，第 150 页。

镇海楼前建有小花园（见图 4-41），其中有意大利云石雕刻物大小 3 件。大件基座直径约 1.8 米（6 尺），小件基座直径约 1.2 米（4 尺），高度俱为约 0.5 米（1.6 尺），其余空地种花木 50 余株[①]。越秀山山脚建有广州市公共运动场，三面环山，一面向南，面积为 19744 亩（约 1316.3 公顷），四边座位约 15000 席，内有竞走路、足球场、绒球场各一，篮球、排球场 3 个，沙池 2 个（见图 4-42）。

中山公园最初为民国广州政府林场（又名"石牌林场"）。1928

---

① 广州市工务局：《积极兴筑镇海花园》，《市政公报》1929 年第 340 期，第 40 页。

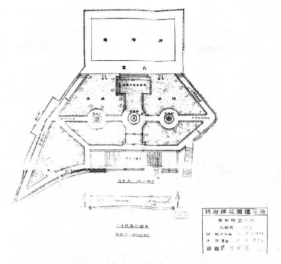

图 4 - 41　镇海楼前花园平面图纸

资料来源：广州市档案馆，1929 年 8 月 26 日。

图 4 - 42　越秀山下广州市公共运动场

资料来源：FOTOE 图片库，http：//www．fotoe．com/sub/100071/20。

年底，当时的市政委员长林云陔提议，把石牌乡附近的山冈设为林场，次年 1 月，石牌林场成立。1932 年，公园内建设"新凉亭四座，水心亭一座，……另添置舢板数艘，以备游客娱乐"① （见图 4 - 43）。到 1935 年，公园内每年植树上万株，每年扩充苗圃百多亩。1930 年，广州行政会议决定将其改名为中山公园，南从葫芦岗、老虎岗起，面积三千余亩。1932 年，广州决定实施第一期规

① 广州市工务局：《工务局整理中山公园》，《市政公报》1932 年第 407 期，第 63 页。

划，划出东起红柱岗山、西到石牌乡、北起广九铁路、南至省府合
署马路的规划区域共 5500 亩（约 366.7 公顷）。全园的林木地分为
三大类：一是林区；二是苗圃；三是房屋，包括办事处、工人宿
舍、警察宿舍等，还有学校、气象台。公园建成后，全市的马路绿
化树木皆取自此处。树种有桉树、樟树、榆树等。民族英雄邓世昌的
墓也坐落在这里。

图 4 – 43　中山公园内景观

资料来源：民国广州市政府：《广州指南》，1934，第 158 页。

1927 年，位于惠爱路（现中山四路）北侧，原属于清布政司
署地块的 33 亩（2.2 公顷）法国领事馆用地被收回。1929 年，工
务局提议，经市政府批准，这块地被用来建设"动物公园"。1929
年 5 月，动物公园开始建设，到 1932 年 7 月，园内的花砂路面、
猛兽笼、临时兽笼，还有鱼池四口、大鸟笼等都已建成，还增设铁
栏杆 70 多米。1932 年底，全园铺上水泥路，配有 110 张石凳，再
加建猛兽笼、鳄鱼池、孔雀亭，还有铜壶滴漏亭和城隍庙的大铜
钟。同年，该公园改名为永汉公园。到 1933 年，再建小的兽笼、
鸟笼十余个，全园装电灯 200 多只，又将中央公园中的兽舍迁移至
此。1933 年 2 月，永汉公园开放（见图 4 – 44），有大小动物 80 多
种 100 多只。直到新中国成立，新的动物园在黄花岗建好，永汉公
园才被改为儿童公园。虽然没有公园的平面图，可是建成之后的一
段文字详细地记述了其中的情况，足以让笔者了解其布局中的细
节。"……查该园面积，长约一千一百尺，阔约三百六十尺，……
园地虽不广，然其布置，颇有曲折幽邃之妙，与几何式之中央公园
迥然不同，其入门处，中为大通，两旁为飞禽陈列场，如孔雀雄鸡
之类。由中道而今则为喷水池，池为长方式，横阔卅尺，长度十三
尺六寸。池边为青草地，护以石栏。据喷水池不远即为平台，台阔
八十英尺，四面以矮栏围绕，略如石凳式，以备游人休息之用。去

平台而过，道分左右，由右而入，则为猛兽陈列室，有大铁笼四

图 4-44　永汉公园大门

资料来源：民国广州市政府：《广州指南》，1934，第159页。

个，中置虎豹之属。再过则为假山，其中古树成林，风景优致。诚广州市唯一之消暑地也。由左而入，则为小兽陈列室，如猴狸之属，概置于此。由北复转右，路分三叉，一出园之横门，一入音乐亭。此亭之建筑为八角式，为市府音乐队在此奏乐以娱市民者也。在三叉之中，有铁笼一，中置鸣禽类，如莺燕画眉相思等，悉植于此。即名之曰百鸟归巢。园中数百年古树悉扔其旧，园中道路，既因地势而成，故颇曲折尽致。"①（见图4-45）1936年，公园内建成了一处儿童游乐场，丰富了公园的功能。从民国时期的地图可以看出，永汉公园南侧紧邻惠爱路，北侧为越华路，西侧是财厅建筑，东侧是城隍庙。公园平面呈狭长的长方形，南北长约330米，东西宽不到120米，长宽比例接近3∶1。公园内部道路采用自然式布局，曲径通幽，动物的笼舍结合园路进行设置，与中央公园大异其趣。

　　净慧公园位于中华北路（现解放北路）路西，原为清将军署所在地，后为英国领事馆，民国时期被收回，1932年建设成为公园。原将军署面积广阔，其中靠中山路的一部分被用作住宅开发，向北是民国政府省教育厅，再向北才是净慧公园所在地（见图4-46），平面基本为梯形，东西宽约120米，南北长约200米。未成公园之前，此地犹如树林，"查该地甚广，古木参天，百鸟丛集，实为喧

---

①　广州市工务局：《动物公园内容之布置》，《市政公报》1932年第6期，第63页。

图 4 – 45　永汉公园内部景观

资料来源：民国广州市政府：《广州指南》，1934，第 159 页。

图 4 – 46　净慧公园大门历史照片

资料来源：民国广州市政府：《广州指南》，1934，第 160 页。

嚣市廛中唯一清景。该丛林除为百鸟之巢外，仍有数十头黄猄野兔等野兽于其间。日前被人猎取黄猄几头，现已禁猎"①。由于资料的限制，笔者没有净慧公园详细的平面图，不过，民国时期《市政纪要》中的相关文章却让笔者对其内部情景略知一二。《民国广州》第 405 期《市政公报》中记载，"惟该处地址，为旧日衙署，古木参天，浓荫匝地。故在该处建筑公园，系采用自然式。其路线之曲折迂回，水池之凹凸高低，均尚自然。并以保留原有树木，增加森林风景，减少栽培工作为宗旨。故对于实施工作之际，不能不就地势及因树木之位置而定。……现由中华北路开辟大门，增建宿舍及围墙闸门，原日梳妆楼，含有古迹性质，有保存之必要，故照原日之建筑物加以修葺，不事更张。增砌假山二座，以点风景"②（见

---

① 《平南王故宫将开放做公园》，《广州民国日报》1929 年 3 月 22 日，第 2 版。

② 广州市工务局：《工务局变更改建旧英领署公园工程》，《市政公报》1932 年第 405 期，第 70 页。

图4－47）。由此可见，园中古树参天，为自然风景园林式样，有梳妆楼古迹，假山和水池也都具备。

图4－47　净慧公园内部景观
资料来源：民国广州市政府：《广州指南》，1934，第160页。

海珠公园位于珠江海珠石上，清代为海珠炮台，1928年扩建为公园，平面呈椭圆形，园内面积约为957.2平方米（见图4－48）。海珠公园的历史照片较多，笔者从中了解到公园的情况。海珠石与北岸有一木桥相连，从木桥登上海珠石，正面是海珠公园的大门——三间坡顶的牌坊，上面写着"海珠公园"几个大字（见图4－49）。公园入口几乎在海珠石的中间位置，进门正对着一座八角三重檐的攒尖亭。公园的西面绿树成荫，从攒尖亭向东，可见一个三间琉璃瓦顶的牌坊。宋人李忠简曾捐资在此建寺庙一座，后归隐文溪，此牌坊正是为纪念李忠简所建，左右两个开间上写有"文溪故址"四个字（见图4－50）。穿过牌坊，有一座以镬耳山墙

图4－48　海珠公园鸟瞰
资料来源：《海珠公园历史照片》，中国记忆论坛，http://www. memo-ryofchina. com。

图 4 - 49　海珠公园大门

资料来源：《海珠公园大门照片》，FOTOE 照片库，http://www.fotoe.com。

图 4 - 50　海珠公园中文溪故址牌坊

资料来源：《海珠公园历史照片》，FOTOE 照片库，http://www.fotoe.com。

为特色的传统形式建筑。它的后面就是民国海军上将程碧光的铜像，屹立在江边（见图 4 - 51）。1927 年的《市政公报》这样描绘海珠公园："园内音乐厅额题南亭者，系由南洋烟草公司报效，以便夏令每逢星期六日分请市内各著名军乐队到园奏演，增加游人乐趣，其原有李忠简祠一座，所占地面太广……将该祠改为北京天坛形式，化腐为新，亦园林之佳话也。"① （见图 4 - 52、图 4 - 53）海珠公园内也曾建有兽室。1931 年，珠江航道整治，海珠石被炸，新堤建设开始。但是，海珠公园并未因此消失，市政厅特意发文，

---

①　广州市工务局：《广州市工务局一年来之进行状况》，《市政公报》1927 年第244 期，第 59 页。

"查海珠公园，系属珠江名胜，此次展筑长堤，自应将公园地段设法保留，以备市民游乐"①。不过据 1946 年《新广州建设概览》记载，海珠公园"后因填筑新堤，原地大部建为屋宇与马路，现存地甚少。战时花木尽毁，复原后重新种植成为现在之广场，场内建有海军上将程碧光铜像一座"②。可见，新堤修筑完以后，海珠公园曾尚存一段时间，但是后来有人在空地上修建房屋。抗战结束后，广场绿化空地和程碧光的铜像仍然存在，市民在沿江地区建了一些住宅，绿地部分则被改为海珠广场（并不是现今的海珠广场）。

图 4 - 51 海珠公园中程璧光的雕像

资料来源：《海珠公园历史照片》，FOTOE 照片库，http://www.fotoe.com。

图 4 - 52 海珠公园内的李忠简祠

资料来源：《海珠公园历史照片》，FOTOE 照片库，http://www.fotoe.com。

---

① 《市厅保留海珠公园》，《广州民国日报》1929 年 2 月 21 日，第 2 版。
② 广州市工务局：《新广州建设概览》，1946，第 3 页。

图 4-53　海珠公园内的喷水与雕像

资料来源：《海珠公园历史照片》，FOTOE 照片库，http://www.fotoe.com。

以上所述公园都遍植花卉，1928 年 8 月的《市政公报》记载：中央公园陈列各种时花 1600 盆，栽植各种时花 1700 株；东山公园陈列各种时花 380 盆，栽植各种时花 370 株。海珠公园从中央公园运来各种时花 120 株。1928 年 5 月，这三个公园的游客达到 104081 人。越秀公园铺妥草地 235 平方米，植树 325 株，修剪大小树木 968 株[①]。可见，平时公园的管理和维护还是比较到位的，游人众多。在几座公园中，只有中央公园采用法国园林的手法建造，几何式构图明显，其余公园园林的设计都是以中式自然园林的设计手法为主。

当时的城市公园具有多种功能，选址建设多注重人文景观与自然景观的内涵，多围绕历史遗迹以及革命纪念地选取。公园里面不仅满足市民休闲的需求，还有动物园、展览馆等，并且广泛安设播音台，既为在公园中活动的人增添乐趣，也向大众传播革命思想。

在这些公园中，既有山野公园，如越秀山、白云山以及中山公园，也有城市内公园，例如中央公园、净慧公园与永汉公园。以历史旧区为主的城市无法重新规划公园场地，而那些原来位于市中心的官署衙门却为开敞空间提供了空间资源，同时由于各场地区位较好，公共空间的利用率很高。在市中心的土地上，市民并没有遵循土地利用的市场规律，而是建设了为大众服务的公共空间，这不得不说是民国政府规划建设的又一项成就。

———————————

① 广州市工务局：《工务局栽植各公园花木之统计》，《市政公报》1928 年第 297 期，第 11 页。

第六节　纪念场所

4.6.1　中山纪念堂与纪念碑

1925 年 3 月 12 日，孙中山病逝于北京，此后，全国各地展开了声势浩大的纪念活动，为了纪念伟大的革命先驱，在国民政府的支持推动，以及民间各界的积极参与下，各地也兴建了很多以"中山"命名的纪念性场所。广州作为国民革命的策源地、孙中山战斗过的地方以及孙中山家乡的首府，民众自然对孙中山有着更加深刻的情感。在国民党政府的提议下，民众开始筹备建设广州中山纪念碑、中山纪念堂、中山图书馆等建筑。中山纪念碑最初是 1926 年决议建设的"接受总理遗嘱纪念碑"，并于 1926 年 1 月 5 日举行了纪念碑的奠基礼。奠基礼后，"接受总理遗嘱纪念碑"改名为"中山纪念碑"，在 1926 年 2 月单独进行了纪念碑的设计评选。中山纪念堂于 1925 年 3 月下旬动议修建，可见，在决定建设之初，国民政府并没有决定将纪念碑与纪念堂合二为一。在进行纪念碑的奠基与设计竞赛之后，1926 年 2 月，国民政府才决定将纪念碑和纪念堂作为一个建设项目进行总体设计，随即进行了新一轮的设计竞赛，著名建筑师吕彦直的方案被评为设计一等奖并用作实施方案。纪念堂于 1929 年 1 月奠基，兴建过程中克服了种种困难；1931 年 10 月 10 日，壮观的纪念堂主体完工；1933 年，纪念堂前的绿化广场也全部完工。至此，广州城中增加了一处新式的纪念空间①。中山纪念堂（见图 4 - 54）、纪念碑（见图 4 - 55）采用了典型的中国固有风格，主体建筑与外门亭、华表、铜像基座、百步梯、宫灯等外部环境的实体要素共同构成一个完整的纪念空间序列。

中山纪念堂所在位置原为清代抚标箭道，是士兵练习骑射的地方（见图 4 - 56）。如何利用这个空地进行中山纪念堂、绿化广场以及几个建筑要素的布局，是建筑师在进行总图规划时要考虑的问题。我们在竣工不久的纪念堂照片中可以看到，原有地块东、西两

---

① 广州中山纪念堂和纪念碑的修建过程请参见卢洁峰：《广州中山纪念堂》，广东人民出版社，2004。

图 4 - 54　20 世纪 30 年代的中山纪念堂

资料来源：《中山纪念堂历史照片》，中国记忆论坛，http：//www.
memor yofchina. com。

图 4 - 55　20 世纪 30 年代的中山纪念碑

资料来源：《中山纪念碑历史照片》，中国记忆论坛，http：//www.
memor yofchina. com。

边尚有民房，北面紧接越秀山，南面是道路。刚建成的绿化广场南
面的中山纪念堂外门亭之前尚有小广场，在新中国成立后的东风路
扩建时才被彻底并入马路，具体尺度已经不可考（见图 4 - 57）。

　　为了对纪念碑和纪念堂进行整体设计，设计师需要将纪念堂、
纪念碑、绿化广场和越秀山统一布局。从当时的纪念堂总平面图纸
可以看出设计师的处理方式（见图 4 - 58）。纪念堂及周边开敞空
间的尺度在新中国成立后并没有改变，所以我们也可以根据当前纪
念堂的情况还原当时的情景（见图 4 - 59）。整个中山纪念堂占地
南北长约为 260 米，东西宽约为 230 米，大致为一个正方形，地块

面积接近 6 公顷。纪念堂位于地块中间，外门亭到纪念堂再到纪念碑，空间序列一气呵成，外门亭与纪念堂之间是绿化广场，纪念堂与纪念碑之间是越秀山的百步梯。

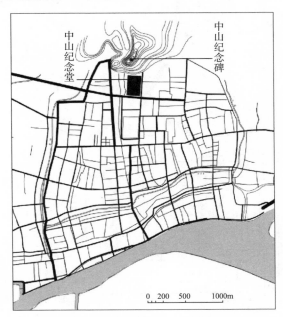

图 4 – 56　中山纪念堂与纪念碑的位置

资料来源：笔者自绘。

图 4 – 57　20 世纪 30 年代刚建成的中山纪念堂鸟瞰

资料来源：《中山纪念堂历史照片》，中国记忆论坛，http://www.memor yofchina. com。

195

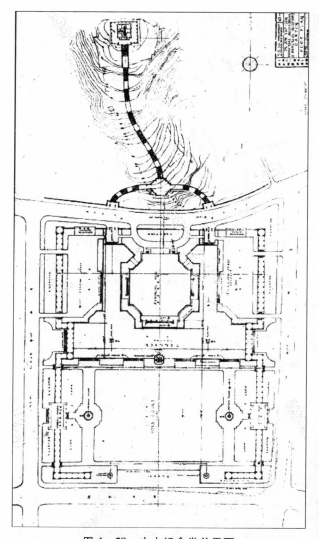

图4-58 中山纪念堂总平面

资料来源：《广州中山纪念堂总平面》，FOTOE 图片库，http://www. fotoe. com/image/20215888。

堂前绿化广场东西宽约230米，南北长约100米，面积约2.3万平方米，在当时的广州城中，这一片开敞空间不可谓不壮观。纪念堂高57米，在城中很突出。绿化广场略小于纪念堂前的花岗岩铺地广场。

花岗岩铺地广场上建有孙中山铜像，铜像所在的位置是纪念堂场地南北进深的中间位置。纪念堂靠近基地的北面，位于越秀山山脚。纪念堂到纪念碑的直线距离约为230米，纪念碑所在山冈高51米，纪念碑高37米，纪念堂屋顶最高点距地面57米。外门亭中间门洞宽约4.2米，高约6米，在实际的视觉感受中，此处正好形成中山纪念堂的对景关系，使整个纪念堂尽收眼底（见图4-60）。

图4-59 现在的中山纪念堂与纪念碑总平面

资料来源：笔者根据 Google Earth 定位自绘。

在开始提出对纪念碑与纪念堂进行一体化建设的时候，任务书中没有要求它们要排在一条直线上。"纪念堂与纪念碑原本不是在同一中轴线上的，纪念堂原来的建筑地点在今纪念堂东附楼前面。1928年4月，筹委会采纳了吕彦直的意见，将纪念堂自东向西平行移动二十余丈，约70多米到现在的位置上。"[1] 实际上，从原图纸的位置关系来看，纪念碑与纪念堂也并未在正南、正北的直线上，布局纪念堂时，吕彦直有两个选择，一是将纪念堂布局在地块的中心线上，二是将纪念堂布局为与纪念碑在一条直线上。吕彦直选择了前者，将纪念

---

[1] 卢洁峰：《广州中山纪念堂》，广东人民出版社，2004，第47页。

图 4 - 60　外门亭门洞看中山纪念堂

注：纪念堂后面隐约可见纪念碑。

资料来源：《中山纪念堂老照片》，中国记忆论坛。

堂平移到地块的中心线上，与纪念碑的关系表现在与流线入口的对位上。比起纪念堂的宏伟与壮观，纪念碑则显得比较谦逊。纪念堂前的广场周边就是住宅，广场的围合性并不理想，不过由于纪念堂的体量巨大，因此完全可以控制住广场。在此前设计的南京中山陵中，吕彦直将平面设计成钟形，按照这个经验，在这个与南京中山陵相似的项目中，他应该会对纪念堂开敞空间的总平面形状进行总体把握。也许在设计之初，因为拆迁等问题，纪念堂周边的环境还不能得到建筑师的掌控，所以中山纪念堂与纪念碑整体空间的平面形状并没有得到处理。在这组建筑表现出来的空间与实体的关系方面，建筑实体成为空间的主角，现代主义英雄式的设计理念表露无遗。

　　建成之后的中山纪念堂建筑群，以其高大的建筑体量与宽阔的绿化广场，当仁不让地成为广州市中心的新标志。中山纪念堂是集聚会与纪念于一体的重要建筑，多个重要活动在此举行。1931 年 11 月 19 日，国民党（粤）第四次代表大会在中山纪念堂开幕；1936 年，广州市各界人士在此举行禁烟大游行；1945 年 9 月，驻广州地区的日本侵略军在这里签字投降。堂前广场有孙中山铜像，每次集会都能感受到孙中山先生的伟大力量，这成功地诠释了城市公共空间的纪念意义。

4.6.2 黄花岗七十二烈士墓

民国政府为了纪念国民革命中牺牲的革命烈士，教育后人，建设了很多烈士陵园，其中包括黄花岗七十二烈士墓、十九路军阵亡将士陵园等，这些纪念场所都是广州新的公共空间。

1911 年 4 月 27 日，国民党在广州发动起义，虽然起义最终以失败告终，但是，因为这次起义是历次国民党广州起义中规模最大、影响最深的一次，也是辛亥革命在全国展开推翻封建帝制的前奏，在近代反封建革命的历史上具有很重要的意义。起义失败后，革命党人潘达微冒死收殓了革命烈士遗骸，葬于广州城东约 2.6 公里处（见图 4-61）的红花岗（后改名为黄花岗）。当时因为形势所迫，烈士墓冢仅为一抔黄土。1918 年，七十二烈士墓开始修建，1924 年第一期主体工程完工，工程主要由杨锡宗设计，由林森营建。园中建筑包括黄花岗七十二烈士之碑、碑亭纪功坊、南门烈士墓道、烈士守墓庐及四方池等（见图 4-62）。

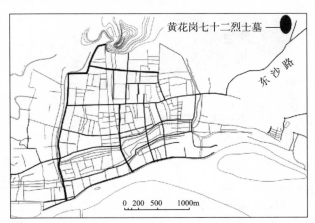

图 4-61 1924 年黄花岗所在位置
资料来源：笔者自绘。

1924 年以后，黄花岗七十二烈士墓一直在续建、修理，直到1948 年下半年才结束[①]。由于墓园是分段设计建造的，因此其中的

---

① 黄花岗七十二烈士墓的修建过程请参见卢洁峰：《黄花岗七十二烈士墓》，广东人民出版社，2004。

图 4 - 62　20 世纪 30 年代黄花岗七十二烈士墓鸟瞰

资料来源：《黄花岗历史照片》，中国记忆论坛，http：∥www. memor
yofchina. com。

图 4 - 63　1931 年黄花岗的黄花亭

资料来源：《黄花亭 1931 年照片》，《新广州》，国家图书馆。

建筑物风格各异（见图 4 - 63），既有西洋古典折中主义风格的建
筑，也有中国传统风格的建筑，还有同时结合中西两种风格的建
筑。其中的主要空间序列是由入口的"浩气长存"大牌坊起（见
图 4 - 64），到烈士墓冢结束的一段墓道。该墓道长约 230 米，宽约
30 米，两旁遍植树木，空间序列庄严肃穆。在墓道序列正中间的
位置有莲池拱桥，此处的墓道呈半圆形扩大，成为空间序列的变
化，最宽处约为 60 米。墓冢及纪功坊主体建筑位于黄花岗顶端，
地面抬高了接近 6 米。纪功坊平面呈长方形，用花岗岩砌筑，采用
三段式设计，由台基、墙身及层顶栏杆组成。坊上设置叠石台，叠
石台顶端屹立着一座仿纽约自由女神像的石雕像（见图 4 - 65）。
墓地内还有一条南墓道，在上述墓道建成之前，南墓道是主要墓

道，宽约 6 米，墓道两旁分布着一些碑刻，表达了人们对烈士的怀念与哀悼之情。黄花岗七十二烈士墓建成后，就开始不断添建附葬墓，逐渐形成以七十二烈士墓为主体，其他附葬墓为附属的纪念墓地群（见图 4－66、4－67）。民国后期，政府特意发布告示，不允许再修建附葬墓。现在的黄花岗七十二烈士墓占地约为 13 万平方米，其内部除了纪念黄花岗七十二烈士的主体建筑外，还包括了 50 多座附葬墓。

图 4－64　入口牌坊现在和历史照片

资料来源：左图是笔者自摄；右图来自《黄花岗七十二烈士墓入口照片》，中国记忆论坛，http://www.memoryofchina.com。

图 4－65　民国时期的记功坊

资料来源：《黄花岗七十二烈士墓历史照片》，中国记忆论坛，http://www.memoryofchina.com。

图 4－66　现在的邓铿墓入口牌坊

资料来源：笔者自摄。

图 4 – 67　1932 年邓铿墓地

资料来源：《邓铿墓地照片》，国家图书馆。

在黄花岗七十二烈士墓修建完成后，多次举行隆重的纪念仪式，既有个人的祭奠，也有集体的公祭。不仅如此，国民党政府还将每年的 3 月 29 日定为"黄花节"以纪念革命先烈。这是一个非常重要的纪念节日，在每年的这个日子里，国民政府都会举行纪念活动，很多公众也会自发前往黄花岗祭扫。1925 年 3 月 31 日的《民国日报》报道了当时公祭的情形，"各界人士，怀念烈士英风，均纷纷依时至祭，由上午十时至下午五时，各团体纷纷前来。虽微雨纷飞，泥泞载道，而车马杂沓，盈途行人，络绎不绝。……由东门外起，马路两旁电灯杆悬挂白布长条。至麻风院路，搭有高崇标致之彩门……直到烈士墓道，亦搭起一标致彩门。烈士墓碑前悬有黄绫旗幡。各界祭文花圈，堆满墓前"①。1925 年 5 月的《民国日报》记载，"第二次全国劳动大会在粤开会，……各代表于八日共同前往黄花岗致祭七十二烈士。是日上午十时出发，军乐前导，工期飘扬"②。在 1929 年的黄花节纪念活动中，政府规定全市下半旗，

① 《各界公祭黄花岗盛纪》，《广州民国日报》1925 年 3 月 31 日，第 2 版。

② 《劳动大会致祭先烈》，《广州民国日报》1925 年 5 月 16 日，第 2 版。

举行公祭，娱乐场所停止营业，冒雨致祭者不下十万人①。民国 22
年（1933）的《市政公报》记载，"平日市民到该处浏览风光瞻仰先
烈者众……惟每届黄花节纪念日，车水马龙，游人如鲫，异常挤
拥……"②。可见，无论是平时还是纪念日，黄花岗都是广州一处重
要的公共空间。由于游人较多，为了规范行为，民国政府还发布了黄
花岗游览规则，其中提到："……各处人士前往游览者终年络绎不
绝，……规定游览规则，以昭隆重，……通令所属遵照，（1）严禁
坟场附近酒店各项赌博；（2）客游入场，一律脱帽致敬；（3）严禁
游客在坟场唱歌及其他一切不庄严之行动；（4）派特警常川督
察。"③ 2006 年，时任国民党主席连战也到黄花岗拜谒，现在的黄
花岗既是一个纪念反帝反封建烈士的陵园，也是一个联系海峡两岸
的重要场所。

4.6.3　十九路军抗日阵亡将士陵园

十九路军抗日阵亡将士陵园现坐落于水荫路 113 号，在先烈路
的东南面，距离黄花岗七十二烈士墓地大约 1.6 公里（见图 4 -
68），总占地面积 6.2 万平方米。1932 年"一·二八"淞沪抗战以
后，因为十九路军将士大多数是岭南子弟，所以人们将阵亡将士从
上海陆续迁葬于此，并命名此地为"十九路军淞沪抗日阵亡将士坟
场"。众多华侨为铭记他们的功绩，纷纷为建坟场捐资，并委托杨
锡宗进行精心设计，建造了一批纪念建筑物。当年的陵园规模相当
大，"据蒋光鼐的内侄谭定原先生忆述，十九路军坟场原为国民革
命军第十九路军总指挥蒋光鼐的参谋长黄强的私家狩猎场。1933
年初，为纪念十九路军'一·二八'淞沪抗战阵亡将士，黄强毅然
捐出自己的私家狩猎场，兴建十九路军坟场。其范界东含现今的东
风公园，西至环市东路，北过先烈东路，南及广州大道。原为一片
西北高而东南低的山林坡地，煞是广袤"④（见图 4 - 69）。

---

① 《今日公祭黄花岗七十二烈士》，《广州民国日报》1929 年 3 月 29 日，第 2 版。
② 广州市工务局：《工务局增开黄花岗马路近况》，《市政公报》1933 年第 422 期，
第 34 页。
③ 广州市工务局：《黄花岗游览规则》，《市政公报》1931 年第 376 期，第 24 页。
④ 卢杰峰：《黄强捐出私家狩猎场建十九路军坟场》，http：//www.ycwb.com/ePa-
per/ycwb/html/2009 - 05/10/。

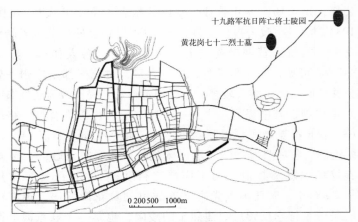

图 4 - 68　1933 年十九路军抗日阵亡将士陵园位置

资料来源：笔者自绘。

图 4 - 69　陵园鸟瞰历史照片

资料来源：广东省立中山图书馆：《羊城寻旧》，广东人民出版社，
2004，第 95 页。

　　整座陵园建筑规模宏伟，布置严谨，造型庄重典雅，陵园内的
主体建筑均用花岗岩石砌成，建筑采用了古罗马建筑风格。南北走
向的墓道形成一条十分明显的中轴线（见图 4 - 70），长近 300 米，
宽 14 米。墓道最南端是抗日亭，是用花岗岩砌成的方亭，面积为
120 平方米。由抗日亭沿中轴线向北近 200 米，可见中轴线中部有
座题名碑（见图 4 - 71），碑体为方柱体花岗岩石碑，四周铭刻着
1983 位先烈的英名。题名碑周围空间扩大为直径约为 32 米的圆形
空间，题名碑全称叫"抗日阵亡烈士题名碑"，该碑高 7.7 米，占
地 91 平方米。这 1983 位先烈是当年十九路军六十师、六十一师、

七十八师、第一师补充团在淞沪抗战中阵亡的英烈。题名碑成为墓道序列中的一个节点，控制着墓道序列空间的节奏。沿题名碑再向南约 65 米，便到达纪念碑主体台阶，沿台阶拾级而上，两旁是栏杆，还有位于其上的铜鼎。走过台阶，最终到达的地方是墓道最北端的主纪念碑前。这是陵园中的主体和代表性建筑，纪念碑高19.2 米，占地 2298 平方米（见图 4-72）。这座全用花岗岩砌成的仿古罗马建筑风格的圆柱体纪念碑格外宏伟壮观。纪念碑上有一立方体形的花岗岩底座，其上竖立一个威武雄壮的十九路军战士铜像。纪念碑后是半圆形罗马柱式柱廊，由 12 对古罗马式石柱环绕。

图 4-70　陵园现在的总平面
资料来源：根据 Google Earth 鸟瞰图绘制。

图 4-71　陵园现在的题名碑照片
资料来源：笔者自摄。

陵园内的主要建筑还有凯旋门、战士墓、先烈纪念馆、将士墓等。一座用花岗岩砌成的仿罗马式凯旋门，曾经是墓地的入口。凯

图 4-72　主纪念碑历史与现在的照片

资料来源：左图，广东省立中山图书馆：《羊城寻旧》，广东人民出版社，2004，第 97 页。右图，笔者自摄。

图 4-73　现在的"碧血丹心"凯旋门

资料来源：笔者自摄。

旋门现在位于沙河顶先烈路和水荫路的交会处（见图 4-73），高 13.4 米，宽 11 米，占地面积 40.7 平方米。门额正面镌刻着原国民政府主席林森所题的"十九路军抗日阵亡将士坟园"，背面镌刻国民政府行政院长宋子文题写的"碧血丹心"。战士墓区位于陵园的西边，全称为"十九路军淞沪抗日战士坟墓"。墓区由主墓碑和墓组成，占地 1187 平方米。坟墓由 190 座墓依次排列建造，象征性的水泥棺比将士墓略小。主墓碑位于西边，碑上由李济深题词："十九路军淞沪抗日战士坟墓。"位于陵园东大门广场的先烈纪念馆是一座欧式风格的建筑物，该馆位于陵园的东南侧，占地 300 平方米。初期这里是用来祭拜英灵和临时休息的。陵园内除了西侧的战士墓之外，在东侧靠北处，还有战士墓群和将军墓群。将军墓群与战士墓群位于东西两侧，相互呼应，水泥棺也象征性地整齐排列着。将士墓群占地 1875 平方米。

4.6.4 其他纪念墓地

除了上述比较大型的烈士墓园外，国民党政府还在东沙路（现先烈路）两旁修建了较多的小型烈士墓园，在不到 2.3 公里的路段上（执信路到沙河顶）分布着朱执信墓（见图 4 - 74）、兴中会坟场、庚戌新军起义烈士墓、张民达墓（见图 4 - 75）、华侨五烈士墓、邓荫南墓（见图 4 - 76）六个墓园。这些面积不等、形状各异的墓园给凭吊先烈的市民提供了纪念的场所，也代表了国民政府宣讲革命的决心。烈士墓立面的碑刻大多由国民党元老或者孙中山亲自题词，激励国人积极地投入反帝反封建斗争。

图 4 - 74 现在的朱执信墓地

资料来源：笔者自摄。

图 4 - 75 现在的张达民墓地

资料来源：笔者自摄。

图 4 - 76　现在的邓荫南墓地

资料来源：笔者自摄。

　　所有的墓园都沿着当年的东沙路（现先烈路）分布。清末的时候，广州修建了两条马路，一条是长堤大马路，另一条就是东沙路。当然，在修建之初，清统治者绝对不会想到，这一条东沙路会成了推翻其政权的仁人志士的长眠之所。笔者在清末地图上看见一条通往燕塘的道路，正是这条小路发展成为后来的东沙路——大东门到沙河的马路。沙河是广州城东部一条比较宽的河流，河的东面被称为燕塘。沿沙河分布着很多村庄，清末时，燕塘地区已经是比较繁华的市场了。粤东、粤东北进出省城的要道必经燕塘，这里也是兵家必争之地。清末新军在此建有兵营，后来国民党政府也曾将这里作为军官训练基地。清末的时候，由于广州城内、城南、西关的建设已经比较密集，城市建设逐渐向东郊发展，广东咨议局和广九铁路大沙头终点站的修建都为城市向东郊发展注入了新的活力。在这种背景下，清政府选择修建东沙马路就有其必然的原因了，当然，新军军营的存在使修建东沙路的因素在沟通民居、市场和粤东北之外多了一层军事原因。东山地区自古就有很多墓地，1924 年，东郊瘦狗岭还被作为广州的公共墓地，烈士埋葬在这里也就不足为奇了。

　　这些纪念墓地内部的纪念建筑物大多采用西方古典的建筑形式，柱式、山花、线脚、圆拱这些元素屡见不鲜，甚至直接使用古罗马凯旋门的形制。纪念碑大多采用了方尖碑及其变体，或者将简单的墓碑与复杂的西方古典建筑元素结合起来。墓园的入口则多布置牌坊。墓园内部空间采用了中国古典的空间序列，最终设计的墓道结合地形，通过较长的路线，营造纪念氛围，并在形成空间序列的过程中控制节奏。

虽然中国自古就有在墓地纪念先人的习惯，但是在传统上，对先人或者著名人物的纪念更多地在城市里的祠堂庙宇等场所进行，民国以后所营造的纪念场所成为一种特殊的城市公共空间类型。中山纪念堂绿化广场、越秀山中山纪念碑以及黄花岗七十二烈士墓园成为城市中崭新的空间。墓园的建设与城市建设几乎是同时展开的，在城市内部没有大的公共开敞空间的前提下，密集的城市空间形态中出现的纪念性的开敞空间必然给人留下深刻的空间体验。虽然在国民党政府的各种文献中，并没有表明要在城市规划层面进行有计划的纪念性空间营造，但是，东沙路边已修建的纪念性场所最终达到了宣传反封建革命斗争的目的。此外，也没有文献证明所有的这些纪念墓地沿东沙路（现先烈路）分布是国民党政府有意为之，但是，这样集中布局的烈士墓园确实也赋予了东沙路某种纪念意义。

第七节　沿江马路空间

凯文·林奇将沿江道路称为"边沿"，是因为它具有一面开敞而另一面是空间界面的特点，会给人留下更加深刻的印象。广州南邻珠江可以形成边沿，不过，在清末以前，广州并没有沿江布局的道路。清末，张之洞提议修建长堤以后，沿江道路才陆续修建完毕。民国初期，珠江北岸被称为长堤大马路，修建新堤后，沿江道路经过进一步整治，由西向东依次为西堤大马路、长堤大马路、新堤大马路、南堤大马路和东堤大马路（见图 4 – 77）。

珠江成为省城内河以后，沿江的码头也陆续兴建起来，根据 1946 年广州《商业年鉴》记载，沿珠江的码头有 80 余家，分布在西堤、新堤、长堤和东堤[①]。从分布密度来看，西堤与新堤总长不到整个沿江马路的一半，却分布着接近沿江马路一半数量的码头。这也促使沿江一带以及与其邻近的太平南路、西堤与一德路的商业开始发达。同时，沿江一带距离原来的市中心比较远，征地容易，

---

① 何国华：《商业年鉴》，广州市商会商业年鉴出版委员会，1946，第 79～80 页。

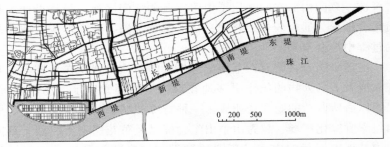

图 4-77　1932 年以后的沿江各段马路

资料来源：笔者自绘。

更适合新兴的大型项目开发，于是，珠江北岸就成了交通和商业发展的新中心。在沿江道路中，公共建筑的密度越靠近西边就越大，繁华程度也是越向西越发达。

沿江道路在西濠口以西、靠近沙面的地方被称为西堤，宽 13 米，分布着大量的公共建筑。20 世纪 30 年代以后，西堤自西向东依次排列着粤海关、邮政总局、大新公司、新华大酒店等大型建筑，成为广州城域内大型公共建筑最密集的一个区域，也成为当时最现代化的马路。马路北面是高大的骑楼式建筑，南面沿江则种有路树，向东望可见远处位于新堤大马路端部的高层建筑爱群大厦（见图 4-78）。这些建筑中的大部分现在依然存在，根据实测，粤海关的檐口高度为 18 米（见图 4-79），邮政总局（现为邮政博物馆）的檐口高度为 16.5 米（见图 4-80），大新公司（现为南方大厦）的檐口高度为 37 米（见图 4-81）。

图 4-78　20 世纪 30 年代末西堤景观

资料来源：《西堤历史照片》，爱老照片论坛，http://bbs.ilzp.com。

图 4 - 79　现在的粤海关大楼

资料来源：笔者自摄。

图 4 - 80　由珠江北望西堤沿路建筑

注：图 4 - 80 反映西堤由西向东的建筑景观，左图是邮政总局和大新公司，右图为西濠口边的新华大酒店。

资料来源：《西堤历史照片》，爱老照片论坛，http：//bbs. ilzp. com/fo-rum - 78 - 1. html。

　　长堤于 1920 年筑路，长 710 米，宽 12 米，为主要新商业区。在 20 世纪初的时候，沿江的建筑低矮杂乱（见图 4 - 82、图 4 - 83）；到了 20 世纪 30 年代初，此处就已经发展成为现代化大都市景观了（见图 4 - 84）。由两张照片的对比可以看出长堤发展的迅速。长堤两边的建筑多为骑楼，高度不等。例如，海珠大戏院实测高度为 18.5 米（见图 4 - 85）。在历史照片中，东亚大酒店原高 5 层，根据现在实测，其高度约为 20 米（见图 4 - 86、图 4 - 87）。

　　1932 年，填长堤凹入的浅滩地，拉直堤线，把海珠石连入江岸，原海珠石沿江位置被称为"新堤"（见图 4 - 88）。道路长 1670 米，宽 11～20 米，是当时主要的金融外贸商业区，今名沿江西路。当时广州最高的建筑爱群大厦（高 64.05 米）位于新堤西端（见图

图 4 - 81　现在的南方大厦

资料来源：笔者自摄。

图 4 - 82　20 世纪初长堤鸟瞰

资料来源：《广州长堤历史照片》，中国记忆论坛，http://www.
memor yofchina. com。

4 - 89）。新堤的东端则坐落着华侨企业家与报业家胡文虎建造的药
厂永安堂大厦，于 1937 年建成，是胡文虎先生 20 世纪 30 年代在
国内生产经销"虎标"万金油的主要场所，现为少儿图书馆（见
图 4 - 90）。由图 4 - 90 可见，当时沿新堤马路并没有形成密集的建

图 4 - 83　20 世纪初长堤建筑景观

资料来源:《广州长堤历史照片》,中国记忆论坛,http://www. memor yofchina. com。

图 4 - 84　20 世纪 20 年代末长堤鸟瞰

资料来源:《广州长堤鸟瞰历史照片》,爱老照片论坛,http://bbs. ilzp. com。

图 4 - 85　现在的长堤海珠大戏院

资料来源:笔者自摄。

213

图 4 - 86　20 世纪 30 年代长堤景观

注：画面中间为东亚大酒店。

资料来源：《广州长堤历史照片》，爱老照片论坛，http：//bbs. ilzp. com。

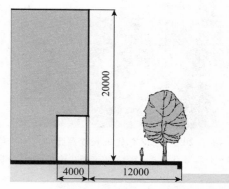

单位：mm

图 4 - 87　长堤东亚大酒店处剖面

资料来源：笔者自绘。

图 4 - 88　1931 年修建中的新堤

资料来源：《新堤照片》，《新广州》1931 年第 2 期。

筑，而是以开敞空间为主的景观。新堤马路的人行道、路树、马路井然有序。新堤建成以后，长堤就不再直接面对珠江，长堤与新堤之间隔着原海珠花园绿地。

图 4－89　民国时期的爱群大厦

资料来源：《爱群大厦历史照片》，爱老照片论坛，http：//bbs. ilzp. com。

图 4－90　20 世纪 30 年代末新堤永安堂

资料来源：《永安堂旧照片》，中国记忆论坛，http：//www. memoryofchina. com。

（a）1932年的中央银行　　　（b）现在的中国人民银行

图4－91　南堤银行建筑新旧对比

资料来源：（a）中央银行照片，《新户州》1932年第2期；（b）笔者自摄。

南堤宽12米，原中央银行（现为中国人民银行）坐落于此（见图4－91），高度为13.7米。

修建于清末的历史使沿江马路成为广州最先具有近现代城市风貌的地点，分布着很多酒家、旅馆、商店等建筑。沿江马路被形容为广州的"外滩"，可是与上海的外滩相比较，长堤在以下两个方面存在差距。一方面，外滩属于公共租界临江道路，因为租借地基本是格网状道路，与上海外滩垂直的道路更是整齐而繁华，著名的南京路就是其中的一条。长堤的发展腹地并没有那么广阔，与长堤垂直且发展充分的道路只有人民路一条，原来的旧城区内部的特色商业街与长堤并没有共同形成相互影响的网络状商业形态，不能够相互影响的商业区不会带来更大的聚集效应，这也是没有发展纵深的长堤在当代没有得到持续发展的重要原因之一。另一方面，上海外滩因为是租借地的一部分，因此其所建设的洋行、银行、领事馆等建筑参与全球商业运作的态势明显。但是，广州长堤的发展并不是国际化的模式，其最初开发是政府主导的行为。沿路建筑中投入的多是华侨资本。例如最大规模的爱群大厦，原是由早年曾追随孙中山的同盟会会员陈卓平集海外华侨资本创办的香港爱群人寿保险有限公司的产业。南方大厦属于原大新公司，也是华侨的产业。长堤与外滩相比，从投资主体到开发模式，二者都有所区别。因此，长堤虽然与外滩相似，但是有自己的特色。

虽然张之洞开发长堤引发了广州新的商业聚集形态，但是，他的建路政策采用的是旧城开发的模式，吸引铺户投资建设骑楼，所以并没有太多机会在路旁建设大规模的建筑，更没有吸收外资参与，外资投资建设依然故我地集中在沙面租界。而且，这种以路边铺户为主的开发建设模式，使长堤从最开始就形成了以家庭为单位的商业形态，后来又因为没有与周边的功能发生联系，无法形成具有复合功能的城市核心区域，这种商业形态一直在广州城内延续，最终成为广州商业街道的特点。

沿江马路与珠江之间有人行道相隔，在当时的珠江之中，除了有运输客货的船只以外，沿江边还遍布着小艇，很多船艇是娱乐场所，成为珠江上一座繁华的浮城。堤岸的繁华与这些水上娱乐场所也密不可分，成为一道独特的景观。

沿江马路采取面对珠江的开放街道的方式修建，与原来比较内向的广州城街道相比，这是一种全新的城市空间景观。路边种有路树，一般在骑楼街的对面，江边栽种一行。例如，据1932年的统计，在六二三路就种有128棵路树，树种分别为细叶榕58棵、石栗32棵和楹树38棵，间距为20英尺，约6米。长堤沿江植树1行，共242棵，其中细叶榕234棵、大叶榕7棵、秋风1棵，间距为20英尺[①]。

第八节　城市公共空间形态综合分析

4.8.1　整体形态的拼贴特征

民国时期，珠江以北的广州城市区域拓展更加充分，整体形态的拼贴特征更加明显。除了清末已有的西关、原城墙内区域（包括原旧城和新城）以及沙面租界以外，东关住宅区也迅速发展，各部分区域具有自己的特点，相互之间的关系并没有因为城市拓展而改变，整体形态中的拼贴特征也与中国其他城市有所不同。

从发展过程来看，原城墙内区域、西关与沙面租界三个区域内的自身公共空间网格形态并没有发生质的变化，三个区域之间虽然因为城墙的拆除，联系有所加强，但是形态的关系并没有改变，仍

---

① 《广州市各马路路树统计表》（1932年10月6日），广州市档案馆，案卷号：2043。

然保持着紧邻并置的关系。新增加的东关住宅区呈现现代主义规划的实体空间分散的状态，与城市公共空间形态的主体拉开一定的距离，并且有道路连接，相互之间形成了相近的关系（见图4－92）。

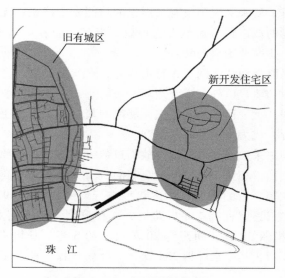

图4－92　相近的拼贴特征

资料来源：笔者自绘。

与国内其他城市比较起来，广州的租界区面积很小，城市公共空间的现代化过程主要在面积相对较大的旧城区展开，虽然有规划方案，但是大面积的新区规划并未实现。1840年鸦片战争以后，中国开放广州、厦门、宁波、福州、上海五个通商口岸，以后又次第开放多个城市，全国范围内的各个开放城市均开始步入近代化行列。很多城市公共空间整体形态的一个显著拼贴特征就是租界地成为其主要构成部分，影响了城市公共空间结构。例如，随着租界面积不断扩张，20世纪初，上海租界面积为49480亩[①]，相当于旧城区面积的十多倍，天津租界面积为24307亩[②]，约比天津旧城大八倍，而由于种种问题，1861年竣工的广州租界——沙面，面积只

---

① 《上海城市规划志》编纂委员会、上海市地方志办公室：《上海城市规划志》，http：//www.shtong.gov.cn/node2/node2245/node64620/node64625/。
② 《天津城乡建设志》编纂委员会：《天津城乡建设志》，天津市地方志网，http：//www.tjdfz.org.cn/tjtz/cxjsz/zongshu/index.shtml。

有 330 亩，对城市公共空间整体形态的影响非常有限。从城市公共空间形态肌理的发展过程可以看出，几个城市的租借地几乎全部采用了方格网的规划方式，天津、上海等城市的租界区开始时与其原有的旧城形成相近的关系，随着租借地的扩张，逐渐与原有旧城紧邻，有的则包围了旧城，随着旧城城墙的拆除，形成原有旧城镶嵌进整体形态的拼贴格局。例如，在上海的城市发展过程中，早期租界仅在旧城的北面，后来就把旧城包围起来了（见图 4 - 93、图 4 - 94）。天津的租借地最初在旧城东南 6 里的紫竹林建设，到了后来，各国租界地已经与旧城毗邻，将旧城挤在西北角（见图 4 - 95）。

图 4 - 93　早期上海租界地

资料来源：董建泓：《中国城市建设史》第三版，中国建筑工业出版社，2004，第 270 页。

　　广州的租借地一开始就被限制在一定的区域范围内，周边的界线清晰，也没有在更大的范围内进行扩张，不存在动态的发展。可以说是旧有区域包围着租借地。整个城市的公共空间形态虽然也呈现"多元拼贴"的状态，但与中国其他城市比较，广州城市公共空

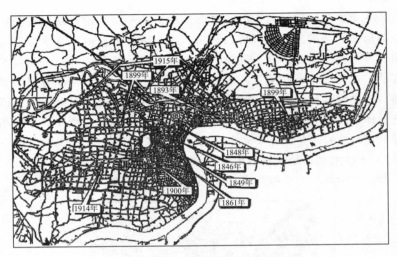

图 4 - 94　后期上海租界地

资料来源：董建泓：《中国城市建设史》第三版，中国建筑工业出版
社，2004，第271页。

间整体形态中历史遗留的本土形态是主体，其他形态因素根本无法
与之抗衡。

此时在广州城市公共空间整体结构的内部，也出现了很多点状
的开敞空间，镶嵌在原有的体系中，形成与面状公共空间肌理叠加
的形态拼贴关系。因为城市公共空间整体形态的纪念性减弱，市民
的公共交往、体育运动、休闲游憩等活动开始受到重视，城市中出
现了公园等容纳公共活动的新型公共空间。清末时，虽然广州人的
世俗生活可谓多种多样，但是城内遍布的牌坊、祠堂、寺庵等场所
也加强了广州整体公共空间的纪念性。民国时候，只有寺庙依然存
在，牌楼最终被拆除，祠堂也开始没落、破败。虽然民间信仰仍然
顽强地存在，但是社会主流思想已经逐渐由儒道释转向西方民主科
学。能够主宰自己命运的独立个体是城市的主人，于是，市民的公
共活动开始具有现代意义。在旧的城市公共空间体系中，容纳市
民公共交往的开敞空间被渐次地改造建设，以点状的形式拼贴在城
市公共空间结构的内部。

4.8.2　整体形态的中心和轴线

随着城域内大型公共建筑与开敞空间的建设，民国时期开发完

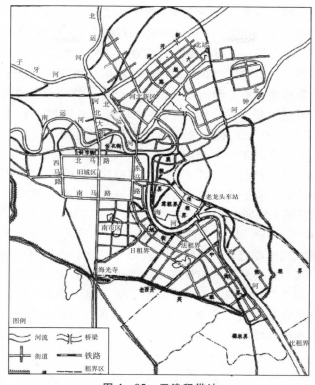

图 4 - 95　天津租借地

资料来源：张锡昌：《城市老地图》，上海辞书出版社，2004，第 127 页。

全的原城墙内和西关区域内的城市公共空间的整体形态结构逐渐转变为初具中心的完整不规则网格模式，虽然东关属于具有规划方案的建设地区，但是其最终发展尚不完全，具有不完整的规则网格形式特点。因为城市建设主要集中对旧区进行改造，清末时期城市道路结构的微观网格形态没有发生彻底改变，改造扩建之后的新式道路之间仍然布满了大量的尽端小巷，原来广泛分布的政治性、纪念性重要建筑基本消失，市府合署、中央公园等场所以其体量规模和在政治、市民生活方面的重要性形成城市公共空间整体结构新的中心，改变了原来中心弱化的结构特点，使整个城市越来越具有西方品质。

　　因为城市建设主要在旧城中展开，所以民国时期的广州城市公共空间的建设表现出较强的实践性。但是，规划方案有没有一个总的控制，追求放射形道路网格或者中轴线的整体效果呢？在赖德霖的研究中，1929 年的城市建设计划被认为是基本沿用了 1926 年美国建筑师亨利·茂飞的规划方案，并认为在道路系统规划图中，"放射形大道的交汇点是……市政中心，它在后来建造的市府合署东南方向，应即当时的市政厅所在地旧法国领事馆（清代大有仓东侧）的位置。与市政中心相连的南北大道既是规划中的城市中轴线，它直达江堤，跨过大桥，通向河南"[①]。实际情况是否如同赖德霖所说呢？在 1929 年的《工务季刊》中，关于道路计划有这样一段文字描述："市心者，市行政机关之所在，而为全市交通主管之枢纽，街道系统，乃由此而分布者也，本市现拟建筑合署，其地点在教育路，颇为适合，应于该处妥为计划，建筑伟大壮丽之市府合署。而市内重要马路系统即由此处分支，使各处来往简捷，而为全市交通之中心。"由图 4－96 可见，道路规划图中的"市心"应该就是位于中央公园北侧的市府合署建筑，在教育路以北、吉祥路的西侧，而不是赖德霖所说的原法国旧领事馆，即永汉公园处。同时，在《工务季刊》的文字中，只是强调了市心，也就是道路系统中心的重要性，其重点在于道路"由此分支"，或者说，道路呈放射状展开，并没有强调中轴线。

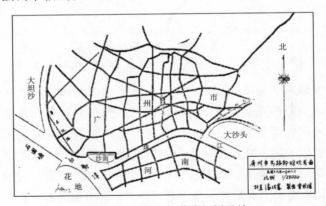

图 4－96　1929 年道路规划系统

资料来源：广州市工务局季刊编辑处：《工务季刊》，1929，第 89 页

1930 年，程天固主持制定的《广州市工务之实施计划》对 1929 年的道路系统建设计划进行了深化，制订了道路分期建设的

---

① 赖德霖：《中国近代建筑史研究》，清华大学出版社，2007，第 371 页。

计划，却不再提到放射状中心或者中轴线的设计，虽然提到市府合署的选址"北达观音山，南临模范马路，将来铁桥完成，更可直通河南腹部，其东西大路，纵横成网状，全市交通咸集中于此，发号施令，若网在纲，而又四邻清幽，非若旧领署之嚣尘喧扰"①，但是其在道路系统的规划中放弃了"市心"（见图4－97）。程天固在市府合署奠基典礼的一番话道出该建筑选址的缘由，"至于合署的建筑地址，最初拟用惠爱东路旧法领署，随后因领署面积虽大，但门面过狭，不甚堂皇，而且该领署的位置偏于东隅，实在不能够用作市政中心的建议。经多次的考虑，决议用中央公园后部的地方，合署用地约38000方英尺，计占全园约十分之一。将来法领署改为公园，则本市公园面积可增加三十万零八千余方尺，以此易彼，不特面积增加，而本市公园更可化一为二了。……而且合署建成之后此园得此璀璨堂皇的伟大建筑物点缀其间，也当生色不鲜，所以合署与公园，实有相得益彰之利。这个地点确是十分的适宜。以上所说，就是市府合署筹建经过的梗概"②。1932年公布的《广州市城市设计概要草案》是广州市第一部正式的城市规划设计文件，比原来的《广州工务之实施计划》更加全面、深入。但是，在这份草案中，也未见建设城市中轴线的有关论述。

总之，在对实践有影响的广州市主要的规划方案中，均未见将中山纪念碑、纪念堂、市府合署、中央公园等作为城市道路系统中的汇合点或者中轴线的记载，由表4－4也可以看出，广州市中心区域重要场所的相互位置关系是逐渐形成的。

表4－4 重要工程建筑情况

建筑名称	开工时间	选址地点前后变化情况
中山纪念碑	1929年	越秀山（位置未变）
中山纪念堂	1929年	原定西瓜园后转至非常大总统总统府向西70余米至现位置
市府合署	1931年	原定法领署即现财厅旁原儿童公园后转至现位置
中央公园	1918年	原巡抚部院所在（位置未变）
维新路	1919年	位置未变

---

① 朱晓秋：《近代广州城市中轴线的形成》，《广东史志》2002年第1期，第31～33页。

② 广州市工务局：《市府合署奠基礼详情》，《新广州》1931年第3期，第48～49页。

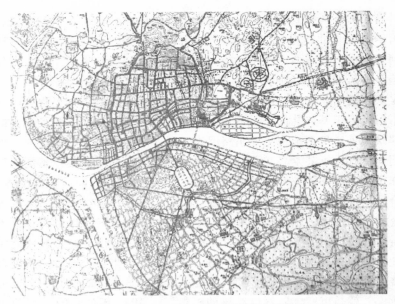

图 4 – 97　1930 年工务实施计划中的道路系统规划

资料来源：程天固：《广州工务之实施计划》，广州市工务局，1930，第 20 页。

综合以上情况，民国时期广州的道路系统并没有实现统一的中心、轴线等理念，也无法通过道路系统实现巴洛克式的纪念空间。在公共空间系统中，没有轴线，没有放射状道路，也没有因为这些道路而形成的对景建筑。不规则的网格布局方式成为广州道路系统的特点，在这样的道路系统中，穿插着一些点状的公共开敞空间，由于这些新式的公共开敞空间容纳了大部分的社会活动，因此在人们的生活中具有重要意义。在民众的空间体验中，民国的广州城市公共空间整体形态是网格道路结合点状中心的形式，以公共的开敞空间为中心要素。但是，由于这些开敞空间是在旧城改造的基础上实现的，并未在整体形态上做事先的规划，在整体形态中的布局以及与道路网格的结合方面尚不够突出，所以笔者认为这些开敞空间是初具网格道路与点状中心的形式。

4.8.3　形态的类型学分析

在前文中，笔者运用类型学方法描述了民国时期广州城市公共空间以及与其相关的建筑类型，在本小节中将对空间类型进行简单的总结，并就街块类型和罗西的类型学分类做分析。

　　民国时期，广州的公共空间类型丰富，形态更加完整。街道、公园、纪念场所和沿江马路构成公共空间结构的主体，容纳了丰富的市民活动。这些空间的平面类型总结如图 4 - 98 所示。

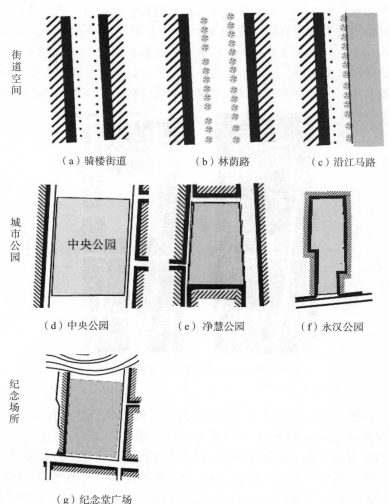

　　　　（a）骑楼街道　　　　　　（b）林荫路　　　　　　（c）沿江马路

　　　　（d）中央公园　　　　　　（e）净慧公园　　　　　　（f）永汉公园

　　　　（g）纪念堂广场

图 4 - 98　民国时期广州城市公共空间类型总结
资料来源：笔者自绘。

　　在民国时期的广州城市中，大面积开敞空间的介入，以及大型公共建筑的建设，使整体形态中街块与公共空间的关系局部发生转变，也使整体形态内部的公共空间感受更加丰富。在民国时期的广州城域范围内，实体街块与公共空间的关系变得比较丰富，出现了更多的"街块是街道和广场布局的结果"的情况。街道和广场受到控制，使边缘的建筑街块实体受到影响，维护了街道和广场的形态。但是，街道和广场的形态并没有受到精确的控制，街块受公共空间形态的影响也有限（见图4-99）。另外，由于东关地区住宅区的建设，广州城市公共空间的整体形态具有现代主义的意味。注重建筑单体的建造，以及对公共空间的需求，却没有注意到公共空间的品质，公共空间开始成为建筑布局后没有具体形状的剩余物。

图4-99　公共空间建设对街块的影响
资料来源：笔者自绘。

由于建筑高度的增加、道路的开辟，街块的类型也有所变化，原来衙门连接构成的大街块开始碎裂（见图4-100）。不过，因为因为很多原来的衙署和管理机构用地直接转变为政府的公共部门用地，所以街块平面尺寸的变化并不大。因为建筑高度的增加，街块低平的态势有所减弱，同时因为主要道路的拓宽，城市公共空间变得高敞。

民国时期，广州城进行了大规模的建设，开始走向现代化，很多新式的城市公共空间取代了原来的元素，构成了城市空间的主体，也带来了新的生活场所。其中，与公共活动联系密切、可以成

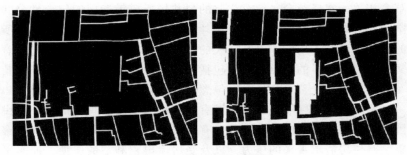

图 4 - 100 大街块的碎裂

资料来源：笔者自绘。

为城市发展过程中的推动力的首要公共空间元素是主要商业街道、重要城市公园与沿江马路空间。广州城内的传统商业场所形态以街道为主，较少集中以商业为功能的开敞空间。民国时期延续了这个传统，无论是新辟马路聚集起来的繁盛商业，还是历史马路新发展所焕发的勃勃生机，几条主要的新式商业街道都给古老的广州城带来了新的活力，继十三行和沙面之后，继续推进广州的城市化进程。太平南路、一德路、汉民路等几条主要的商业街道也就成为民国时期广州城市公共空间的首要元素。西堤、新堤等沿江马路空间也成为主要的商业街道，因为沿江的特殊地理位置，具有独特的地域特点，因此成为首要元素。城市公共空间的首要元素是城市中具有活力的局部，不仅可以充满人的经济活动，也可以充满人的社会活动，并促进城市公共空间结构的拓展。民国时期的几个主要公园容纳了很多的公共活动，满足了人的新的社会需要，给城市的旧区带来活力，给城市的新区带来发展的动力，也是民国时期广州城市公共空间中的首要元素，包括中央公园、越秀公园、东山公园、永汉公园、净慧公园、中山公园和海珠公园。总之，民国时期广州城市公共空间的首要元素类型比较丰富，这与城市建设密不可分。

民国时期，以休闲、娱乐为主的民众公共生活逐渐成为主流，原来在城市公共空间中与城市的世俗生活紧密联系，并处处提示的纪念性逐渐减弱。在社会转型期间，历史的连续发展并不平稳，在改造生活环境的前提下，少数历史场所被保留，多数被改造，具有历史意义的纪念物、纪念场所变得越来越少，仅留下越秀山、镇海楼等几处延续历史纪念性。另外，民国时期的社会思想主流与国民革命相关，宣扬革命、纪念先驱的公共场所成为专门的纪念性公共空间，分布在旧有城区内以及城外。与密集的城区比较，这些场所的面积不可谓不广大，以其广大的开敞空间，彰显其特殊的纪念意义，也具有明显的特点。其中包括了孙中山纪念堂及堂前广场、黄花岗七十二烈士墓等几处具有纪念意义的公共空间。

罗西的研究区域是城市中具有大致相同空间肌理的区域。在民国时期的广州城市中，城内外原有的居住区继续发展，因为人口聚集、对住房需求带来的压力，以及受房屋出租利益的驱使，原来平面舒展的院落式住宅逐渐减少甚至消失，演变为竹筒屋式住宅、骑楼式的商住建筑，单体住宅的面宽减小，高度增加，肌理变得密集，街道立面的比例变得狭长。除此之外，民国时期的广州政府在越秀山、东山地区开发了一系列的模范住宅，具有花园城市的特征，住宅分几个等级，都是独立的小住宅，此处成为新的研究区域。模范住宅区的住宅独立性强，相互距离较远，满足消防卫生需求，各组团小区具有独立的小型公共空间。整体公共空间的肌理疏密有致，与旧有城区内的住宅形成鲜明对比。

第九节　本章小结

本章继续运用相关研究方法，从宏观、中观和微观几个方面入手，全面考察民国时期广州城市公共空间建设的实际情况。不仅描述了切实的空间感受，也对公共空间的相关问题进行了深入的分析。民国时期广州的城市公共空间建设以马路建设为主，但是兼顾了城市公园、运动场、儿童游乐场等公共开放空间，取得了一定的建设成就。珠江成为省河，沿江道路形成新的商业中心与公共空间景观，重视营造新式纪念空间，形成系列纪念性的陵园空间，既提供了纪念性的场所，也具有休闲的功能。大量建设的骑楼不仅是建筑，还是一条适合旧城改造、适应气候的建设道路，进而在华南地区全面展开。此时的城市公共空间比起清代有了本质的变化，但是，民国时期广州大面积的原有街巷肌理与拓宽建设的道路、公园并存，城市公共空间主体结构呈现为初具中心的不规则网格模式。

第五章
广州城市公共空间的
演进（1759～1949）

城市公共空间的形态所描绘和分析的是静态的城市公共空间，城市公共空间的演进则注重城市公共空间渐变的动态过程，以及这个过程中所暗含的动力因素。城市公共空间的渐进演变是在结构内各部分要素之间的相互作用下整体进行的，因此笔者要在探索空间实体景观与形态要素的基础上，采用还原与综合结合、以综合为主，描述与分析结合、以分析为主的方式论述广州城市公共空间的演进。

第一节　自然环境的演进

广州是一个山水城市，古代的广州位于东、西、北方向三条江的交汇处。南面是珠江，北面是白云山主脉以及一些丘陵小山，白云山附近的流溪河、沙河、甘溪等几条主要河流流经广州。远古时期以前，广州城所在的地方还是一个浅海湾，"越秀山南麓濒临海水，海岸线西由泥城（今西村电厂附近）转向北，东沿石牌高地蜿蜒至黄埔，前有坡山半岛和番山半岛，现海珠区也只是几个海中的小岛"①。随着时间的推移，海边的沙洲逐渐形成陆地，海岸线不断南移，番山和坡山也由孤岛变成半岛，最终成为陆地上的丘陵，整个地域形成平原间隔台地的地貌特征（见图5－1）。珠江北岸形成白云山区、越秀山丘陵、台地和平原相杂的地形，整个地势是东北高、西南低，呈东北向东南和西南倾斜的状态。白云山、越秀山

---

① 周霞：《广州城市形态演进》，中国建筑工业出版社，2005，第174页。

位于广州北面，东面则有很多岗地错落分布，如黄花岗、竹丝岗等，新中国成立后该地仍被称为东山区。在西南和东南较平坦的地势中，也有若干台地高出平原。台地高出河面 10～20 米，是一片和缓的丘陵，如坡山、番山和禺山等。平原也是逐渐形成的，在没有形成大面积的冲积沙洲之前，河网分布其中。后来河网渐淤渐浅，珠江的岸线逐渐南移，城市周边的水网越来越小，陆地面积越来越大，这个过程几千年来一直持续，直到近代为止。广州城孕育并发展于白云山与珠江之间，山水环境与人工环境交相呼应，城内六脉渠纵横。

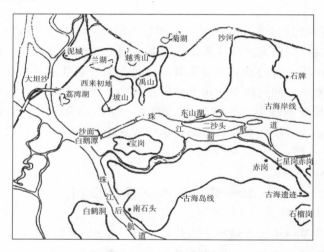

图 5 - 1　广州古代海岸线

资料来源：周霞：《广州城市形态演进》，中国建筑工业出版社，2005，第 175 页。

经历了几千年的沧海桑田，清代时广州城内外的山水自然环境发生了较大的变化。在古籍中，城中的番山和禺山被认为是白云山的余脉，而白云山是大庾岭的一支，大庾岭又是昆仑山蜿蜒到华南的一条山脉，由此可见番、禺两山在广州人心目中的地位①。不过，

---

① 仇巨川：《羊城古钞》，广东人民出版社，1993，第 105 页。"昆仑入中国分三脉，其一为《禹贡》岷山之阳，至于衡山，又自衡山发为五岭，所谓衡阳为五岭之门，而五岭为南岳之臂也。由大庾岭来，尽于南海，而融结于羊城，则是南海以庾岭为少租，以衡山为太祖也。"

南汉刘䶮最终把两山削平，刘䶮被认为是一个没有德行的皇帝，他的逆行不仅影响了社会秩序，也改变了城市空间的面貌。番山、禺山被削平以后，城墙内的区域几乎没有突起的高地。受人为活动等的影响，城外珠江的宽度也越来越窄。晋代时，城外的珠江宽度为1500米，宋代减少为1000米，明代减少到700米，到清初时候，就只有500米了。广州城内河网纵横，小桥流水、舟楫当车是古城的风貌。流入广州城内的天然水道有甘溪、司马涌两条。甘溪，又称文溪或越溪，因溪水甘甜清润得名，发源于白云山的蒲涧，到越秀山麓分为东、西两支，东支过今仓边路，至清水濠附近注入珠江，西支经大石街、华宁里，流入古西湖，再向南流入珠江。甘溪为城内居民主要的食用水来源，是广州城选址的关键因素。《南越志》曰："昔交州刺史陆允之所开也。至今重之，每旦倾州连汲，以充日用，虽有井不足泉食。"[1] 当时的甘溪河道宽阔，至宋代时仍为运盐船入城的重要水道。明代成化年间，甘溪在小北一带改道入东濠，即"明代合筑三城，文溪尚穿城南入东濠，今小北门城墙尚有月洞门旧迹也。成化间……惟凿东濠二百六十五丈、深丈六尺，于是斜引文溪之水不使贯城，东面迂回直入海矣"[2]。此后，甘溪下游渐塞，清代时其东支成为六脉渠之左二渠，西支成为左一渠，民国后皆改为暗渠。司马涌源出白云山西侧，经流花桥、彩虹桥曲折向西南流，至澳口入珠江，为古代进入广州城的重要水道。

　　清末与民国时期，城内外的自然环境进一步变化。由于十三行商馆区的扩张和后期新堤的修建，民国时珠江流经广州城区的航道最窄处只有200米左右，成为一条名副其实的省城内河（见图5-2）。城内的六脉渠最初主要由文溪下游构成，有来自白云山的自然水流补充，水量充沛，自然生态良好。在明代，北面的溪水直接从东面出城，城内的水生态环境就发生了变化，六脉渠不再是具有自然特征的水道。原来六脉渠就兼顾城市的排水功能，城内有很多细小的水渠支流，将各家各户的生活污水排向六脉渠，因自然水源补水大量减少，所以六脉渠成为排水系统的一个代名词。六脉渠与水

① 　骆伟、骆廷：《岭南古代方志辑佚》，广东人民出版社，2002，第156页。
② 　《南海百咏续编》，载张智主编《中国风土志丛刊（62）》，广陵书社，2003，第234页。

边的空地形成城内的滨水公共空间，不过随着人口增加，越来越多
的人占据渠水边空地建房，脉渠越来越窄，由可通舟楫直到淤塞，
或者使脉渠变为建筑下的暗渠。清中后期疏浚六脉渠的记录只有5
次，分别是乾隆五十六年（1791）、嘉庆八年（1803）、嘉庆十五
年（1810）、嘉庆二十一年（1816）、同治九年（1870）。乾、嘉年
间，在脉渠管理比较正常的情况下，必须通过频繁的疏浚才能解决
脉渠时常堵塞的问题。民国时期的六脉渠已经失去了自然景观的意
义，1929年，"脉渠四万尺，被盖建者过半"①，最后终于消失或成
为暗渠。民国时期的广州并没有修建完善的地下水系统，成为暗渠
的一部分脉渠仍然可以作为排水渠道使用，疏浚地面渠道也是当时
管理城建的政府工务局的重要任务（见图5-3）。

图 5-2 各时期珠江岸线

注：由图5-2可见各时期珠江岸线的变化。

资料来源：曾昭璇：《广州历史地理》，广东人民出版社，1996。

综上，几千年来，广州的山水格局不断发生变化，人类的活动
在不停地侵蚀自然的领域。原来的番山、禺山都已经不见了，珠江
宽度逐渐变窄，河涌、六脉渠也逐渐变窄直至消失。唯有白云山和
越秀山还基本保持着原貌。民国时期还处于郊区的荔枝湾保留了一

---

① 广州市工务局季刊编辑处：《清理广州市沟渠计划》，《工务季刊》1929年第1期，
第84页。

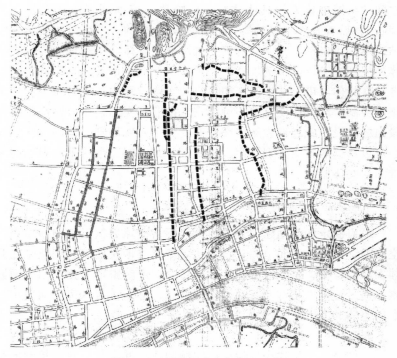

图 5 - 3 新中国成立初期六脉渠

注：图 5 - 3 中灰色粗线代表已经废除的脉渠，虚线是暗渠，由此可推知民国时的情况。

资料来源：广州市档案馆。

些水乡的特点。在自然景观与人类活动不断消长的过程中，自然景观不断地被压缩、挤占，只有城郊还有可能保存了较好的自然环境。在中国传统文化中，人与自然处于一个和谐的关系，但是在生存问题面前，自然也只能做出让步。

第二节　空间结构的演进

城市公共空间结构分为表层结构和深层结构，表层结构是我们可以认知感受的二维、三维形态，深层结构是城市公共空间受社会思想文化因素影响形成的内制因素，与人和环境的相互作用有关。城市公共空间的表层结构包括二维平面整体形态和三维立体空间体验。前者是指各空间要素之间在平面上形成的相互关系，后者是指空间的纵深带给人的具体体验。格哈德·库德斯将前者看作"肌理"，将后者看作"结构"①，其内涵是一样的。城市整体公共空间结构的变化包括从整体到局部和从局部到整体两个过程，前者是整体的规划方案或者条例规章统一影响具体的城市公共空间营造，后者是在具体城市公共空间结构形成的实践过程中，或者原本就缺少规划控制，或者即使有也不可能完全按照其实施，所以在一定时间段内的建设实践表现为从局部开始变化，再发展到整体的过程。我们可以从这两方面分别考察广州城市公共空间二维的平面形态与三维的空间体验。

5.2.1　平面肌理形态

政府制定的规划建设方案自上而下从整体影响了广州城市公共空间的平面形态，而道路建设的实际情况与地块使用的调整是在具体实践过程中，自下而上从局部开始直至影响整体变化的两方面因素。通过分别考察这几方面因素的情况，可以了解城市平面肌理形态的整体和局部演变过程。

5.2.1.1　整体规划

总体来说，清代中后期，广州城的建设并不是受政府控制的整体规划。城内空间已经没有进一步发展的余地，公共空间平面肌理的扩张体现为西关地区的逐渐发展（见图5-4），只是在沙面和西关的住宅区局部建设的具体情况条件下有规划地调控，形成方格网状的道路网格形态。

民国初期，政府也没有对城市的公共空间建设进行全面规划，城市公共空间在东关地区住宅呈规模建设的条件下进一步拓展。直到1929年，这种城市空间自然发展的状态才被改变。从1929年到1949年，民国政府曾经在1926年、1929年、1930年、1932年、1945年、1947年等做过几个比较完整的规划方案。虽然多方面原因使这些规划能够实现的只是其中一部分内容，但是也对广州市整体城市公共空间的肌理产生了重要的影响。其中包括1929年的《广州市之建设计划》、1930年的《广州工务之实施计划》、1932

---

① 〔德〕格哈德·库德斯：《城市结构与城市造型设计》，秦洛峰、蔡永洁、魏薇译，中国建筑工业出版社，2007，第18页。

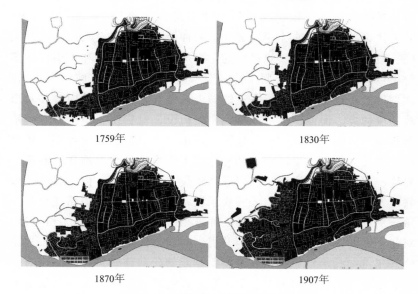

1759年 1830年

1870年 1907年

图5－4 西关地区演进的图底关系

注：根据曾昭璇的相关叙述和图解，笔者绘制了西关地区发展图示。
资料来源：笔者根据相关描述自绘。

年的《广州市城市设计概要草案》、1945 年的《建设广州新市简要方案》和 1947 年的《重建计划书》。

其实，民国政府早在 1926 年就已经请当时的重要建筑师美国人茂飞做过规划方案，不过，笔者并未见该方案的历史资料。有学者认为，1929 年的规划应该受到了茂飞方案的影响①。1929 年的《广州市之建设计划》制定了道路系统图（见图 4－96），将全市马路分为公园路、商场马路和住宅马路。公园路未分等级，宽度为120 英尺，约为 36 米，其余马路分别设定三个等级（见表 5－1）。

表5－1 1929 年制定马路等级

名称 等级	一等	二等	三等
商场马路	80 英尺，约 24 米	64 英尺，约 19 米	50 英尺，约 15 米
住宅马路	60 英尺，约 18 米	44 英尺，约 13 米	36 英尺，约 20 米

资料来源：潘绍宪：《广州城市计划之要点》，《工务季刊》1929 年第 1 期，第 2～3 页。

① 赖德霖：《中国近代建筑史研究》，清华大学出版社，2007，第 371 页。

另外，计划中还包括建设海珠新堤以及市场24处，在东关、西关建设游乐场数座，建设赛马场和仲恺公园，建设东山模范住宅区、石牌林场。后来实施建成的是海珠新堤、赛马场和东山住宅区等项目。1930年，程天固主持制定了《广州工务之实施计划》，该计划虽然还算不上严格意义上的城市规划方案，但是其内容涉及市政建设的方方面面，大部分得到实施建设，对广州城市公共空间平面肌理的影响最深。该计划包括广州市区之地志、建设计划、预算与效果几大部分。市区地志部分介绍了广州的自然地理环境和市区界线；建设计划中说明了广州道路建设与分区计划、内港建设、公共建筑物之建筑和园林与公共娱乐设备。广州预计将道路建设分三年三期进行，一共61条马路，对每条线路都计划了长度和宽度；对住宅区的建设做了具体规划并提出对建筑用地的控制措施；提出公共建筑物的选址原则，以及将要修建的公共建筑物，包括市府合署、市场、学校与图书馆、平民宫、银行和戏院等，预计增建白云山公园、永汉公园、东湖公园等公园。

　　1932年的《广州市城市设计概要草案》的主要内容包括面积人口、界线、道路系统、林荫道及公园地点之规划、市郊公路之交通、路面设计、铁路与车站、公用事业地点之选择、航空站地点、学校地点、港口和分区大要。在道路系统中（见图5－5），有以下

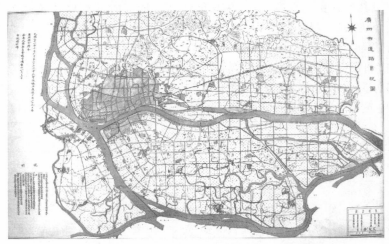

图5－5　1932年《广州市城市设计概要草案》中的道路系统

资料来源：广东省立中山图书馆：《广州历史地图》。

几个做法：一是确定原旧城内主要按照原有道路进行扩建，并应注意道路的衔接；二是在市区的东北部应该利用地势，使道路环绕山地而建；三是利用河岸线，建设沿江道路；四是建设主要干道与环线道路；五是减少道路交叉点，并利用交叉点形成广场。在道路系统内的地段中，大的地块面积约为 900 米 × 690 米，小的地块面积约为 600 米 × 450 米，地块内部道路根据建设情况进行分配建设支路，进一步细分地块应以南北向为宜，房屋深度在 18～30 米，面宽为 4～10 米，并规划了郊外的林荫道以及河南、荔枝湾等公园。在路面设计中，拟定分区马路如表 5-2 所示。

表 5-2　1932 年城市设计草案拟定分区道路宽度情况

单位：米

分区	马路名称	宽度	分区	马路名称	宽度
商业区	堤畔马路	30～40	工业区	堤畔马路	25～30
	干道	25～30		干道	20～25
	普通马路	12～20		普通马路	12～15
园林住宅区	堤畔马路	25～30	普通住宅区	干道	20
	林荫大道	25～30		住宅马路	8.5～15
	住宅马路	12～20		—	—
行政区	大道	30	—	—	—
	干道	20～25		—	—
	普通马路	12～15		—	—

1945 年的《建设广州新市简要方案》在市制、市政设施、土地政策、社会事业、交通建设、卫生设施、康乐设施、文化教育、建设新住宅区与工业区和美化市容十个方面对广州进行了新的规划，提出建设大沙头等新公园。由于抗战胜利之后的建设时间短，本方案以及 1947 年的《重建计划书》中得以实现的比较少，因此不具备现实意义。

除了上述整体规划，市政部门还就公园、运动场、游乐园做了一些专项的规划，以小规模改造的方式，对整体城市公共空间形态产生了影响。例如，除了使用中的 9 个公园外，民国政府对其他公园提出过多个建设议案计划。再如，1933 年规划的公园有：中流公园，位于二沙头东端，面积 220 亩；黄花公园，位于黄花岗，面积 460 亩；坭城公园，位于坭城旧址，面积 90 亩；珠江公园，位于大坦沙东南端，面积 360 亩；南石公园，位于南石头之北，面积 200 亩；河南公园，河南燕子岗茶岗一带，面积 570 亩；漱珠公园，位于河南五凤村漱珠岗，面积 280 亩；七星公园，位于河南七星岗，面积 1300 亩；南仑公园，位于仑头北后底岗，100 亩；鳌洲公园，位于琶洲之西，150 亩①。民国 26 年（1937），市政府与园林管理处共同提议决定进一步分期建设各公园（见表 5－3）②，遗憾的是，因为抗战，这个计划并没有实现。

表 5－3　民国时期广州公园分期建设计划

时间	公园名称	地址	面积（亩）	备注
民国 26 年	西竺公园	小北山水井直街	715	之前经市政府收回，扩充市立动物园、植物园，种植加利树数万棵，已经成林，开辟为森林公园最为合适
	黄花公园	黄花岗	460	黄花岗烈士坟场左右一带山冈
	寺贝底公园	东山寺贝底	315	现已有工务局测量地形，市政会议已经通过并继续开辟公园
	动物公园	越秀山一部分	—	将汉民公园动物扩充，迁移花圃
	中山公园	石牌	2580	两处公园已经被开辟，但未完成，继续完成院内亭台楼榭等一切布置
	漱珠公园	河南	280	
民国 27 年	白云公园	沙河	640	—
	中流公园	二沙头东端	220	—
	坭城公园	西村源头乡西	90	—
	七星公园	七星岗牛眠岗	1300	—
	河南公园	燕子岗茶岗一带	570	—
	植物公园	大沙头河边	—	—
民国 28 年	珠江公园	大坦沙东南端	360	—
	南石公园	河南南石头之北	200	—
	南仑公园	河南仑头北	100	—
	鳌洲公园	琶洲之西鳌洲古庙	150	—

①　广州市市政厅：《公园及娱乐场所》（1933 年 3 月 8 日），广州市档案馆，案卷号：2043：126～129。

②　广州市园林管理处：《为提议继续分期开辟市郊各公园》（1937 年 4 月 10 日），广州市档案馆，卷号：134、146。

1945 年抗日战争胜利以后，国民政府继续规划建设公园，包括位于西关荔湾的荔湾公园、位于小北登峰路的义伶公园、位于黄花岗的黄花公园和位于沙面的沙面公园①。

民国政府也多次规划建设集中的儿童游乐场。1937 年，广州市园林局再次申请建设小公园与儿童游乐场。《申报》中提到，"前拟设置小公园及广场，以利市民游憩，及整肃市容一案，现查日前会同社会局调查全市空地以为设置儿童游乐场所之用，其间有面积广阔，地位适合，堪以设立小公园者……"②，在随后的附表中（见表 5 - 4），较详细地记述了广州市内的空地（见图 5 - 6）。

表 5 - 4　1937 年拟设市内小公园及广场位置

地址	面积（m²）	现在的情形
小北湛家大街廿八小学后	约 6670	瓦渣堆东边有小岗一个
天马巷旧女中	约 2200	平地
东园横路东园	约 4669	瓦渣堆西边有广九铁路停车场
泰康路 160 号	约 770	平地
光复中 11 - 1 至 11 - 111 号	约 1100	现储破烂杂物马路侧有危险棚场
下九甫中山戏院后	约 880	平地且有围栏
河南洪德分局后	约 3300	中部为池塘
河南宝岗直街 56 小学侧	约 670	该地有小岗及庙宇
河南小港路永乐街	约 2200	平地且有菜地可以扩展
华乐街永胜里空地	约 13340	菜地及西洋菜塘可以扩展
百子路中大第一医院前蟾蜍岗	约 3300	此地现有木屋十余间
华林寺五百罗汉堂侧及西来初正街尾	约 220	空地

1948 年，民国政府仍然计划将市内的空地规划建设成儿童游乐场和小公园，并由当时的地政局对用地进行了统计（见表 5 - 5）。这些空地从另外一个角度说明，在当时的广州城内有一些空地形成了自然的开敞空间，这些地方大多是垃圾瓦砾的堆场，无法实现容纳公共活动的功能。

---

① 广州市园林管理处：《广州市园林概况》（1946 年 6 月 20 日），广州市档案馆，案卷号：2117：1～5。
② 广州市工务局：《为呈报计划小公园位置图表请查核备案》（1957 年 10 月 18 日），广州市档案馆，案卷号：123：1～3。

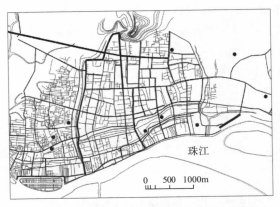

图 5 - 6　1937 年拟设小公园与广场分布情况

资料来源：笔者自绘。

1936 年，广州市体育设计委员会曾经提议以石牌西南的航空机场为中心，增加征地面积，最终用地达到 1000 亩，建设国际体育俱乐部，包括高尔夫球场和私人赛马场等体育设施。虽然最终因为抗战爆发，这个伟大的构想没有完成，但是可见当时广州对建设城市的期望非常之高。

表 5 - 5　1948 年前园林处社会局拟增设游乐场、小公园及广场地证

地址	面积（m²）	原定建筑种类	备考
西山庙后岗	约 865	儿童游乐场	原拟先辟
光复中路 111 号至 123 号	约 1000	儿童游乐场及小公园	原第一期后拟先辟
河南小港路永乐东街	约 1776	儿童游乐场及小公园	原第一期后拟先辟
越秀北路	约 330	儿童游乐场	原定第一期先辟
城南祖庙	约 900	儿童游乐场	—
泰康路 160 号	约 800	儿童游乐场及小公园	—
下九路中山戏院后	约 900	儿童游乐场及小公园	—
光孝寺市立 5 小对面	约 330	儿童游乐场	—
盐运西街	约 4450	儿童游乐场	—
河南宝岗直街 56 小学侧	约 670	儿童游乐场	—
湛家大街 28 小学后	约 6700	儿童游乐场	原定第二期

续表

地址	面积（m²）	原定建筑种类	备考
百子路中大医院对面	约3330	儿童游乐场	原定第二期
东园横路东园	约4669	儿童游乐场	原定第二期
汉民路天马巷旧女中	约2200	儿童游乐场	原定第二期
海珠路七株榕	约1100	儿童游乐场	原定第二期
黄沙市立二中前空地	约880	儿童游乐场	原定第二期
华林东街永胜里空地	约13340	—	—

　　1945年抗战结束后，国民党政府统计了广州市的体育场所
（见表5-6），这些场所中可以供全体市民共同公共使用的数量确
实值得怀疑。不过，抗战后民国政府进行运动场所的统计，其对运
动场所的重视由此凸显出来。民国时期的规划方案虽然堂而皇之，
也可以看出国民党社会精英对城市建设的伟大热情，但是，这些方
案中真正能够按计划实施的只有其中的一部分内容，而实践中局部
建设的骑楼、公园等确实改变了城市的整体面貌，为城市走向现代
化打下了坚实的基础。因此，比较以上规划方案，城市建设的实践
更有意义。

表5-6　1945年广州市内体育场所统计情况

名称	广东省体育协进会	粤秀体育场	荔湾体育场	凤凰体育场	西区运动场
地址	应元东路	越秀山	荔湾桥西	河南凤凰岗	文昌路
名称	太平球场	中央绒球场	青年馆球场	足球场	洪德运动场
地址	太平路	中央公园内	文德路	沙面	河南洪德路
名称	水上体育场	公共体育场	绒球场	中央公园泳池	沙面泳池
地址	东山	东校场	沙面	中央公园内	沙面

　　资料来源：《广州市体育场所一览表》，《广东省政府公报》1946年2月2日。

5.2.1.2　建设实践

　　在以上各项规划中，涉及道路建设的内容比较多，方案也有几
个不同版本。但是，广州实际的道路建设并没有完全按照规划方案
进行，而且在民国初年没有规划的情况下也开辟了道路。因此，笔
者需要考察道路建设实际实施的过程及其表现出来的空间特征。

民国时期的道路在清代原有的基础上不断改建、扩建，图5－7
为民国时期道路系统演进的过程。从图5－7以及附表3可以看出，
在时间上，道路建设的两个高潮出现在1918～1920年与1930～
1932年两个时间段内；在空间上，前期道路主要在原城墙区域内
建设，后期道路则多在城市的西面建设。1918年以前的道路都是
小规模建设，建设项目中也包括若干属于华侨的房地产公司开发的
住宅区道路。此时，从清末开始修建的长堤已基本完工，大东门至
沙河也修建了一条名为东沙路的土路。1918年，市政公所开始主
持拆城墙修建马路（见图5－8），先后拆除了旧城和新城的城墙，
旧城的束缚终于被拆掉、解除。至此，大规模的道路建设才正式开
始。1919年是拆城墙修建马路的高峰，四面城墙俱被拆毁，形成
旧城周围的主要道路框架，然后逐年修建，新式马路始成规模。最
先完成的道路多在城的东部，这与城市将来的拓展方向密不可分。
当时城内以及西关地区开发得都已经比较充分了，只有东面还是大
片的田野。西关地区道路密集，拆建的成本与困难必然大过东部，
道路建设也就顺势以东部为先了。

1929年，程天固重新执掌工务局，主持制定了《广州工务之
实施计划》，计划中将道路建设分为三期，预计在3年内基本完成
广州市内以及河南和郊区完整的道路框架。一期道路共22条，建设

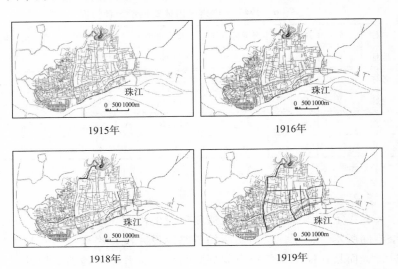

1915年　　　　　　　　　　1916年

1918年　　　　　　　　　　1919年

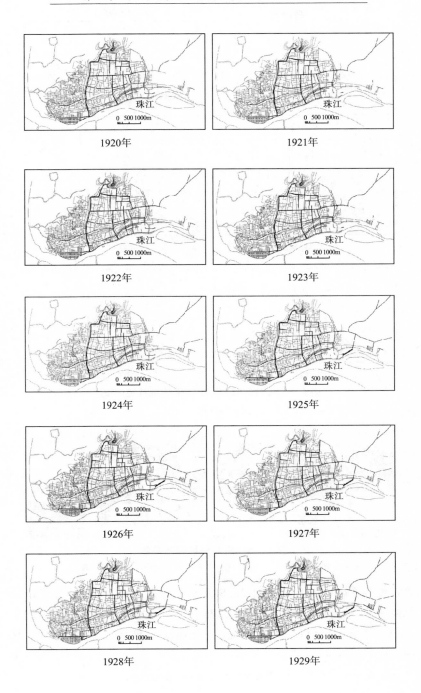

1920年　　　　　　　　　　　　　　1921年

1922年　　　　　　　　　　　　　　1923年

1924年　　　　　　　　　　　　　　1925年

1926年　　　　　　　　　　　　　　1927年

1928年　　　　　　　　　　　　　　1929年

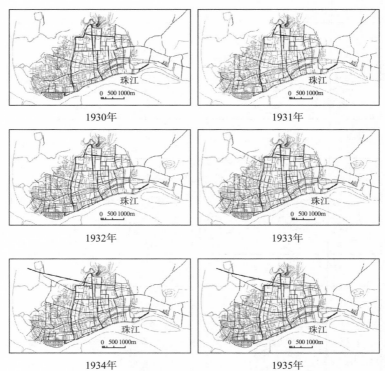

1930年   1931年

1932年   1933年

1934年   1935年

图 5 - 7　1915～1935 年广州道路系统演变

资料来源：笔者根据相关记载绘制。

图 5 - 8　拆除城墙修建马路

资料来源：李穗梅：《广州旧影》，人民美术出版社，1996，第 23 页。

总长度为 89490 英尺，约合 26.8 公里；二期道路共 20 条，建设总长度为 72340 英尺，约合 21.7 公里；三期建设道路 19 条，总长度为 79330 英尺，约合 23.8 公里[①]。三期道路总长约 72.3 公里。从

---

① 程天固：《广州工务之实施计划》，广州市工务局，1929，第 20 页。

清末到 1929 年，广州城内已经修筑道路 19 万余尺，约 63 公里①。也就是说，这三年所修道路长度超过前面近 20 年所修道路长度的总和。到 1931 年，一期道路建设已经完成 19 条，其余 3 条正在修建，二期正式开工②。到 1932 年，完成与正在建设的道路共 38 条③。最终，大部分道路得以完成（见图 5-9）。经过这个马路修筑的高峰期以后，广州的道路修建速度放缓，1935 年的市政府工作报告称，"惟本市市内马路前于廿二年奉令停止开辟，廿四年新筑马路极少，计完成一段者，黄埔大道"④，即 1933 年至 1935 年，新建完成的马路只有一条。在随后的日伪统治时期，没有修建马路的记载。抗战胜利以后，国民政府虽然也有宏伟的计划，但是道路建设没有新的建树。

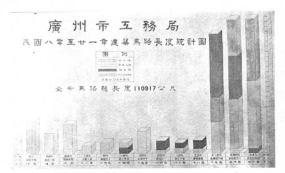

图 5-9　广州 1919 年至 1932 年建筑马路长度统计
资料来源：广州市市政府：《广州年鉴》卷三，1935，第 78 页。

除了修建上述马路以外，从 1933 年开始，民国政府着手整理拓宽旧城区的内街，并且对西关的街巷进行了整理，但对大多数街道整理的力度不够。在 1933 年的《广州市工务报告》中记载："广州市自拆城筑路以来，交通日益发达……非拓宽内街，无以补马路之不足。顾以区域辽阔，难以同时改善，且恐操之过急，反响众

①　程天固：《确定全市马路线意见书》，《市政公报》1929 年第 341 期，第 117 页。
②　程天固：《二十年度之广州市政实施大纲》，《新广州》1931 年第 1 期，第 5 页。
③　徐家锡：《最近实施中之新广州市建设计划》，《新广州》1932 年第 6 期，第 107 页。
④　广州市市政厅：《刘市长在联合纪念周中之市政报告》，《市政公报》1936 年第 526 期，第 156 页。

生，于是因势利导，而有先后拓宽内街之举。其法即新建之屋宇，皆须依照拓宽街线退缩，使若干年后，其迂回狭隘之街道，顿成康庄。"① 可见，整理内街的办法是，首先确定内街的宽度，新建或改建建筑应该遵守宽度退缩制度，其余老旧建筑暂不用整理，假以时日，待老建筑全部更新，内街就会逐渐变为通衢了。工务局根据全市街道的实测图，将5000余条街道悉数规定宽度，内街整治工作就此展开。但是最终整治的效果不尽如人意，例如，在资料中还可见一个1934年整理濠畔街、状元坊等22条内街的市长意见案②。在意见案中，各条街道的宽度不同，整体在3.7～7.3米，此意见案中并未见最后实施的记载。大多数内巷街道的改造也只能够影响其中的城市排水系统。总之，因为内街情况复杂，不久又开始抗日战争，所以内街宽度改变不多。由大多数住宅建筑形成的内部街巷仍然保持原样，繁华的骑楼街与安静的小巷并存。

民国时期，广州主要在旧城的基础上继续发展，除了几条拆城墙建设的新路以外，城市主要道路整体网格形态与清末相比并没有发生翻天覆地的变化，郊区道路只修建了几条。完全新建的道路主要是维新路、德政路，维新路北段穿越了清代时的游府、大有仓、按察司和盐运司等衙门故地，德政路北段则穿越了清代时的番禺县署。此时的城市道路的一个显著的扩张就是东山的开发，住宅区道路网是其道路公共空间的主体。

经过民国时期的建设，广州市内的道路由原来的狭窄转变为宽敞顺畅，虽然路线变化不大，但是道路空间效果被彻底改变。路两旁不再是以墙面为主的建筑界面，不但建筑的主要立面朝向道路，路两旁的建筑之间也掺杂了一些开放空间，并且路树绿化逐渐显现效果，林荫路、沿江路、骑楼街、内部街巷等不同道路的组合，使道路空间景观由封闭单调转变为开敞丰富（见图5-10）。

民国城市道路建设的主体是当时的市政府，由工务局制订计划及具体的道路开辟办法，并组织实施，然后由建设公司投标承建。例如，1926年的《建筑六二三路章程》一共38条，详细规定了建

① 广州市工务局：《广州市工务报告》，广州市政厅刊印，1933，第142～145页。
② 广州市工务局：《市长提议拟整理濠畔街等二十二处内街意见案》，《市政公报》1934年第464期，第29～33页。

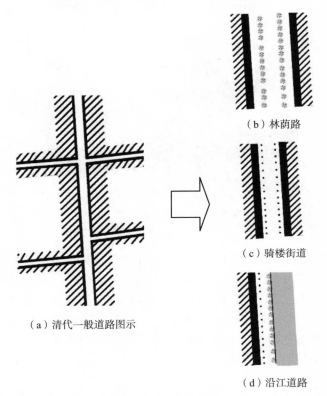

（b）林荫路

（c）骑楼街道

（a）清代一般道路图示

（d）沿江道路

图 5 - 10　街道类型的变化

资料来源：笔者自绘。

筑道路的长和宽、工程内容、建筑方法、路渠、人行道、植树办法、建筑工期、建筑监理等①（见图 5 - 11）。城市中的道路也有住宅房地产公司直接建设的情况。据 1923 年 10 月 17 日的《广州民国日报》记载，"兹有某置业公司因书坊街马路尚未开辟，至于彼之工程有碍，特愿报效六千元，为开辟该路专用。昨市厅以此事尚属可行，当经令饬工务局妥为规划，从速估定预算"。看来，作为城市公共空间的道路由房地产公司进行开发的现象在民国时期就已经存在了。

　　除了道路建设，公共空间的建设还表现在一些公园、纪念场所

---

① 广州市工务局：《广州市工务局建筑六月廿三路（即沙基路）章程》，《市政公报》1926 年第 215 期，第 7～15 页。

图 5 - 11　建成后的六二三路

资料来源：《六二三路照片》，《新广州》1932 年第 3 期。

等面积较大的开敞空间上，笔者绘制了各年代建设量的分析图（见图 5 - 12）。由图 5 - 12 可以看出，开敞空间的建设高潮出现在 20 世纪 20 年代后期和 30 年代早期。与图 5 - 9 的道路建设图结合可以看出，20 世纪 20 年代，出现了一个开敞空间建设的高潮；20 世纪 30 年代初的时候，道路与公园等建设都处于高潮期，那时候广州四处都是建设的工地。

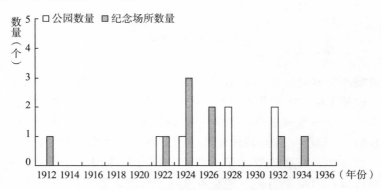

图 5 - 12　民国时期开敞空间建设情况

资料来源：笔者根据统计数据绘制。

5.2.1.3　用地调整

清代中后期，无论是园林式的住宅、衙署，还是普通的天井式住宅，都铺满用地，院墙或者建筑的外墙成为公共空间的界线。城市中几乎没有扩大的公共广场，建筑之间也没有除了交通道路以外的空地。民国时期，在工务局对建筑进行控制的相关条例中，仍然没有防火间距的规定条款，在大部分城区内，除了道路和小巷以外，建筑或院墙之间几乎没有间距，或者只有不到1米的距离（见图5-13、图5-14）。只有在新开发地段，比如沿江道路，建设的一些大型新式公共建筑才会在地块周边进行退缩。

图 5-13　民国时期沙面及附近街区鸟瞰

资料来源：《沙面鸟瞰旧照片》，中国记忆论坛，http：∥www. memoryofchina. com。

图 5-14　现在的旧城区平面

资料来源：广州市规划局。

　　因为广州城市中的旧有土地权属私有，公共空间资源并不多，建设道路可以通过征收道路两旁住户的费用来获得资金，却无法用这个办法建设大规模的开放空间或者如学校等占地较大的公益性建筑。土地具有价值，民国政府直接将清代的八旗、官衙、寺庵庙观等地产回收作为公产，用于建设公共空间或公共建筑。由于很多土地的权属不明，政府又无力进行土地权属的普查，所以在实施中，一度通过市民举报来实现政府对这些地产的回收。1925 年 8 月 29 日的《广州民国日报》发表了记者采访当时市政委员会伍委员长的报道，比较清楚地说明了市内关于"官产、市产、旗产、庙产、六脉渠"几类土地的一些问题，说明了主要是市政建设、军需的一些原因，这些土地被划归公有，然后再让当时的土地所有者交钱承领，或者就此充用公地开发①。

从以下几则消息，笔者了解到这些地产的权属及其上盖建筑的转变过程。1923 年 10 月 18 日的《广州民国日报》称，"市财政局布告，案查本局奉令收管城隍庙产，所有该庙铺户摊位应缴租项，由本月一日起，盖缴本局核取。以凭转拨广州中学校经费。……查本局此次取管该庙产，系为维持校费，增益市库起见"。1924 年 5 月 22 日的《广州民国日报》中的《仍应开辟市场》一文称，"西关第十甫文昌庙地址，业经划定为增设六大市场之一，昨该处坊众，联呈市厅，备价将该地领回，保存该庙。……财工两局以市场之建筑已批商着手兴筑，而该处又无其他适合地点，似应仍照原案办理"。1924 年 7 月 25 日的《广州民国日报》中的《城隍庙改造后之新气象》文章报道，"惠爱东路城隍庙，前经当道核定，除保留城隍正殿，及殿前天阶外，余悉分段招商投标，开辟街道，及做展拓市场之用，溯自陆续拆卸，经之营之，迄今新开之街，经已建成崇楼杰阁之新式屋宇多座。并将改街定名为忠佑大街，……且已开始拆卸头门，……大约再经数十日工程，该处即可成为壮丽之商肆已"。1929 年 3 月 22 日的《广州民国日报》中的《市厅收用吉祥路武帝庙改建市场》记载，关于观莲街口吉祥路武帝庙收用改建市场一事，财政局、土地局一同派人前往调查，"该路南头西边为武帝庙旧址，系于民国十二年五月间由兴隆置业公司在财政局承领"。该庙北面为空地，不知业主为谁，政府准备在此建设市场。

---

① 《市厅对于官市产之意见》，《广州民国日报》1925 年 8 月 29 日，第 3 版。

经过上述过程，清代城中广泛分布的衙署、八旗军营、寺庵道观等逐渐演变为开放的公共空间，或者公益性建筑用地。例如，原巡抚部院衙门在 1921 年转变为中央公园，原抚标箭道在 1933 年转变为中山纪念堂，原将军府的一部分在 1932 年转变为净慧公园，原布政使衙门的一部分在 1932 年转变为永汉公园，原海珠炮台转变为海珠公园，原贡院转变为广东大学（后改名为中山大学）。广东省政府位于原两广总督府，省财厅则位于原布政司，省教育厅位于原将军府的南面（见图 5 - 15）。也有这样一部分空间被交给房地产公司开发建设，比如原来将军府西侧的右都统府在 1930 年由华侨置业公司购得，并建设惠吉东路、西路；原将军署的一部分土地被开发以建设住宅，进而出现目前的将军东路与将军西路。

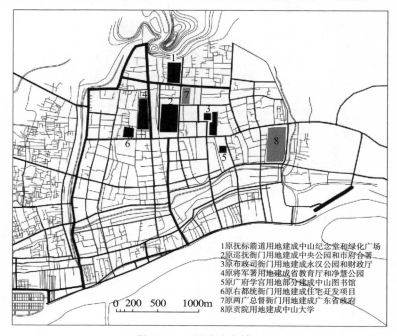

图 5 - 15 用地演变情况

资料来源：笔者自绘。

经过以上道路和开敞公共空间的建设以及地块使用情况的调整过程，实体与空间的关系发生了改变，城市整体平面肌理在原来的紧密相连的匀质特征的基础上渐渐出现更加疏密有致的变化（见图 5 - 16）。

（a）清代末期（1907）图底关系

（b）民国时期（1935）图底关系

图 5 – 16　清代中后期与民国时期广州的图底关系分析

注：虽然清代广州城内有较多的院落式住宅，但是，因为那些院落都是私有，在街道上感受到的是围墙，所以也可以将其看作实体。

资料来源：笔者根据相关地图自绘。

5.2.2　三维空间体验

5.2.2.1　建筑管理

清代中后期，清政府对建筑管理比较疏忽，除了遵循一些封建礼制的要求以外，一般随意建设建筑。民国时期，政府逐渐制定了与建筑管理相关的条例，在限定建筑高度、后退街道距离等方面做出规定。

1912 年，警察厅制定了《广东省城警察厅现行取缔建筑章程及实施细节》；民国9年（1920）重新修订上述《广东省城警察厅现行取缔建筑章程及实施细节》，制定了《临时取缔建筑章程》；民国19年（1930），市政府再次修订了相关章程，发布《修正取缔建筑章程》。因为章程是逐渐完善的，所以笔者主要研究1930年的《修正取缔建筑章程》（以下简称《章程》）中的相关规定内容。除此之外，广州民国政府曾经制定的一些内容单一的规章条例，也在笔者关注之列。

1921年，《广州市市政厅规定暂行缩宽街道规则》中规定了街道的最小宽度，以及在不同情况下街道两旁建筑该如何后退至街道边线。其中规定，两边全部是住宅的街道，宽度应大于16尺（约5.3米）；如果是两边皆为住宅的尽端街巷，宽度应大于12尺（约4米）；两边的建筑中有20间以上商铺，其余是住宅的街道，宽度应大于20尺（约6.6米）；两边全是商铺的街道，宽度应大于24尺（约8米）。在建设建筑时，临街实墙位置以其至街道中线距离达到街道宽度半数为准[1]。以上内容可以用表5-7及图5-17进行说明。

表5-7 1921年对街道宽度的规定

单位：米

街道两边建筑情况	街道宽度
两边全部是住宅的街道	大于5.3
两边皆为住宅的尽端街巷	大于4
两边的建筑中有20间以上商铺，其余是住宅的街道	大于6.6
两边全是商铺的街道	大于8

虽然没有这个条例实施情况的记载，不过，广州老城的内街宽度多为2米左右，条例规定要达到四五米，实施起来应该具有较大难度。《章程》的第五章《拓宽街道》中规定了改建和新建建筑如何按照街道宽度退缩，这次的规定比1921年的内容完备了很多。其中，两边全是住宅的街道，宽度在12尺至16尺，即为4～5.3米；尽端街巷根据长度决定，宽度在8尺至12尺，即为2.6～4

---

① 广州市工务局：《广州市市政厅规定暂行缩宽街道规则》，《市政公报》1921年第11期，第10～12页。

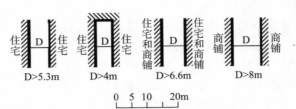

图 5 - 17　1921 年道路宽度规定

资料来源：笔者自绘。

米；两边有商铺的街道，根据商铺所占的比例不同，宽度定为 16 至 24 尺，即为 5.3~8 米，自留巷至少要有 3 尺宽度。这个规定更加符合内街小巷的实际情况，在实施过程中应该更多地被遵守。《章程》中并没有规定建筑因为防火需要预留距离，只在其中的一条提到，如果建筑内有易燃材料，应该用砖或三合土密封建筑，并且必须与其他建筑距离二尺（约 0.67 米）以上。

1927 年，《市政公报》第 256 期的一篇文章建议政府要限制建筑高度，文中称道，"为市民居住安全和交通便利起见，应该迅速把房屋的高度限制"[①]。由此可见，在民国 16 年（1927）年以前，广州市并没有出台限制建筑高度的规定。1930 年的《章程》中规定，"凡内街及不准建骑楼之马路房屋，屋内由地面至楼面，第一层不得低过十三尺（约 4.3 米），余层不得低过十一尺（约 3.6 米）"，并且"凡街之宽度，如不及十尺者，其两旁屋宇之高度不得超过廿八尺，如街宽十尺至廿四尺者，两旁屋宇之高度，不得超过卅八尺，如街宽在廿四尺以上者，两旁屋宇之高度，不得超过该街宽度之倍半"。具体来讲，宽度小于 3.3 米的街道，两边建筑高度应在 9.2 米以下；宽度在 3.3~8 米的街道，两边建筑高度应小于 12.5 米；宽度在 8 米以上的街道，两边建筑限高为街道的 1.5 倍（见表 5-8、图 5-18）。总体来说，《章程》对建筑高度的限定比较清晰，而对建筑之间的间距则没有具体限定[②]。

---

① 广州市市政厅：《房屋高度的限制》，《市政公报》1927 年第 256 期，第 2 页。
② 广州市市政厅：《修正取缔建筑章程》，《市政公报》1930 年第 367 期，第 20 ~ 62 页。

表 5 - 8　1930 年对街道两边建筑高度的规定

街道宽度 D（米）	两边建筑高度 H（米）	街道空间的高宽比 H/D
小于 3.3	小于 9.2	约为 2.8：1
3.3～8	小于 12.5	最小为 1.56：1
大于 8	—	1.5：1

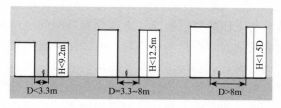

图 5 - 18　1930 年对道路两边建筑高度规定

资料来源：笔者自绘。

1946 年，广州市制定了《西堤土地重划区建筑规定原则》（以下简称《原则》），其中一些对建筑的规定突出了防火的要求，内容相比上述的《章程》有较大的更新。《原则》中规定，"建筑面积与地盘面积之比，不得少于百分之五十，亦不得超过百分之七十。……如前后面积单位连后巷并和建筑时，其左右两面各须留巷三公尺直通马路"[1]。可见，在抗战后的新区建设中，广州已经开始规定建筑的容积率，以及预留疏散通道，这更加接近现代的建筑控制。

5.2.2.2　实体演变

因为广州具有悠久的商业传统，因此构成广州城市公共空间三维体验连续性的建筑实体主要是住宅和商业建筑。

在前文论述的基础上，住宅的演变比较容易理解。随着人口的增加和商业的发展，在 19 世纪下半叶的清代末期，住宅逐渐从一层发展为二层、三层的竹筒屋和西关大屋，并成为主要的住宅建筑类型。至少到 1927 年，广州市内新建的建筑已经很少是一层、二层的了。1927 年，"广州市的房屋有新流行的洋楼式，往往高至四

---

① 《西堤土地重划区建筑规定原则》，《新广州建设概览》1946 年 5 月 12 日。

五层，最少亦三层，罕有一二层的"①。

在构成城市公共空间界面建筑的变化中，骑楼的出现具有决定性的意义。采用骑楼的建筑形式，除了人们所熟知的一些殖民地建筑的影响因素外，笔者认为还存在一些促使骑楼建筑类型出现的本土要素。

1844 年前后，法国人伊凡对广州城的店铺有这样一段描写："商人的房屋只有一层，包括商铺，或者主屋，在地面；上面是走廊，通过楼梯与下面的楼层相连；毗连走廊有两间房屋和一个无盖的露台。商店的后面，根据功能不同，可以用来做储藏室、实验室或者餐厅；而走廊，确切地说，只是商店的仓库，储备着要卖的商品，它们整齐的摆在里面；旁边的两间小房间，通常放着箱子和包裹，供两三个商店主在晚上使用，而露台则用来晾晒那些长时储藏的货物，或者用来加工原材料，或者由药材师用来晾干药材。"② 从这段文字可以看出，当时广州沿街商业建筑的功能区分是底层用来发展商业，夹层用来居住、储藏。这些建筑从外观来看是一层的，内部有楼梯联系上下层。这样的建筑进一步发展，夹层就极有可能演变为二层，于是出现了底层为商铺，二层为居住室、储藏室的建筑。另外，当时住宅、祠堂的入口地方都有屋檐向外悬挑，在自家门口形成一个"灰空间"，这种大量建设的建筑形式传统会对商业建筑有所影响。因此，为争取更多的居住面积，商住建筑的二层会向外悬挑，在底层用柱子支撑，从而形成近似骑楼的商业建筑形式。综上，笔者认为，底层商业，二层居住、仓储的功能与住宅建筑门口飘檐下"灰空间"的结合，成为一个骑楼的基本类型，也是民国时期形成骑楼商业建筑的本土要素。

骑楼商业建筑在广州得到较大发展，也得益于广州社会的商业传统背景。据《新广州》1931 年第 3 期记载，1930 年 6 月，广州的户数有 186406 户，其中铺户 117241 间。虽然有的人可以有一间以上的商铺，但是通过二者之间的粗略比较，也可以得出广州零售商业发达的结论。

---

① 广州市市政厅：《房屋高度的限制》，《市政公报》1927 年第 256 期，第 2 页。
② 〔法〕伊凡：《广州城内》，张小贵、杨向艳译，广东人民出版社，2008，第 50 页。

广州的骑楼街主要分布在现在的越秀区、荔湾区和海珠区。当代位于珠江北岸的骑楼街是：越秀区的长堤大马路、北京路（原汉民路）、解放路（原中华路）、中山路（原惠爱路）、大南路、大新路（见图5-19）、大德路、一德路、惠福路、起义路（原维新路）、海珠路、靖海路（见图5-20）、广卫路、越华路、文明路、德政路、豪贤路、文德路、东华路、万福路、珠光路、越秀南路等；荔湾区的人民路、上九路、下九路、第十甫路、长寿路、龙津路、恩宁路、十三行路、西华路、光复路、六二三路等（见图5-21）。从分布情况来看，骑楼街几乎遍布广州的老城区，而在西关地区，只有一条主要街道分布。这与民国时期旧城改建过程中开辟马路的政策有关。广州的道路分为马路与内街。"本市街道，旧称为街、为坊、为里、为巷，自开辟马路之后，乃有内街与马路之分。"[1] 广州开始主要在原城墙范围内开辟马路，而西关的多数街道比较狭窄，被确定为内街，并不合适修筑骑楼，因此，骑楼街的密度要小于旧城内部区域。由于骑楼的开发特点，以及民国政府初始开发资金的限制，骑楼马路的选择必然主要受经济因素影响。也就是说，在原有的繁华街道，或者土地商业价值比较高的地段建设，这些骑楼马路也就标示了新兴或者传统的商业地段。从骑楼街道的构成来看，维新路是新修建的道路，而大南路、大德路、文明路、一德路、越秀南路、太平南路则是拆除城墙以后建设的道路，其余骑楼街都由原有历史道路扩建而成。由于广州商贸城市的历史传统特点，骑楼街代表了城市的特色，也因为骑楼的存在，才让这些具有历史意义的道路或场所（城墙）得以存续下来并成为现代可以感知的空间，这需要我们进一步保留和发展。

民国时期的骑楼形成连续的街道界面，与其将骑楼作为单体建筑进行研究，不如把它看成与城市空间共存的实体。骑楼街道的建设既受城市发展经济和城市生活的影响，也对城市公共空间景观产生较大的影响。

由于市政建设资金缺乏，初期公共空间的建设并不顺利。在旧城改造建设道路所需的资金中，不仅包括筑路的费用，也包括给那些在扩建道路过程中损失民业赔付的款项。因此，"在资金不足的

---

[1] 《广州年鉴》卷三，1935，第22页。

图 5 – 19　1932 年的大新路

资料来源：《大新路照片》，《新广州》1932 年第 3 期。

图 5 – 20　靖海路与长堤路口

资料来源：《民国旧照片》，爱老照片论坛，http://www.ilzp.com。

图 5 – 21　广州骑楼分布情况

注：粗实线代表骑楼街道。

资料来源：笔者自绘。

窘境下，只能在'影响最小，破坏最少'的原则下，顺应当时街道之现状来开辟，以避免割用民业过多，增加拆迁补偿费用，而增加政府的财政负担①。建设骑楼可以更好地利用土地资源，在一定程度上缓解资金压力，从而完成开辟道路的任务。在扩建城内道路的时候，很多铺户的房屋地产因为属于道路用地，所以必须被割除，割除面积越大，政府赔付越多。修建骑楼的一个好处就是可以在道路的人行道上空补偿一部分面积给因为割除产业而受损失的业主，从而减少政府赔付的压力（见图5－22）。同时，民国政府也向扩建道路两边的建筑业主征收一定的费用。一般的办法是根据地段的不同，设定收费的标准，按照被拆剩余铺位的面积以及能够建设骑楼的面积收取一定的费用，也就是说，道路两旁多一块建筑面积，市政厅就多一份收入。虽然向建设骑楼街两旁铺户收取的费用并不一定足够用来支付所有筑路的花费，但是也可以弥补部分需求（见图5－23）。

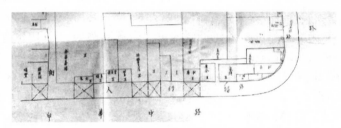

图5－22　民国时期开辟中华中路

注：人行道上空的交叉线表示该处为骑楼地，可看出政府对路边业主的补偿。

资料来源：广州市档案馆，卷号：597。

曾两次担任广州市工务局局长的程天固在1931年时说道："惟市政规划，如确能适应社会之需求，博得人民之信仰，则社会财富自可与各项建设事业同为增进。而经济问题，当不难立决于俄顷矣。试观本市年来之公务设施，远过从前，惟其一切用费，均属自行筹措，而无需市库丝毫之补助。"② 可见，在20世纪30年代，收

---

① 林冲：《骑楼型街屋的发展与形态的研究》，博士学位论文，华南理工大学建筑学院，2000，第104页。

② 程天固：《二十年度之广州市政实施大纲》，《新广州》1931年第1期，第3页。

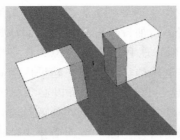

注：如果按照道路建设征地，因两旁物业拆除而赔偿的过多（图中灰色部分表示建路时需要拆除的部分）。

注：在人行道上空建设骑楼，既可以解决道路修建的问题，也可以补回建筑面积，减少因拆除而赔偿的费用。

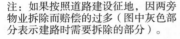

图 5 - 23 骑楼可以部分补偿因道路建设而损失的建筑面积

资料来源：笔者自绘。

取市政建设相关费用已经可以满足城市公共空间建设的需求。程天固采用的办法是，"借鉴了美国的方式征收沿路民家店铺因筑路而增加的收益费，'特别固定捐'（Special Assessment），以保证政府市政经费的来源"①。这个办法在他首任工务局局长的时候就已经制定，并成为广州道路修建资金的重要来源。例如，在 1928 年工务局拟定的《兴筑杨巷各马路之详细办法》中，第一句就说明"此次建筑马路工程费用及赔偿民业与搬迁费等均由该处两旁铺户住客出资"②。

不过，这种修建骑楼的方式毕竟考虑的经济因素比较多，走向极端就成了靠筑路敛财的方式。在 20 世纪 20 年代建设的道路，几乎都要求建设骑楼，原来规定修建骑楼的道路宽度限制也没有很好地被执行。1929 年，程天固第二次担任工务局局长，提出市内不准建设骑楼的建议，原因除了骑楼的过度建设导致城市空间的千篇一律以外，还因为他觉得建设骑楼的方式实在容易被人利用。他写道："查市内马路两旁人行路，有因各种关系不宜建筑骑楼者，徒以当时在逆军踞粤时代，肆行筹饷，不知区别，遂不惜以不宜建筑骑楼之人行路，亦列为骑楼地以招人投承。"③ 因此，他提议白云

① 赖德霖：《中国近代建筑史研究》，清华大学出版社，2007，第 367 页。

② 广州市工务局：《兴筑杨巷各马路之详细办法》，《市政公报》1928 年第 284 期，第 67 页。

③ 《广州市工务局提议白云等路不准建筑骑楼意见书》1929 年 6 月 15 日，广州市档案馆，案卷号：6。

路、文德路、吉祥路等马路不允许再建设骑楼。

　　骑楼建设不仅为城市建设筹集了资金，也适应了地方生活与城市特色，成为国民政府改造旧城的重要手段，没有地方生活与城市特色，骑楼就成了无源之水。广州在历史上一直具有商业传统，商业形态多以家庭个体经商的铺户形式为主。清代自不在话下，即使是在民国时期甚至当代，仍然随处可见各种小店铺，与居住结合紧密的小型零售商店形成城市公共空间的特征界面。一方面，这些小商店所零售的商品和提供的服务包罗万象，包括日用品、食品、五金、衣服、餐饮等，与大型的商业设施一起，既方便了市民的生活，也形成了独特的商业景观。另一方面，由于兼具居住功能，这些商业街道也是生活的地方（见图5-24），所以，骑楼下的空间不仅仅是购物街、交通路，还是商家活动的客厅。在当代的广州，我们随处可见那些下店上居的小商店门前会有一些商家的人在喝茶、聊天，家里的小朋友在玩耍，甚至有人在门口炒菜做饭。这种情形在当时应该也是常见的。因此，骑楼承担了交通、购物、生活等复合功能。

图5-24　活动丰富的骑楼空间

资料来源：《广州旧照片》，Fotoe 图片库，http://www.fotoe.com/inage/。

骑楼成为民国时期旧城改建的重要手段，既可以解决旧城改建的利益问题，又可以形成良好的街道立面，同时又具有地域特征，符合个人、政府、景观的几重要求，可谓一举三得。后来修建的新式街道由于已经不在城市范围内，不是传统的商业发达街道，或者欠缺商业发展潜力，也就不存在建设连续骑楼的可能性，这也是程天固禁止骑楼建设的一个因素。

　　大量骑楼建筑的修建过程都是在土地私有前提下的小规模建造过程，骑楼的立面形体也就形成各种各样的风格。虽然民国时期广州有控制城市建筑的相关条例法规，但控制仅限于骑楼的进深和面宽、高度，却对一般建筑的形体设计本身并不控制，这给骑楼的建造留下很大的弹性。笔者认为这些被当作单体建造，最终却形成连续整体的骑楼，在形式上反映了当时社会的审美需求。

　　清代，广州城中位于公共空间的独立式建筑很少，都是具有纪念意义却较少实际使用功能的塔、楼和牌坊。民国以后，这些建筑在城市中的作用丧失，或者被毁坏拆除，或者在城市的角落里被人们遗忘，或者成为人们游玩的古迹。广州的国民党人怀着改造旧世界的理想，建设了很多不同种类的适应新的社会生活的独立式公共建筑，城市呈现一片繁荣的景象。这一次，由于社会发生了深刻的变化，西方意义的公共生活越来越占主导地位，公共建筑也就呈现与历史截然不同的面貌。本书的重点在于论述公共空间，在此，仅将民国时期建设的重要公共建筑相关信息简要列表（见表5－9）。

表5－9　民国时期建设的重要公共建筑

风格	建筑名称	现在所在地点	修建时间
西洋古典风格	沙面建筑群	沙面租界	20世纪早期
	粤海关大楼	沿江西路29号	1914～1916年
	广东邮务管理局	沿江西路43号	1913～1916年
	广东省财政厅	北京路	1919年
	大新公司	沿江西路	1919年
	十九路军抗日阵亡将士陵园	水荫路	1932年
	新华大酒店	人民路	1925年

续表

风格	建筑名称	现在所在地点	修建时间
中国固有风格	广州市府合署（图5-25）	府前路	1931年
	广州中山图书馆（图5-26）	文德路	1931年
	中山纪念堂	越秀山南麓	1929～1931年
	仲元图书馆（今广州美术馆）	越秀山镇海楼东侧	1930年
	广东陆军总医院（今广州军区总医院）	流花路中段	1932年
现代风格	平民宫	—	1931年
	广州爱群大酒店	沿江西路113号	1934～1937年
	模范住宅区	东山马棚岗、竹丝岗以及毗连的东沙马路、百子路	1928年

图5-25　现在的市府合署

资料来源：笔者自摄。

图5-26　现在的孙中山文献馆

资料来源：笔者自摄。

　　表5-9所列仅为代表性建筑，广州市内的公共建筑风格由此可见一斑，折中主义倾向明显，例如将西方古典建筑的山花、柱式、拱券、尖顶等元素进行组合，构成建筑的立面形式。当时一批学成回国的建筑师以及在广州开业的外国建筑师的作品对倡导设计潮流起了决定性的作用。当然，也有的建筑传承了中国传统建筑风格，采用了中国固有风格。城市公共空间的建筑景观形成多元混杂的情况，并不统一，也反映了当时的社会文化状况。从建筑与城市的关系来看，清末的广州的建筑与城市空间是一体的，甚至很少有独立于公共空间而存在的单体建筑，建筑的四个立面不连续，各自面对围合的空间，建筑的个性被控制在群体性之中。从民国开始，建筑才成为四个立面统一的现代建筑，成为公共空间中的主角。在一片旧城区中，这些建筑形象突兀鲜明，表达了新的社会意识形态。

经过不断的建设，广州城市宏观的整体建筑实体空间环境发生了变化，原来处于低矮水平的建筑变得越来越垂直高耸（见图5－27），公共空间特征由狭窄向宽敞竖直的转变也就越来越明显。在微观尺度上，城市中虽然很多小巷未发生变化，但是主要道路空间效果渐次体现出上述特征（见图5－28）。在上述过程的背景下，清中后期的城市公共空间系统中的要素种类不多，多为只在水平方向上伸展的线形空间，空间感受简单，民国时期则转变为具有大面积开敞空间、半开敞的骑楼空间、沿江空间等丰富效果。我们在同一比例下对比两个时期道路剖面的类型，可以看出空间体验的转变（见图5－29）。道路的宽高比（D/H）越来越接近现代城市的特征，尺度越来越适应现代生活、交通的需要。这种转变逐渐发生，直至影响全城整体形态。公共空间形态的变化，代表了人们公共活

（a）清代广州城整体三维形态鸟瞰

图例

■ 高度超过
9米的建筑

（b）民国时期广州整体三维形态分析

图5－27　清代与民国时期广州城市整体三维形态对比

注：（b）为分析情况，为了强调建筑高度的对比，笔者将建筑人为地提高了15倍，不过也可以说明建筑的三维形态。

资料来源：（a）为笔者自绘，（b）来自李国、孙武等：《民国时期广州城区主体建筑的三维模拟及其空间特征》，《华南师范大学学报》2008年第3期，第119～124页。

动内容的丰富，也代表了人们生活方式的转变。整个城市的建筑高度在变化，骑楼街四处延伸，沿江高层建筑的建设，都让城市的公共空间带给人一种前所未有的三维体验。

（a）改造前的桨栏路　　（b）改造中的桨栏路　　　（c）改造后的桨栏路

（d）改造前的杨巷　　　（e）改造中的杨巷　　　（f）改造后的杨巷

图 5－28　桨栏路和杨巷的街道空间效果演变

资料来源：广州市档案馆。

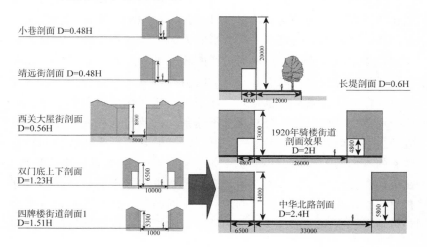

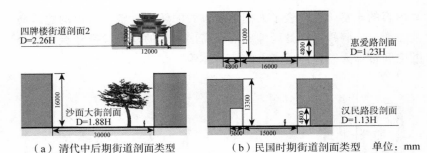

（a）清代中后期街道剖面类型　　　（b）民国时期街道剖面类型　　单位：mm

图 5 – 29　同一比例下清代与民国时期街道空间剖面类型的演变
资料来源：笔者自绘。

第三节　纪念场所的演进

纪念场所是具有纪念意义的城市公共空间要素，是城市人造物所承载的记忆、文化、历史意义，是城市公共空间中必不可少的组成部分。因为历史意义并不是一个常量，所以，不同时代的纪念场所也具有不同的时代特征。有的纪念性场所体现的纪念意义一直存留在市民心目中，有的在后世就不再具有纪念意义，有的在一段时间以后却被重新发现并再次得到重视。无论如何，具有纪念意义的城市公共空间元素与社会文化联系紧密，是形成场所感的重要部分。

纪念性场所与社会文化的关系密切，不仅体现在其本身是社会文化的一部分，还体现在其对居民行为与生活的影响上。也就是说，其在环境与人的关系中起着影响人的行为的重要作用，是非语言表达意义的重要部分。因为这样的环境可以跟人们心目中的社会思想意识相对应，可以引起共鸣、陶冶身心、规范行为。不仅仅具有象征性的审美意义，也是人－环境机制相互作用的重要环节。在这个环节中，成熟的社会文化思想体系，以及与这种文化体系相适应的公共空间环境，二者缺一不可。前者的缺席，会造成公共空间体验的苍白与不完整；后者的忽略，会影响社会文化思想的形成。在中国古代的城市里，成熟的社会思想意识与城市公共空间形态互相对应，广州就是具体的实例之一。中国的现代化首先是通过革命获得独立和自由，在这个特殊的社会条件下，城市公共空间形态与社会思想意识的关系并没有彻底消失。孙中山先生一直强调对人的精神进行改造，其追随者也在城市实体环境体现社会文化思想方面做了一些尝试。所以，无论是在清代的中后期，还是在民国时期，广州都存在具有纪念意义的场所，并且是形态的重要组成部分。

　　清末时期，城墙内区域延续了明初形成之后的形态，几百年来变化缓慢。城外的西关虽然发展迅速，但是由于稳定的社会文化观念影响，纪念性场所的布局特征与城内并无大的区别。与传统思想意识相适应，城域范围内较均匀地呈面状分布着寺庵庙观、祠堂书院，呈线状分布着牌楼，呈点状分布着一些楼阁。这些点、线、面要素分布于整个城市形态布局中，在街道中，在日常生活中，人们可以随时体验到这些场所所带来的影响，纪念性场所就在你的身边，在这些场所中的生活是日常生活体验的一部分。人们的归属感、方向感、认同感都渗透着某种纪念意义。

　　民国时期，社会生活的转变使追求民族解放和国家独立的革命形势对个体的行为要求发生改变，纪念性要素也因之发生变化。在民国时期的纪念性城市公共空间构成中，除了少量被保留的具有历史意义的古迹外，还创造了大量的新场所。被保留的古迹包括曾存续一段时间的大北和小北城楼（见图5-30）、几个牌坊以及一直留存至今的越秀山五层楼等。因为此时的时代特征是争取民族解放，所以更多新的纪念性公共空间都是反帝反封建的革命纪念地，例如沿东沙路（先烈路）分布了很多革命烈士纪念陵园。另外，分布在城市公共空间里的各种纪念碑、纪念雕像也使这些公共空间具有了纪念的意义，例如在越秀山上的孙中山纪念碑、海珠公园里的程碧光雕像、六二三路上的沙基惨案纪念碑（见图5-31）、曾经位于中央公园的史坚如纪念碑和曾经位于广九铁路火车站前广场的邓铿雕像等。同时，在大部分具有西方建筑风格的整体城市公共空间环境中，中山纪念堂、市府合署等重要公共建筑采用传统建筑风格，高大宏伟的体量配合开阔的公共空间，体现了其对中国伟大历史的记忆，以及重树国民信心的重要性。不仅建设固定的纪念性公共空间，国民政府还借助举行纪念活动，在广泛范围内的日常公共空间中营造纪念氛围，例如在纪念孙中山以及黄花岗烈士的活动中，政府在沿途道路的路灯柱上围系黄绫，尤其是在黄花节的大型公祭时期，东沙路沿途路灯全部如此处理。在每年的纪念日时，这种具有周期性的反复操作使东沙路本身也具有了某种纪念性。再者，城市路名的修改也将纪念意义通过文字符号赋予公共空间。例如，惠爱路改名为中山路，双门底街等曾改名为汉民路、永汉路、中正路，大北直街改名为中华路，沙基改名为六二三路，动物园改名为永汉公园，石牌林场改名为中山公园，等等，不胜枚举。

图 5 - 30　民国时期的大北门

资料来源：大洋论坛，http://www.club.dayoo.com。

图 5 - 31　原位于六二三路的沙基惨案纪念碑

资料来源：《广州旧照片》，大洋论坛，http://www.club.dayoo.com。

　　民国时期纪念场所的创建，还带有旧时空间的历史特征。比如，为了号召大家齐心协力修建中山纪念堂，当时的《广州日报》写道："今日非有国无以生存，然则我们何可不建一纪念国父之祠也……今日非革命不足以图存，然则我们何可不建庙以纪此革命之神也。……爱你的国父，如像爱你的祖先一样，崇仰革命之神如像昔日之神一样，努力把'国'之意义在建筑中象征之出来，努力以昔日建祠庙之热诚来建今日国父之会堂及图书馆！"① 可见，在当时的社会观念中，建设纪念孙中山先生的纪念堂与昔日修建纪念祖先名人祠堂的道理是一样的。全国各地有很多中山纪念堂，多数位于城外或者中山公园内。例如，广东的惠州、梅州和广西的梧州中山纪念堂位于当地的中山公园内，北京的中山纪念堂在香山碧云寺内，南京的纪念堂在中山陵内，等等。比较起来，广州的中山纪念堂规模最大、最宏伟，位于市中心，是一个大型会堂。清代广州城中心也有很多祠堂，也具有聚会功能，这不能说是一种巧合，但必然是与地域城市的纪念传统有关的。另外，在民国时期的纪念场所中，牌坊也是一种常见的建筑要素，延续了牌坊的纪念功能。

　　综上，首先，纪念场所与日常生活的关系由清中后期的紧密结合转换为民国时期的逐渐松散（见图5-32）。中国传统的纪念建筑，包括牌坊、祠堂等，与日常生活结合得比较紧密，比较具体，或者直接位于城内的街道上，或者入口直接面向街道。人们可以容易地体验到其中的纪念意义。但是，具有西方现代意义的纪念建筑选址与日常生活空间有相当的距离，并且通过建筑本身的设计，或者空间序列的展开，形成一个专门的纪念路径，构成纪念的氛围。这就暗含着一个认知，日常的活动与纪念行为是分开的，当人们走进一个纪念性的公共空间的时候，需要一个从日常生活到纪念活动的转换过程。也许这种转换可以强调纪念场所的气氛，以达到纪念的目的，从而远离日常生活，避免产生潜移默化的纪念性影响。其次，虽然民国时期纪念性的内容发生了变化，由原来的宣扬儒家思想、礼制秩序转变为传播革命思想与民主秩序，纪念场所成为一个独立的重要公共空间类型。但是，民国政府的社会精英们并没有完全脱离中国的实际情况，在纪念场所的营造中，体现了更多的历史

---

　　① 《建设中山纪念堂》，《广州民国日报》1925年3月31日，第2版。

与地方特色，视觉效果更加明显和开放，注重单体建筑的作用。

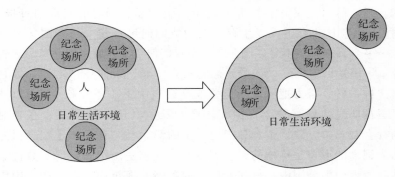

图 5 – 32   人的日常生活环境与纪念场所关系的转变

资料来源：笔者自绘。

第四节   城市公共空间演进的社会思想基础

城市公共空间演进的动力因素存在于社会、政治、经济和文化等各个方面，是各个因素综合作用的合力结果。对于广州城市在清末民国时期的政治经济因素变化，相关研究已经描述得比较清楚了。本书论述那些看起来是隐性的，却是至关重要的社会思想因素。城市公共空间与社会思想相关，如果只看到物质空间，而没有考虑其背后的人的行为以及社会思想，那么对空间的认识就只能停留在表层。城市的公共空间中充满了人的活动，人的行为与环境相得益彰才能最大限度地实现人与环境的和谐。环境只影响能够引起共鸣的人的行为，或者说人只接受他愿意接受的环境的影响。笔者认为在人的行为与环境的关系中，一方面，人的行为受社会思想影响，可能是潜在的影响，不过可以形成一种大致的社会行为趋势；另一方面，城市公共空间如果能够反映这种社会思想基础，就可以对具有社会思想的人的行为产生影响，二者形成一定的社会结构，从而可以进一步调整或者强化社会行为的趋势。如果能够把握一定的以人为本的社会思想基础，就可以得知人对环境的塑造过程，也可以理解环境对人的行为的影响，进而形成人与环境的互动关系。所以，社会思想基础是行为与环境关系的催化剂，人的行为与环境之间互动机制的关键就在于社会思想基础（见图 5 – 33）。

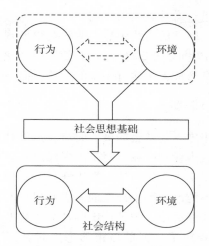

图 5 - 33　人的行为与环境的关系

注：在没有稳定社会思想基础影响的前提下，人的行为与环境之间的
互动关系较弱；在稳定的社会思想基础影响下，人的行为与环境形成某种
社会结构，互动关系明显。

资料来源：笔者自绘。

社会思想是一种体系，社会价值观是其中的一个重要组成部
分。生活在每个社会文化背景下的人群都有一定的社会价值观，
"价值认同是一种信念，当一个社会中绝大多数人一致认为这种行
为是妥当的，那种行为是丑恶的，这表明该社会已经形成了一种特
定的社会价值观。社会价值观反映了对一定社会状况和政治结构的
认可，这种社会状况既包括生产方式，也包括生活方式、社会结
构、家庭结构"①。在一个社会中，人们的社会价值观不完全相同，
但在基本社会准则方面却大体一致。价值观是一种"思想锁定"，
它使人的精神得以安宁。人们在内心的情感上得到认同，遵照普遍
意义的行为准则做事，从而形成社会发展的合力。从人类的社会组
织来看，一个稳定发展的社会总是有这样一个社会价值观。社会价
值观的形成并不是一朝一夕的事情，既需要有历史的传承，在人们
的潜意识里形成"集体无意识"，也需要进行一定程度的理念创新

---

① 张荣明：《权力的谎言——中国传统的政治宗教》，浙江人民出版社，2000，第
2 页。

和对民众的行为进行潜移默化的影响。

处于封建社会晚期的清代中后期的社会价值观仍然延续着封建社会的特色，在 19 世纪末 20 世纪初开始有所变化。民国时期，新的社会价值观逐渐形成，虽然有一定的成效，但是并没有成熟。

5.4.1　清中后期

清中后期是中国封建社会的最后时段，虽然社会上已经开始出现一些新兴的社会力量和产业，但是，古代思想体系的系列内容仍然在社会思想意识中占主导地位。在固守圣人思想的前提下，即使是洋务运动，也不能改变整个社会的思想状况，其只是整个社会长河中的一朵小小浪花而已。中国传统的社会思想及在其基础上形成的社会组织直接决定了广州的城市形态。同时，广州由于地处岭南，地方文化也具有旺盛的生命力。

在古代封建社会的条件下，社会价值观必须依靠基本一致的社会思想意识与宗教观来实现。中国传统的社会思想意识主要内容一方面是属于社会精英的儒家思想，另一方面是属于草根小农的民间思想；传统宗教的主要内容一方面是以佛、道两教为代表的制度性宗教，另一方面是民间的分散式宗教。总体而言，社会思想意识与宗教观在主流与民间形成两股力量。其实，这两个层面看似互不相干，实则互为表里、互相依存，共同构成整体的社会价值观。

儒家思想表面上看来是一种严密的以强调道德伦理为特征的正统思想，受过儒家正统思想训练与熏陶的读书人与没读过书的普通人在思想组织上也有很大差别。但是，儒家思想中内含的原始宗教成分使它跟民间思想有很多相通的地方。儒学兴起于春秋战国时期，那是巫教盛行的时代，并在一个宗教影响无孔不入的社会中发展成为一种制度，因此它本身不可避免地渗透了很多宗教的元素，从而能在传统社会的环境中发挥有效的功能。儒学的一个重要认识论特征之一是不可知论，信仰天命，"包含了一套基于信仰上天、天命决定论、预测以及阴阳五行理论之上的宗教思想子系统"[1]。即便是正统的儒家学者，也依然固守中国人的一些基本信仰，如

---

① 　杨庆堃：《中国社会中的宗教》，上海人民出版社，2007，第 228 页。

天、命、占卜、巫术等，他们并没有组成一个与传统中国社会生活主流相分离的独立群体。虽然一些儒家的经典著作表现出一定的理性思想，但是在儒家知识分子的实践中，阴阳五行以及占卜等在现在看来属于"迷信"的行为仍然比较流行。实际上，能够统治中国传统社会两千多年的主流思想，不可能得不到民间的社会认同，也不可能与民间的思想意识大相径庭。儒家的很多思想也成为民间文化中普通农民的生活与道德准则，儒家读书人的主要来源也是处于社会底层的普通劳动人民。

在宗教观方面，中国的情况与西方不同，比较复杂。很多著名学者对中国古代的宗教做出了自己的判断，也有很多学者认为中国没有与西方一样的宗教。笔者认为，在科学时代来临之前，人类社会经历了某种蒙昧时代，以某种神秘信仰为主流，只是表现形式不同而已。以往认为是"迷信"的东西，也可以是信仰的一种形式。在这里，笔者认同被称为"研究中国宗教的'圣经'"①的《中国社会中的宗教》里的观点，中国的宗教可以被认为主要是由"制度性宗教"和"分散性宗教"构成的。根据一般的认识，制度性的宗教自身有独特的神学或宇宙解释系统，连同形式化的崇拜祭祀系统，都是由独立的神职人员进行神学观点的阐释，并负责祭祀活动。它的一个最大特点就是其自身可独立于世俗体系之外，从而在某种程度上与之相分离；分散式宗教虽然也有其神学、祭祀与人事的运作系统，但是并没有成为一套独立的体系，而是与世俗生活紧密联系在一起。中国古代的制度性宗教主要是佛教与道教，分散性宗教则涵盖甚广，凡是具有上述神学、祭祀特征的行为都可以被包含在内，祖先崇拜或者很多在正统宗教观看来里是迷信巫术的内容都可以是分散性宗教的一部分。不过，在中国传统的社会中，即使是作为制度性宗教的佛、道两教，也具有鲜明的特色，比如，中国的制度性宗教缺乏核心组织，这与西方社会在中世纪时期形成的教会等级制度形成鲜明的对比。在中国社会中，分散性宗教与制度性宗教共同构成了普通人的精神生活主体内容。在普通民众心中，分散性宗教与生活结合得更加紧密，人们可以为了不同的目的祭拜祖先、关公、土地、城隍以及各种神祇，很多时候，这样的宗教信仰

---

① 杨庆堃：《中国社会中的宗教》，上海人民出版社，2007，第1页。

具有鲜明的目的性，因此就并不牢固，而是随着社会形势、个人需求的变化而变化。相应地，有很多纪念与信仰场所随着时间的推移而被废弃，也有很多这样的场所重新获得重视或被兴建，而在近代社会发生转型的过程中，这些分散性宗教设施逐渐湮灭了。

所有这些思想意识层面的社会价值观内容必须为整体社会组织很好地服务，只有通过政治运作，成为社会组织的有力工具，才能够长时间地存在下去，否则必定会被边缘化乃至淘汰。在这个过程中，社会政治组织起了重要的作用。儒家思想之所以能够一直是古代社会的主流思想，就是因为不同时代的儒生为其赋予了新的内容。但是，万变不离其宗，具有宗教色彩的神秘性是它能够统合一切的根基。在儒家思想的影响下，皇帝通过跟上天的紧密结合，宣扬了自己的统治。这很好地利用了民间百姓对天的敬畏和信仰，将精英的信仰与民间信仰结合在一起。所有制度性宗教、分散性宗教与儒家传统的不可知论以及儒家思想中的原始宗教因素相联系，从而被儒家思想控制，成为为封建国家服务的有力工具。"天赋君权"，即上天是凌驾在一切神灵上面的最权威神，包括制度性宗教的佛道两教主神和分散性宗教各神灵在内的所有神灵都被它统御。

社会价值观为古代社会组织提供了思想基础，在中国历史上，国家权力到县（县为最低一级政府）几乎就停住了，县以下的广大乡村及庞大的人口实由非政府官员的地方乡绅集团、宗族、乡规民约等中介管理，具有高度自治性。实际上，乡绅并非无知无识之人，在历次科举考试中落第的大量士人仍留在原籍（卸任官员也大多返回原籍），构成地方上的政治、文化和经济精英[①]。社会价值观让人们有了自己的一套生活准则，这套生活准则以道德标准代替了法律依据，减少了社会管理成本，以神秘的宗教气氛带动的道德伦理保证了社会整体运行的和谐秩序。"以神道设教"是儒家思想统治普通大众的基础。

由于具有某种程度的神性，所有的社会行为都要被打上神性的烙印，祭祀成为最重要的社会行为之一。祭祀是为祈求超自然力量的庇护和祝福而对鬼魂所进行的一种仪式，是皇帝与普通百姓、儒

---

① 鲁西奇：《"小国家"、"大地方"：士的地方化与地方社会——读韩明士〈官僚与士绅〉》，《中国图书评论》2006 年第 5 期，第 19～26 页。

家以及所有宗教，无论是佛教、道教等制度性宗教，还是分散性宗教，都具备的仪式行为。祭祀的对象比较多，有祖先，有神灵，有英雄，等等。通过祭祀，强调社会的神秘气氛，加强统治的思想一致性；通过祭祀，社会的各个层面被联系在一起。一切祭祀活动和礼仪在现代看来纯粹是琐碎无用的事项，但是在古代人眼里却视其如同吃饭睡觉，平常而且意义重大。因为在这个过程中，个人实现了内心归属，国家实现了大一统的管理，所以对于国家政治和个人生活都异常重要。

很显然，这种情况不可能形成西方所谓的"市民社会"，因此，中国传统城市中公共空间的概念和日常使用也不可能像西方社会一样明确。具有社会政治意义的城市公共空间，代表了社会价值观，除了实用性的意义以外，还具有了某种神秘性和道德性。在古代人的世界里，这一切都那么真实，令人深信不疑。西方社会的公共权力很早就已经世俗化了，例如，古罗马"元首的权力之所以无所不能，其中的原因并不仅仅像东方君主或者某些日耳曼人国王那样被奉为神的化身，而主要在于他代表着共和制罗马国家的利益，即罗马人民的权威，这一点毋庸置疑"①。通过纪念君主的德行，从而加大统治的力度。一切行为都是常人的行为，不过变得更加伟大、更加光荣，其人格的力量或者军事的力量更能够令人臣服，而中国的公共权力则一直具有某种神秘性。

城市公共空间布局形态在强化这种社会价值观的过程中起到重要作用，在教化人的行为方面，包括文庙、城隍庙、祖先崇拜祭祀各种神祇在内的多种场所成为城市景观的主体。杨庆堃的一段描述很好地说明了明清时期的城市景观。"在有组织的社会生活的主要层面，神、鬼这些象征的存在与宗教仪式活动，为制度化实践创造了一种普遍的敬畏和尊敬感。走进一个房间，参与任何一个群体的纪念活动，路过邻居家或是广场，注视一个纪念性牌坊，经过一个城门，登上一座大桥，注视各种风格的大型公共建筑，人们可以在各种地方见到祭坛、神像、神怪的画像、附着法力的符咒，或是一些关于神怪的神话故事，诉说着自身的历史。而传统的制度化价值

---

① 〔法〕斐迪南·罗特：《古代世界的终结》，王春侠、曹明玉译，上海三联书店，2008，第3页。

与结构都渗透进富有超自然特征的丰富民间传说之中。作为一个整体的社会环境充满了神圣气氛，激发了这样一种感觉，即在传统世界中，神、鬼和人一起共同参与筑就了现有的生活方式。"①

广州的地方文化既具有上述中国传统的主流文化的共性，也有自己的特性，广州城市公共空间的纪念性具有自己的特点。首先，分散性宗教具有岭南地域特点，在广州居民中比较流行。以崇鬼尚神而著称的岭南文化中一直有"迷信"的传统，本来民间信仰的种类就比较多，加上中原文化的传播，民间信仰的内容就更加丰富了，构成了社会价值观中地方性的一大特征。这里有很多分散性宗教的场所，即使是当代，我们也可以在市区随处可见店铺里摆着的关公像或者门口为土地插的香炉。其次，制度性宗教在广州也比较发达。广州是华南地区佛、道教的中心地，中国佛教禅宗祖师六祖慧能即在广州光孝寺现身并弘扬佛法，成就一代宗师。道教创始人葛洪也曾经几次来到广州，并最终终老于罗浮山，留下很多与他有关的道教遗迹。最后，广州也是华南地区宗族祠堂集中的地方，"在清代的广州城中，除了官衙以外，布满了合族祠"②。虽然这些祠堂是为了办学等而被兴建，但是它们都带有家族组织的特点，并且也会在祠堂中定期组织家族的祭祀活动。

清代中后期的广州城市公共空间就是建立在这样的社会思想条件基础上，城中遍布着官衙、寺庵、庙观、宗祠、牌坊等。虽然除了道路外几乎没有现代意义上的城市公共空间，但是人的行为却因之受到重要的影响。城市空间也呈现不同社会力量，不同阶层的关系标志着各种社会力量形成的最终妥协、各个宗族的妥协，以及各个信仰的妥协。大家和谐共处，各自在城市里寻找自己的空间位置。城市公共空间的建设在满足安全、生产生活需求的同时，也在日常生活中将社会思想渗透到居民的个体意识中，于是社会思想与城市公共空间相得益彰，形成互动。

5.4.2 民国时期

清末民初的历史就是反抗侵略的历史，西方列强的侵略使中国

① 杨庆堃：《中国社会中的宗教》，上海人民出版社，2007，第272页。
② 黄海妍：《在城市与乡村之间》，生活·读书·新知三联书店，2008，第14页。

无法进行和平的近代化，无法进行中西文化的对等交流，因此，摆在中国人面前的一个现实问题就是必须首先追求独立和民主，只有通过革命的手段才能实现近代化。革命运动所具有的特点就是用狂风暴雨的手段，破除一切阻碍社会进步的东西。虽然辛亥革命并没有取得全面成功，在整个民国时代，中国也谈不上具有一个彻底稳定发展的社会环境，而且底层的旧的民间思想还在暗流涌动，与一些留存下来的儒家思想道德碎片共同发挥着一定的作用，但是，社会主流思想已经翻天覆地，旧有的意识形态已经没有正式的立足之地。民国以来"一个基本的变化是，从'天命'向以人民的名义获得权力的世俗性合理性的变换。尽管民国政府从未成功的将西方人权的民主观念制度化，但是，政治理论的确世俗化了"①。当然，这个过程并不是朝夕之间就能完成的，而是经过清末的变法、洋务、立宪等运动，在以留洋人员为主的国民党人的推动下，通过流血的斗争才得来的。

清末民初，针对国民性的改造，曾经出现了多种多样的思潮。"国民性是一个社会的大多数成员所普遍具有并反复出现的行为方式特征的总和，而内化为个体社会心理的伦理道德规范准则及指导这种准则的社会价值，则是国民性深层次的决定因素。"② 因此，国民性也是社会价值观的一种体现。19世纪90年代中日甲午战争之后到1911年辛亥革命之前，在短短的二三十年间，先后出现了"维新人士的'三民论'""立宪人士的'新民说'""守旧人士的复古观点"等思潮③。仁人志士都在努力寻找改造社会价值观、重建中国国民性的途径。

辛亥革命之后，面对中国积弱的现实情况，孙中山先生以西方资产阶级革命思想为主，结合传统文化，提出了自己的建国主张，民国时期国民党人的建国思想主要遵循了他的论点。孙中山对待社会文化的态度是，"在继承中国优良文化传统的基础上学习欧美及其他国家文化的长处，提倡中西文化交融和互补，……从而排除了

---

① 杨庆堃：《中国社会中的宗教》，上海人民出版社，2007，第332页。

② 袁洪亮：《中国近代国民性改造思潮研究综述》，《史学月刊》2000年第6期，第16页。

③ 关于清末民初国民性改造思潮的相关论述，请见史林杰：《清末民初国民性改造思潮研究》，厦门大学，2002。

华夏中心论与欧洲中心论的干扰"①，他注重国民心理的建设，认为革命的成功必然需要全体大众的国民性的改造，也就是需要建立一种新的社会思想。在代表孙中山先生政治主张的《建国方略》中，第一部分"孙文学说"即提出"知难行易"的哲学观点②，希望通过积极的革命实践，改变积弱的国民性，重新树立国民的自信，完成中国人的现代化过程③。"孙文学说"作为《建国方略》的第一要略，可以看出孙中山认识到革命实践中"人"的因素的重要性。只有解决思想问题，才能积极地实践，从而进一步认识革命的道理，最终完成全体国民的现代化。在此基础上，他继续提出建国的三个时期，即"军政"、"训政"和"宪政"时期，希望通过军政时期的革命斗争，建立一个相对稳定统一的社会环境，从而在训政时期在全国范围内推行地方自治，并继续培养独立民主的国民性，最终在宪政时期实现国家民主富强的政治理想。在宗教观方面，孙中山先生虽然坚持宗教信仰自由的观点，但是坚决反对君权神授的封建思想，对待"迷信"的分散性宗教持批判的观点，讲科学、反迷信，这是孙中山宗教观中不可分割的一部分。

经历了清末民初的国民性改造思潮、辛亥革命以后的国民党有意识进行社会文化改造，重视如火如荼开展的新文化运动，民国时期中国社会的主流思想已经具有现代化的特点，崇尚民主和科学，中华文化中的部分内容被发扬，而原来属于维护封建皇权统治的内容基本上已经不再存在。但是，在民间的思想中，分散性宗教的思想并没有完全根除，其信仰内容在一般老百姓中仍然存在。

主流思想与一般民众信仰之间既然存在差异，部分传统文化既然有所保留，那么在城市环境的改造过程中，不仅保留了原有文化突出特点的要素，也营造了新式的公共空间，彰显了新的社会思想。于是，在这样的现实和指导思想的背景下，民国时期广州的建设者延续了孙中山先生的治国思想，进行了广州城市环境的改造。民国初期，广州城市中大多数传统的建筑实体要素被破坏，但是也

① 林家有：《孙中山对中国近代化道路的探索》，《人民论坛》2002 年第 7 期，第 50 页。

② 孙文：《建国方略》，中州出版社，1998，第 3 页。

③ 刘仁坤、刘兴华：《论孙中山国民性改造问题》，《北方论丛》2006 年第 3 期，第 107～113 页。

保留了一些具有历史意义的古建筑，例如，虽然在 1918 年，城墙开始被全面拆除，但是到 1924 年小北城楼才彻底被拆毁，到 1925 年大北城楼仍然存在①。五仙观、光孝寺、镇海楼、六榕寺等一批古迹名胜也被保存下来。在营建新环境的过程中，最初拆除城墙建设马路等公共空间并没有一个明显的目的性。1930 年以后，国民政府进入"训政"时期，城市环境为市民精神生活服务的思想开始成为城市公共空间建设原则的一部分。程天固曾提出训政时期建设计划应该注意国民心理的构造②，并认为"市区设计，其目的在改造都市，使之成为人类居处较安全便利，而又较健康壮丽之都会。故所谓市区设计者，乃所以供应都市未来一切之需要者也。举凡物质上、社会上、精神上及经济上种种需求均归入其范围内。换言之，市区设计乃在变更过去之政策，纠正及预防一切之错误，以谋今后社会之福利者也"③。也有人发表文章称，"昔之城市设计，专攻于物质生活之设备，今之城市设计，则物质生活而外，更有倾注于精神生活之讲求"④。署名为厚庵的一篇文章写道，"而其（建设计划）结果，又必能供给一般市民以精神上、物质上、经济上的最大利益"⑤。可见，20 世纪 30 年代以后，在构建城市公共空间环境的过程中，适应新文化的发展、配合新国民性建设的需求逐渐受到重视。

　　民国时期，城市中容纳人们公共活动的新式城市公共空间取代了原有的传统场所，制度性宗教与分散性宗教场所变得越来越微不足道，逐渐失去了其原有的承载信仰、联系血缘社会关系的作用，有一些被废弃，大部分产业被收归官有，被改造成其他公共场所，城市中占主导地位的是中山纪念堂及绿化广场、市府合署及中央公园、沿江马路、黄花岗七十二烈士纪念墓地等具有现代意义的公共空间。这些空间都彰显了民国政府的新形象，具有纪念意义和象征意义。民国政府也在城市公共空间中向民众传播新思想，比如，1929 年 3 月 16 日的《广州民国日报》报道了中央公园播放党歌的

---

① 《勘拆小北城楼》，《民国日报》1924 年 5 月 13 日，第 2 版。
② 程天固：《训政时期建设计划之商榷》，《新广州》1931 年第 4 期，第 5～10 页。
③ 程天固：《二十年度之广州市政实施大纲》，《新广州》1931 年第 1 期，第 5 页。
④ 陈殿杰：《市设计与地方自治》，《新广州》1932 年第 6 期，第 63 页。
⑤ 厚庵：《工务局最近工程面面观》，《市政公报》1929 年第 341 期，第 114 页。

消息："市政厅以中央公园为民众游乐之地，故每逢礼拜二、四、六、日的下午，四点至七点，特聘定音乐家演奏党化教育之歌曲。以唤起民众。"① 虽然国民党社会精英在城市公共空间纪念意义的营造方面做了很多努力，但是由于历史的限制，其没有真正认识到国民性改造的关键在于改善大多数普通人的生活，因此，建造良好的城市空间就成了美好的愿望。在公共空间的日常使用中，也出现了较多的混乱现象。政府在公共空间的管理方面做了很多有益的尝试，制定了规定，约束了人们的行为，例如，规范公共空间广告张贴行为，明确了张贴的主要地点，在广州市区指定广告场千余所，"化成段格，征收其使用、及广告地位所得捐"②。但是，因为各种社会力量都在公共空间中登场，类似的管理规定收效甚微，公共空间中的破坏行为以及扰乱社会秩序的事情屡屡发生。《广州民国日报》就多次报道中央公园被部队占据，放马练操，造成多处破坏的事例③；白云路的路树被部队砍伐，用作柴薪④；省立银行在中央公园开奖，秩序得不到控制，点燃爆竹，烧毁灌木若干⑤；中央公园的播音台于1929年初遭窃贼光顾，留声机等放音设备被盗走⑥。

在民国政府不遗余力地进行国民性改造的前提下，处于民国时期的广州的底层民众的民间信仰并没有被彻底禁绝，仍然广泛流传。因为政府不再主导，社会精英也不再将其与社会统治结合在一起，这些思想就成为真正属于民间的信仰。公共空间也开始分化，在清代的时候，公共空间反映了政府与民间统一的精神功能，具有多功能特征，而到了民国时期，公共空间的功能则被细分了。一部分是继续承载民间信仰的寺庙宗祠，另一部分是在城建思想基础上具有交通功能的道路与具有纪念、教化、休闲多种功能的公园，还有专门为了纪念而营造的烈士纪念陵园等场所。

国民党社会精英努力打破原有的社会价值观，改造城市公共空

① 《中央公园播音台今日开唱党歌》，《广州民国日报》1929年3月16日，第2版。
② 《市厅规定广告场张贴广告办法》，《广州民国日报》1929年1月9日，第2版。
③ 《保护公园》，《广州民国日报》1923年10月23日，第2版。
④ 《保护马路树木》，《广州民国日报》1924年6月10日，第2版。
⑤ 《勿在公园开奖》，《广州民国日报》1924年6月16日，第3版。
⑥ 《中央公园放音台被窃》，《广州民国日报》1929年2月27日，第2版。

间环境。虽然存在诸如时间仓促、对国民革命的认识不够深刻，以及建立新的社会秩序的思想基础不牢固等问题，城市公共空间与社会思想也没有达到很好的相互作用的效果，但是，民国时期广州城市建设所做的努力与尝试也取得了一定的成就，并为今后的社会和城市发展留下了宝贵的经验。

第五节　城市公共空间演进受欧美实践影响

5.5.1　欧美与广州城市公共空间发展的比较

1900 年前后的欧洲城市公共空间建设处于巴洛克时期，一方面，出现了表面为所有人群服务，实际却是供上层阶级使用的宏伟的广场、林荫大道和公园；另一方面，欧洲城市开始丧失中世纪时期的优美街道和广场，出现诸多城市问题。19 世纪中后期，英、美、法各国城市发展齐头并进，城市开始盲目扩张，工厂杂乱无章的分布造成环境污染，生活质量下降。1900 年以后，出现了现代意义上的城市规划，城市公共空间的发展开始呈现新的面貌，公共性得到了加强。1909 年，英国通过了《城市规划法》，并且在利物浦大学设立世界上第一个城市规划系，各种城市规划协会组织也纷纷成立。同年，在美国举行了第一次全国城市规划会议，发表了丹尼尔·伯赫姆（Daniel Burnham）的芝加哥规划，并成立了芝加哥城市规划委员会。在这个时期，城市公共空间中的广场建设失去了 20 世纪以前的动力，现代意义的城市广场还没有得到大的发展，城市公园也延续着 19 世纪的传统。第二次世界大战之前，丰富的城市规划思想与实践对城市公共空间影响的一个重要方面是城市道路的建设。在此笔者仅以伦敦、巴黎和纽约为代表，考察 1759～1949 年，欧美城市道路、公园等公共空间元素的建设实践情况。

实际上，18 世纪后半叶，广州的十三行商馆区已经开始具有国际化的倾向。美国商馆前的美国花园与同时期英国伦敦住宅区间的花园非常相似。19 世纪下半叶，沙面租界的建设更是采用了典型的殖民地风格，方格网状的道路具有国际式的典型特征；20 世纪，民国广州的道路、公园继续接受欧美城市的影响。在此，本书考察欧美同时期城市公共空间要素的情况，并与广州情况相比较，以反观广州城市公共空间建设的国际化趋势。

5.5.1.1 英国居住区广场与十三行商馆区广场

广场在英国并不是公众集会所必需的场所，早期建设的居住区广场都有按照欧洲大陆模式建设的开放式的广场，例如圣詹姆斯广场（St James's Square）和布卢姆斯堡广场（Bloomsbury Square）。可是，后期建设的很多广场内部都是封闭式的花园。建造于1680～1681年的国王广场（King Square，即现在的 Soho Square）是最早带有封闭式花园的广场。18世纪的伦敦，新兴住宅区内的住宅围绕着具有封闭花园的广场（square）布置，形成了一个广场的网络。"到了18世纪90年代，伦敦市的西区已拥有16个这样的广场。"① 所有的广场都是方形的，大部分是正方形的广场，面积比较小的有大约5200余平方米，最大的有大约32000平方米②。这样的广场是附属于居住区房地产开发项目的社区型广场，由开发商兴建，内部的花园用栏杆围合起来，这种封闭的花园开始也只允许周边居住的人使用（见图5-34）。

图5-34 伦敦住宅区的广场花园

资料来源：〔意〕L. 贝纳沃罗：《世界城市史》，薛钟灵、余靖芝、葛明义等译，科学出版社，2000，第362页。

1822年以前，广州十三行商馆区已经形成了用栏杆封闭的广

---

① 〔美〕马克·吉罗德：《城市与人》，郑炘、周琦译，中国建筑工业出版社，2008，第224页。
② 此数据为笔者在 Google Earth 上测量得出。

场，1822年大火以后，栏杆被毁坏，商馆前的广场成为中国人经常聚集的场所，后来又被封闭起来（见图5-35）。1841年大火后，广场内栏杆封闭起来的地方形成了一个小花园，还建起了一座小教堂。虽然没有直接证据表明这种做法受到了伦敦居住区广场花园的影响，但是这个栏杆封闭起来的地方与前者如此相似，不得不说二者有着千丝万缕的联系。

图5-35　十三行商馆区广场花园

注：此画绘制于1839～1940年。

资料来源：《珠江风貌——澳门、广州及香港》，1996，第50页。

民国时期，广州城市建设由于受到原有旧城基础的限制，除了纪念堂前的绿化广场外，并没有建设纯粹的公共广场，但是，在新的城市规划方案中，我们可以见到其新城区的规划路网采用了方格网与放射形道路相结合的方式，并在中心区建设广场，只是由于各方面原因最终并没有在实践中完成。

5.5.1.2　格网式道路系统

18世纪，我们不仅可以在以美国城市为代表的完全新建的城市中看到完整的正交网格形式，也可以看到很多欧洲城市都在局部实现了格网式道路系统。有些欧洲城市控制得较好，新旧城区路网可以很好地结合在一起——例如都灵和阿姆斯特丹；也有些城市整体控制较弱，形成的网格街区大小不一，衔接得并不理想，形成了一种"拼接"状态的城市道路系统，表现出城市发展的阶段性。

美国的城市规划基本上都采取了正交的格网状道路系统。1785年，在托马斯·杰斐逊的推动下，国会决定展开一次全国性的土地测绘，在此基础上形成的"《国家土地条例》（*The National Land Ordinance*）决定了绝大多数美国城市的基础结构为网格。在疆界最终确定之前的大约一个世纪，格网状城市几乎毫无例外地遍布整个大陆"① （见图 5 - 36）。事实上，即使是在 1785 年以前的美洲大陆，格网状的城市也已经很常见了，杰斐逊的做法不过是因势利导而已。1811 年，纽约的规划确定了曼哈顿地区由 11 条较宽的林荫道（avenue）和 155 条较窄的街道（street）形成正交网格状道路。这些道路确定出来的 2000 个街区被进一步分成面积为 25 英尺 × 100 英尺（8 米 × 30 米）的用地单元，窄边面向街道②。林荫道的宽度在 30～45 米不等，街道的宽度约为 18 米。在这样的道路系统中，比较缺少公共开放空间，却不缺乏具有象征意义的实体。美国城市特有的摩天楼与格网状道路相得益彰，用空间实体的手段很好地诠释了发达资本主义的社会现实。

在伦敦城市住宅区的开发过程中，格网式道路镶嵌在伦敦旧城的西面。17 世纪到 18 世纪，在威斯特敏斯特与伦敦城之间，北到摄政花园（Regent's Park）的大面积区域被建设成为一个新的巨大的城区。这个新的住宅区包括了几个开发项目，由不同的商人完成，项目规划方式都采用了新的格网式规划形式，道路垂直相交，但并没有均匀分割。由于政府的控制力不强，不同项目分别以花园和广场为中心布置住宅，其间的道路网格大小不同，相互之间的交接道路没有正交，形成了特别的城市居住区肌理。与旧区低矮老旧建筑自然形成的城市肌理不同，这些新式住宅区的街道笔直宽敞，布局有序，宽度在 15～20 米③。

在广州，格网式道路最初出现在沙面租界，是一个典型的殖民地规划方式。因为便于土地交易，这种方格网状的道路系统在世界各地的殖民地都很常见。在上海、天津和武汉等其他外国在国内的租界，也都采取了这种方格网式道路系统（见图 5 - 37）。根据梁江和孙晖的研究，这种道路系统形成的街区的尺度"与西方网格型殖民城市的街廊尺度相当"④。

① 〔美〕斯皮罗·科斯托夫：《城市的形成——历史进程中的城市模式和城市意义》，邓东译，中国建筑工业出版社，2005，第 121 页。
② 〔美〕斯皮罗·科斯托夫：《城市的形成——历史进程中的城市模式和城市意义》，邓东译，中国建筑工业出版社，2005，第 125 页。
③ 〔美〕马克·吉罗德：《城市与人》，郑炘、周琦译，中国建筑工业出版社，2008，第 227 页。
④ 梁江、孙晖：《模式与动因》，建筑工业出版社，2007，第 32 页。

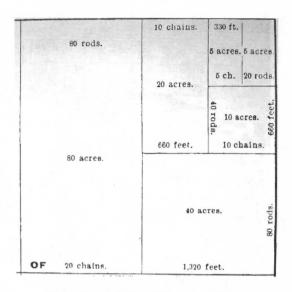

图 5 - 36　美国格网状的土地分配情况

注：图 5 - 36 中的最大网格为 0.25 平方英里，即 0.5 英里 × 0.5 英里（804.67 米 × 804.67 米）。

资料来源：〔意〕L. 贝纳沃罗：《世界城市史》，薛钟灵、余靖芝、葛明义等译，科学出版社，2000，第 256 页。

民国时期，格网式道路出现在新区的规划方案中，虽然在旧城改造中也有过方格网的道路建设计划，但是未见实践。在新区建设的规划中，方格网的道路系统规划屡见不鲜（见图 5 - 38）。

5.5.1.3　林荫道

17 世纪 30 年代以前，欧洲城镇里面几乎没有树木。最初的林荫路作为城市里人们的休闲场所而存在，并不是交通道路。在伦敦和巴黎，林荫路有三种起源，分别是林荫大道（boulevard）、林荫街（avenue）以及铁圈球场地（pall mall），这三种林荫路都是在城市外部出现的休闲活动场所。17 世纪 70 年代，在巴黎圣安托万门到圣丹尼斯门之间的空地上，修建了一道防御墙，墙上种植了 4 排树木，其中有一条供马车行走和人步行的道路。这道防御墙没有发挥防御功能，倒成为巴黎上层人物坐着马车消闲、社交的场所。18 世纪，随着城市的扩张，防御墙被拆除，而植树的林荫大道却被保留下来，许多娱乐场所和咖啡厅在这里诞生（见图 5 - 39）。因为

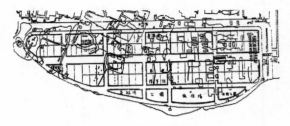

（a）广州沙面英法租界

（b）汉口英租界　　　　　　　　　（c）汉口俄租界

图 5-37　广州沙面与汉口租界的格网状道路

资料来源：梁江、孙晖：《模式与动因》，建筑工业出版社，2007，第 32 页。

林荫大道邻近圣安托万棱堡，于是人们就用棱堡（法语的 Boulevart 意为"棱堡"）来称呼这条大道。这种做法在法国其他城市乃至整个欧洲被推广开来。林荫街开始出现在乡间路，后来乡间路与城市交界，林荫街成为公园里的道路，再后来才开始与城市道路结合使用，17 世纪已经建成的巴黎香榭丽舍大街就是一条具有林荫道式树列的道路。"铁圈球"游戏在夏天进行，游戏需要一个约 365 米长的、两边是成排树木的场地。随着游戏在富有的资产阶级之间流行，为游戏场地所建的林荫路就开始进入城市，18 世纪以后，这种游戏不再流行，这些路就变成了城市林荫道路，两边建起了住宅和公共建筑。巴黎和伦敦都有这样的道路。19 世纪末以后，由于城市的发展，这三种林荫路都成为城市里两旁或中间植树的道路，功能也不仅仅是休闲娱乐，而是成为具有交通功能的主要道路。

　　对于伦敦来说，行道树是住宅区特有的东西，城市中心的街道上没有树木。直到 20 世纪初，伦敦除了泰晤士河滨大道之外几乎没有其他种树的街道。总之，无论什么形式的林荫路，开始都是为

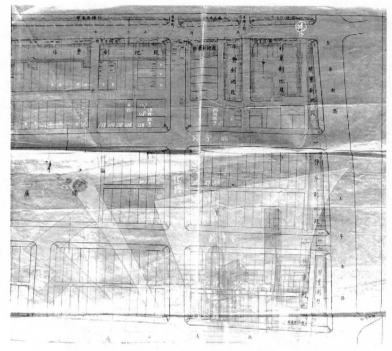

图 5 - 38　抗战之后的西堤重建规划图纸
资料来源：广州市档案馆。

皇家或富有的资产阶级上层人士活动、社交、娱乐提供场所，随后才成为城市主要交通道路的形式。在巴黎，随着豪斯曼对巴黎的改造，林荫路在城市内进一步扩张，包括向东延伸到围绕星形广场的里沃利大街和剧院大街。这些大大小小的呈网状分布的林荫道，成为巴黎人的主要道路。在不足 15 米宽的道路上，或者在人行道不足 3 米宽的任何宽度的街道上，巴黎是不种树的；在较宽的林荫大道上，树木则分两排或多排种植（见图 5 - 40）。

在美国，一种林荫路（Avenue）是以交通为主的街道，因此通常这样的道路宽而直，没有更多的细部设计，道路中间设有一条绿化带，有时两旁也种植着行道树。采用这种街道的代表城市是华盛顿和纽约，1790 年，美国人将华盛顿的规划设计交给了法国人朗方，在综合了欧洲很多城市的规划方案以后，朗方提交了一个方格网加对角线道路的总平面图，其中的对角线道路就是林荫街的形

图 5 - 39　圣安托万门附近的林荫大道

资料来源：〔美〕斯皮罗·科斯托夫：《城市的形成——历史进程中的
城市模式和城市意义》，邓东译，中国建筑工业出版社，2005，第 250 页。

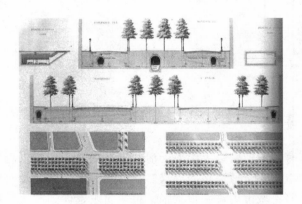

图 5 - 40　豪斯曼改造后的巴黎林荫道平、剖面

资料来源：〔美〕斯皮罗·科斯托夫：《城市的组合——历史进程中的
城市形态元素》，邓东译，中国建筑工业出版社，2008，第 228 页。

式。在朗方的设计中，这些对角线路上种植了两排树木，给车道边
的人行道提供了树荫。这种方法来源于巴黎的林荫道设计，但是华
盛顿的林荫道更宽，最宽的有 48 米 。在 1811 年纽约的规划方案
中，偏南北向的城市道路被设计成长长的、宽阔的 11 条林荫路
（avenue），最窄的约 30 米，最宽的约 45 米，偏东西的道路向被设
计成较窄的街道（street）。

　　因为中国文化自古强调与自然关系的和谐，因此广州旧城内原

有的道路并不缺乏树木。外国人对广州古城的叙述中的"大部分房屋门前栽有树木""整个街道好像一个花园""树木成行，棵棵相望"等内容①充分表明，自明清以来，城中道路就是某种意义上的林荫路。清末时候的沙面租界以宽阔的林荫路作为主要的中央花园组织街块，是广州市出现得最早的现代意义上的林荫路，为广州市的建设做出了榜样。民国以后，旧城内很多道路被扩建为骑楼街，路边植树反而不多，只在沿江的长堤等道路上植树。1925 年建成的白云路就是一条林荫大道，宽 45 米，是当时最宽的模范路（见图 5 - 41）。后来，程天固提出在某些道路两旁以植树为主，不准建设骑楼街，林荫路也逐渐受到重视。道路的植树情况前文有所叙述，此处不再赘述。

图 5 - 41　1924 年的广州白云路
注：白云路是林荫路，是不准修建骑楼的马路之一。
资料来源：华声论坛，http：//bbs. voc. com. cn。

5. 5. 1. 4　现代道路

20 世纪以后，世界城市发展进入了一个新的时期，为了解决工业革命以来城市化飞速发展带来的居住环境恶化等城市问题，各个国家不约而同地对城市发展进行控制，现代意义上的城市规划开始出现。对广州近代城市公共空间建设产生影响的思想主要有田园城市思想和柯布西耶的功能理性主义规划思想等。

埃比尼泽·霍华德在 1898 年出版《明天：一条通向真正改革

---

①　吴清：《十六至十八世纪欧洲人笔下的广州》，硕士学位论文，暨南大学文学院，2005，第 40～43 页。

的和平之路》（*Tomorrow: A Peaceful Path to Real Reform*）一书，并在 1902 年将此书改名为《明日的田园城市》（*Garden Cities of To-morrow*）再版。作为一名社会改革家，霍华德倡导一种经济与社会的新秩序，倡导一个全新的社会，并设想用一定的城乡结合的空间结构真正实现这个理想。在他提出花园城市的思想以后，他的追随者雷蒙德·昂温和巴里·帕克试图在城市郊区的住宅规划实践中实现他的社会改革理想，代表作就是 1905~1909 年规划设计的汉普斯特德田园式城郊（Hampstead Garden Suburb）居住区。在这个城郊住宅区中，通过诸多不同的单元类型和尺寸，极力强调不同阶层的统一，其中的街道和庭院公共空间以步行为主，也为不同人群共享提供了条件。相对以前只有富人才能住得起的别墅区，这里提供了一个全新的城郊住宅区模式。规划中将林荫道引入城郊居住区规划，成为以后类似设计的一个典范（见图 5-42）。美国建筑师 C.佩里也受到田园城市思想的影响，结合美国城市规划的实践，提出"邻里单位"的概念，并将其作为构成居住区乃至整个城市的细胞。1933 年，与佩里有密切合作关系的美国建筑师 C.斯坦恩设计的雷德朋（Radburn）新镇大街坊采用人车分离系统创造了积极的邻里交往空间。这种做法被称为"雷德朋体系"，并被应用到郊区化过程中的居住区建设。

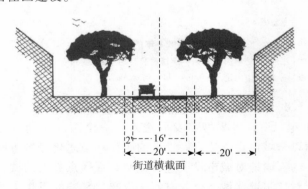

街道横截面

图 5-42　汉普斯特德居住区林荫路剖面

资料来源：〔美〕迈克尔·索斯沃斯、伊万·本-约瑟夫：《街道与城镇的形成》，李凌虹译，中国建筑工业出版社，2006，第 50 页。

孙科最早对田园城市的研究与实践有所了解，并提出建设观音山（越秀山）模范住宅区。1927 年，在后任市长林云陔的主持下，

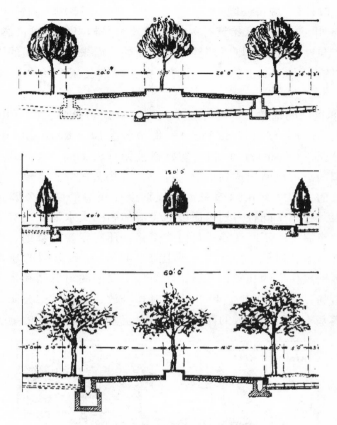

图 5 - 43 广州民国模范住宅区道路剖面

资料来源：广州市工务局季刊编辑处：《工务季刊》，1929，第 288～290 页。

以"田园城市"为参照的原型，广州市政府决定在东郊修建"模范住宅区"，拟在广州市东郊的马棚岗、竹丝岗以及毗连的东沙马路、百子路一带兴建①。1928 年 3 月，《筹建广州市模范住宅区章程》发布，标志着这一运动的正式开始。该章程中所规定的选址、道路（见图 5 - 43）、花园以及公共设施的建设，都可以看出田园城市理论与实践的影响。

---

① 彭长歆、蔡凌：《广州近代"田园城市"思想源流》，《城市发展研究》2008 年第 1 期，第 16～19 页。

5.5.1.5　城市公园

18世纪，英国开始流行风景式造园，园林内部崇尚自然风格，形成了与欧洲大陆规则式园林不同的面貌，后来也对法国的园林产生了影响。由于城市休闲生活的需要，城市公园开始在欧美各国兴起。

18世纪的伦敦，市内有五个公园，分别是摄政公园（Regent's Park）、海德公园（Hyde Park）、肯辛顿公园（Kensington Park）、格林公园（Green Park）和圣詹姆斯公园（St James's Park）。这五个公园的总占地面积达到1200英亩[①]。五个公园的建造风格完全是风景式的，1811年由约翰·纳什规划设计建造的摄政公园是其中的代表。公园中既有为划船而设的美丽如画的大水池，也有沿弯弯曲曲池岸展开、不断变换的自由式道路，还有宽阔的草地，园中林木郁郁葱葱，风景十分优美（见图5－44）。摄政公园的建设离不开高级别墅住宅的开发，开始是作为住宅周围的附属品和福利设施而建造的，直到19世纪40年代才对外开放，成为城市公园。这五个公园基本上位于伦敦的西区，都是上层阶级人士居住的地方，因

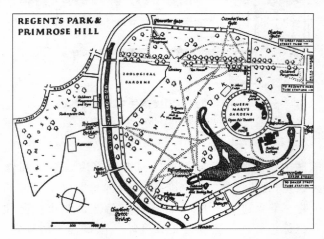

图5－44　伦敦摄政公园平面

资料来源：〔日〕针之谷钟吉：《西方造园变迁史——从伊甸园到天然公园》，邹洪灿译，中国建筑工业出版社，2007，第312页。

---

① 〔日〕针之谷钟吉：《西方造园变迁史——从伊甸园到天然公园》，邹洪灿译，中国建筑工业出版社，2007，第315页。

此，这里的公园面对的也是这些人，严格来说，这五个公园还不算是公共公园。不过，"到了 19 世纪 60 年代，伦敦大多数地区和北部的工业城镇都拥有了公共公园"①。这种借助住宅区建设实现公园营造的方法，在广州也不乏实例。越秀山公园的营建就是其中之一。通过售卖住宅区土地，获得资金，开发越秀山公园，既可以为高档住宅区创造良好的环境，也可以为整个城市增添新的活动空间。

19 世纪，巴黎的公园建设受到伦敦的影响，开始建设为全体市民服务的公园，在平面构图中采用自由形状，弯曲的道路与水面形成风景式园林。在豪斯曼的规划中就已经有布洛尼森林公园和文赛娜森林公园，后来又建设了蒙梭（Monceau）公园、巴特斯·肖蒙（Buttes-Chaumont）公园和蒙苏里斯（Montsouris）公园（见图 5-45），以及 24 个小型公共花园。

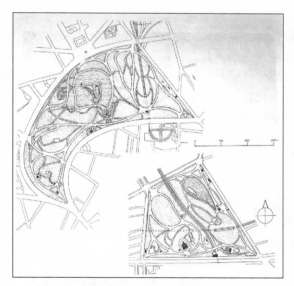

图 5-45　巴黎的公园平面

资料来源：〔意〕L. 贝纳沃罗：《世界城市史》，薛钟灵、余靖芝、葛明义等译，科学出版社，2000，第 863 页。

奥姆斯塔德设计的一系列公园是美国城市公园的代表，本书以

---

① 〔美〕斯皮罗·科斯托夫：《城市的组合——历史进程中的城市形态元素》，邓东译，中国建筑工业出版社，2008，第 170 页。

中央公园为例进行介绍。1858 年，奥姆斯塔德在纽约中央公园的设计竞赛中获胜，在这个长近 3220 米、宽近 805 米的巨大空间中，公园以优美的自然景色为特征，园内车行道路与人行道路分离，四周用乔木绿带隔离视线和噪声，使公园成为相对安静的环境。公园整体采用自然式布局，园中保留了不少原有的地貌和植被，林木繁盛。公园"曾提供不同的社会阶层相互接触、沟通的场所。试图消除阶层差异，……结果通常只吸引了富人前来"①。1858 年以后的十年间，由于纽约中央公园的示范作用，美国的主要城市无一例外地拥有了或计划拥有一个风景式的城市公园，这些公园基本是由奥姆斯塔德和他的助手设计的。

建设园林在我国自古就有传统，只是公共园林在历史上却没有私家园林常见。民国时期，广州的城市建设者注重城市公园这一新型公共空间在促进公共交往与美化环境方面的作用，积极建设各种形式的城市公园。在选址上，有位于市内的、江边的、郊区的；在功能上，有纪念性的、观赏性的、游玩的。西方造园的自然式风格来源于中国的传统园林，但对于中国人来说，西方的几何构图式园林是新鲜的事物。在广州的城市公园中，中央公园采用西方园林的样式，而净慧公园等则回归了中国传统的自然园林风格，其余的公园也各有特点（见图 5-46）。

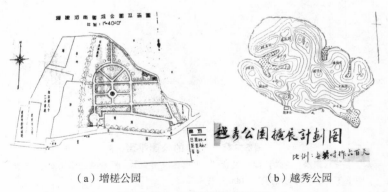

（a）增槎公园　　　　　　　　　（b）越秀公园

图 5-46　广州民国公园平面
资料来源：广州市档案馆。

---

① 马航：《十九世纪的美国城市公共空间》，《规划师》2004 年第 10 期，第 100~102 页。

5.5.1.6 旧城改建

在同时代，除了因为工业革命而新兴的大城市，其余的欧洲城市都在中世纪的老城区基础上发展起来，城市的扩张不仅意味着建设新区，也表现为改造旧区。伦敦城市充分体现了多样性，具有旧城改造进行得并不彻底和城市面貌改变渐次进行的特点。笔者下文以摄政大街（Regent Street）为例进行介绍。19世纪初，摄政大街的建设"是作为能在欧洲拥挤的城市中心成功穿行的第一个主干道的例子"[①]。摄政大街由约翰·纳什规划设计，纳什花了很大心思选择了一条路线，经过地价相对便宜的地区，避免为拆迁制造过多的人为障碍，建设所需的大部分启动资金是向皇家交易保险公司和英格兰银行贷款得来。为了降低成本，以及不触动当时一些强权人物的财产利益，街道多次弯折迂回，宽度不一，最宽处接近40米，较窄处约25米，连接了北面的摄政公园和南面的圣詹姆斯公园，沿街建筑有住宅、商店、银行、办公楼和夜总会等，创造了新的城市景观（见图5-47）。

19世纪中期的法国，国内的工业革命已经有所成就，巴黎也成为全国的铁路枢纽和制造业、金融业中心。此时的拿破仑三世任命豪斯曼为塞纳区新的行政长官，开始对巴黎进行全面建设。豪斯曼运用市场经济手段进行建设，改建工程款项一方面来源于银行贷款，另一方面来源于发行国库券，所有这些都来源于巴黎城市管理更强大的集权方式。在1853年以后的17年间，豪斯曼主持建设了林荫大道、广场、重要公共建筑、公园等项目，改变了巴黎的城市空间结构，将巴洛克的城市空间风格演绎到了极致。虽然在城市的大部分区域还是狭窄的街道和拥挤的人群，可是在这些公共空间里，人们见到的却是笔直宽阔的道路，给人以宽敞壮丽的空间和超前现代的感受。整个工程在市中心开辟了95公里道路，拆毁了49公里旧路，在市区外围新开拓70公里道路，并拆毁了5公里旧路[②]（见图5-48）。豪斯曼大拆大建的旧城改建方式是在政府对社会控制力强、市场经济有所发展的背景下进行的，也许只有在当时的法

[①] 〔美〕马克·吉罗德：《城市与人》，郑炘、周琦译，中国建筑工业出版社，2008，第271页。

[②] 沈玉麟：《外国城市建设史》，中国建筑工业出版社，2002，第104页。

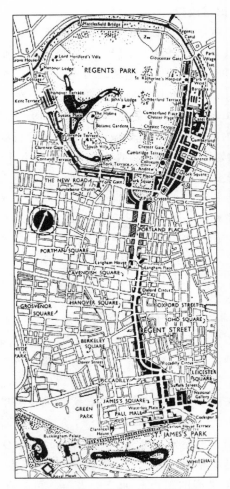

图 5 - 47　摄政大街平面

资料来源：〔意〕L. 贝纳沃罗：《世界城市史》，薛钟灵、余靖芝、葛明义
等译，科学出版社，2000，第 789 页。

国才能够实现这样的方式。

　　广州的城市公共空间建设主要集中在旧城进行，也可以说是进
行旧城改建。因为改建的主要工作在于拓宽原有街道，并没有建设
全新的街道体系，而且没有强烈的权力意志以及促使规划实施的法
律、经济手段，所以这些建设工作虽然在局部改变了街道空间的肌
理（见图 5 - 49），但是改变局限在小范围内，不可能完成豪斯曼

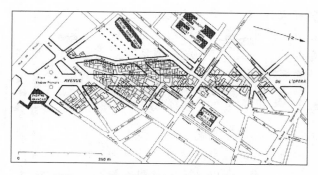

图 5 - 48 豪斯曼改造下的巴黎街道平面

注：图中 5 - 48 可见改建道路对旧城肌理的影响。

资料来源：〔意〕L. 贝纳沃罗：《世界城市史》，薛钟灵、余靖芝、葛明义等译，科学出版社，2000，第 789 页。

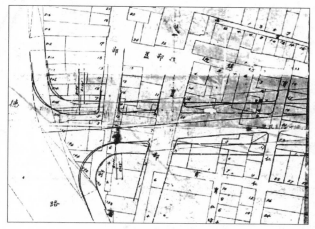

图 5 - 49 民国广州旧城改建中的道路平面图纸

资料来源：广州市档案馆，1932 年 10 月 18 日，卷号：581。

风格的大规模改建。总体来说，广州的城市公共空间建设采取了更类似于英国式的建设方式，在原有基础上协调矛盾，不断进行扩建。而且，由于资本市场发育不完全，无法采用银行贷款等方式筹集资金，只能采用向周边铺户集资的办法完成道路建设。在扩建过程中，不免受到各种阻力，程天固在回忆录里也感叹市政建设的不易。旧城中维新路的建设就是一个很好的实例，因为维新路是一条新开辟的街道，在街道路线上，虽然以原有衙门的空地为主，但是也有很多私人建筑。在街道建设过程中，因为需要协调各种矛盾，所以建成后的维新路弯弯曲曲（见图5-50），倒是有点类似伦敦的摄政大街。

5.5.2 专业人才的欧美背景

民国初期，受历史影响，国内根本没有受过专业教育且能够担任城市建设管理和技术工作的人才。所以，民国时期参与广州城市公共空间建设的主要人才基本是在欧美受过高等教育的社会精英，主要代表人物有孙科、程天固等。孙科大学就读于美国加州大学柏克莱分校，获文学学士学位，随后在哥伦比亚大学获硕士学位。他是广州市首任市长，并在1923年、1926年再任市长，是近代史上为中国城市建设现代化做出很多贡献的人物，曾著有《都市规划论》，探讨市政的现代化。林云陔在美国纽约舍利乔斯大学学习法律政治，获硕士学位，也曾在1923年、1927年、1928年3次担任市长。程天固于1911年赴美国留学，在加州大学政治经济院学习，毕业后入研究院，一年后获硕士学位，他曾担任过两任工务局局长，并在

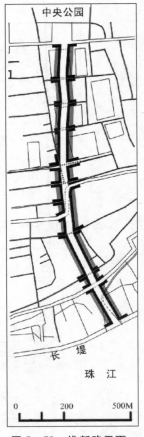

图5-50 维新路平面
资料来源：笔者自绘。

1931年担任市长，程天固以积极的态度进行市政建设，开辟道路、公园等公共空间，借鉴美国城市建设的经验，解决财政问题，系统地提出城市建设的全面规划方案，为广州城市公共空间的建设做出了突出的贡献。程天斗于1891年赴美国檀香山半工半读，后考入芝加哥大学，获经济学学士学位，辛亥革命后，程天斗即负责广州的规划建设，时任广东都督府工务司司长，是当时主张拆除城墙、建设道路的重要人物。民国时期著名建筑师杨锡宗在美国康奈尔大学攻读五年建筑学，毕业后回国。他多次在设计竞赛中获奖，负责黄花岗七十二烈士墓、十九路军烈士陵园等工程项目的设计工作，

并曾经在工务局任职。另一位民国时期著名建筑设计师吕彦直在1913～1918年由北京市政府派赴美国康奈尔大学攻读建筑学专业，回国后在广州设计的作品有中山纪念堂、纪念碑。著名建筑设计师林克明于1926年毕业于法国里昂建筑工程学院，设计了广州市府合署以及其他很多重要建筑（见图5-51）。

（a）孙科　　　（b）程天固　　　（c）杨锡宗　　　（d）吕彦直

图5-51　民国时期广州著名人物

资料来源：http://www.photo.blog.sina.com.cn。

不仅如此，在工务局里任职的课长基本也有在欧美接受教育的背景。例如，1930年的《工务季刊》记载，在时任工务局课长的4个人中，有1位毕业于美国的大学，2位毕业于法国的大学。此外，广州市政当局也延请美国专家进行城市规划设计。其中，除了孙科在1926年曾经聘请茂飞做规划设计以外，1931年的《新广州》记载程天固也曾聘请美国人做设计。因为聘请国外专家常驻做设计经费过高，所以程天固先请美国专家克兰（Jacob L. Crane）来广州做调研，再回国做设计，并且"该氏第一次设计报告书亦经订就寄到，一俟审查完竣，即可分别采用矣"①。虽然在后来的民国文献中并未发现这个方案的踪迹，不过笔者相信这会对1932年的城市设计草案产生影响。

这些在欧美受过高等教育的人才虽然是中国人，但是因为没有传统文化教育背景，也就摆脱了传统思想的束缚，所以他们对待事物的态度已经完全西方化了。回国后，由于没有先例可循，他们便将在国外所学所见运用到广州的城市公共空间设计建设中，既考虑了广州的地方特点，也使广州的公共空间具有欧美的特征，这在广

---

① 程天固：《二十年度之广州市政实施大纲》，《新广州》1931年第1期，第6页。

州城市公共空间的建设史上具有开创性的意义。

不仅如此，一些市政建设的专门人才还以高涨的热情，积极介绍欧美城市规划建设的新发展，并为广州的城市建设出谋划策。表5－10 汇总了民国时期发表的城市建设文章。

表 5－10　民国时期发表的城市建设文章汇总

文章标题	作者	发表刊物
广州城市计划之要点	潘绍宪	1930 年《工务季刊》
广州市两个重要的城市设计问题	张肇良	1930 年《工务季刊》
广州市渠道改善之我见	司徒彼得	1930 年《工务季刊》
工人居住问题	雷瀚	1930 年《工务季刊》
中国古代商业之发展与都市之演进	陈殿杰	《新广州》1931 年第 2 期
广州市分区制之研究	陈殿杰	《新广州》1931 年第 3 期
训政时期建设计划之商榷	程天固	《新广州》1931 年第 4 期
今后广州市建设之鹄的	徐家锡	《新广州》1932 年第 5 期
都市之演进	William B. Munro 指南译	《新广州》1932 年第 5 期
城市设计与地方自治	陈殿杰	《新广州》1932 年第 6 期
巴尔迪摩采用之都市公益新计划	不详	《市政公报》1923 年第 69 期
道路之设备与都市之建筑	吴君静	《市政公报》1923 年第 71 期
新都市与旧都市	约翰诺伦著 天倪译	《市政公报》1928 年第 270 期
如何达到都市计划成功的路	不详	《市政公报》1925 年第 163 期
欧美都市设计之新倾向	丁明	《市政公报》1931 年第 380 期
都市设计与新广州市之建设	徐家锡	《市政公报》1931 年第 384 期
都市的设计问题 房屋高度的限制 怎样使广州艺术化	编者	《市政公报》1927 年第 256 期

在这些文章内容中，不乏当时世界上比较先进的城市规划思想，例如霍华德的花园城市理论。当然，这些文章多数是从城市公

共空间建设实践出发，以期能够对广州有所启发。他们打开了广州城市公共空间与欧美城市之间的联系，使广州愈加向全球化城市发展。

第六节 本章小结

本章主要对广州城市公共空间发展情况做了一个动态的考察。

对城市公共空间演进进行研究，目的是通过演进的变化，寻找一些城市公共空间发展的规律。虽然城市公共空间的变化过程应该并不能够由某种数学模型或者理论推导得出，但是，前人的经验仍有很多地方可以借鉴。关于历史城市的发展有两种情况并不可取，一种是抱着除旧布新的态度，建设性地破坏所有历史环境；另一种是唯历史独尊，在没有深入了解城市环境历史事实的情况下，想当然地认为重回历史环境就是万般美好。所以，深入考察城市环境变化的来龙去脉也就成为发展城市公共空间必需的态度。

根据以上关于演进过程的论述，笔者认为在清代广州城的城市公共空间结构中，内部要素具有普遍联系的复合关系，或者说，城市公共空间具有"多功能使用"的特性，而民国时期的广州城市公共空间的结构关系是一种并列关系。在清代的广州城域范围内，在日常生活中，人们在身边的同一个场所可以体验到自然、纪念性、经济发展等多重意义，城市公共空间场所的统合意义明显。在民国的城市中，自然环境变化较大，城市公共空间的各种功能开始分化，不同场所具有不同的意义，有休闲的、纪念的、经济的，各种场所分列。虽然这种分列并不彻底，但是已经具有了相当明显的发展趋势。

广州城从清末就已经开始了全球化的历程。民国以后，在受过欧美教育的专业人才的努力下，结合本地实践，以欧美城市公共空间要素为蓝本，广州的城市公共空间开始出现较大的变化，进一步融入全球化的历史浪潮。虽然如此，很多建设仍然具有本土地域的风格，其形成的空间形态值得我们去保留和思考。

结　论

本书研究了特定历史条件下的广州城市公共空间形态及其演进，努力呈现了广州城市公共空间曾经有过的一段历史形态，并通过一定的研究方法认识其形态的动态演变过程。从本书中可以得出以下结论。

第一，清代中后期的广州城市公共空间形态架构以街道网络为主，虽然有些街道局部扩大形成空地，但其并不是西方意义上的公共广场。网络状的街巷公共空间穿插在广州城内外大量低矮密集的建筑中，其中点缀着较多的重要建筑。与大量性的住宅相比，这些重要建筑在体量以及与公共空间的关系上虽然有所不同，但是，它们的重要性并不是依靠凸显，而是借助它们的地理位置、政治功能和纪念作用等。这些建筑散布在公共空间整体结构中，从而使公共空间网络形态的中心性弱化。街道网络的实体界面几乎都是一层高的实墙，连续而略显单调。一般住宅的天井、院落式住宅的庭院、祠堂寺庙的内院却经常充满活动，成为某种意义上的公共空间。

第二，民国时期的广州城市公共空间发展迅速，受西方观念影响深刻，旧城改造颇有成效，城市公共空间形态架构中的新式公共空间与原密集街巷共存。20世纪20年代到30年代初是广州城市公共空间建设的高潮期，通过拓宽道路、开辟林荫路、建设现代公园和纪念场所等开敞空间，广州公共空间架构开始呈现西方现代城市的特征。市中心区域出现了大面积的纪念场所、公园等开敞空间，沿珠江也形成了新的边沿，原来密集的公共空间网络更加开放，中心性也得到了加强。但是，由于旧城现状的限制，此时期的广州城市公共空间也具有自身特色。一方面，拓宽后的道路网络与原状紧密联系，形态结构未有大的变动；另一方面，大量的内部街巷并没有改观，狭窄的尽端巷仍然遍布街区内部。

　　第三，民国时期的骑楼建筑是城市公共空间的重要界面，它的出现有多方面的原因。一是广州在接受外国文化的前沿，骑楼建筑受到了西方、东南亚建筑形式的影响。二是在清末时候的广州商业建筑街头，已经出现了二层挑出的建筑形式，这是骑楼形态形成的本土因素。另外，骑楼建筑可以减少道路拓宽中政府因征地而进行的财政补偿，这也是骑楼得以被政府大力提倡建设的经济因素。同时，骑楼建筑也适应广州地处岭南的气候条件，体现商贸城市对大量商住建筑的需求。这些都使得骑楼在广州全面展开建设，成为旧城改建、拓宽道路的重要手段，是民国时期广州城市公共空间的重要特色，并影响了岭南很多城市。

　　第四，从清代中后期至民国时期，广州城市自然环境变化较大，逐渐失去山水特征。广州自古就是山水城市，城内六脉渠纵横，气脉通畅。虽然在明代，六脉渠的自然补水减少，不断淤塞，但是在清代，整个城市还没失去岭南水乡的特色。在城市公共空间系统中，山水、桥梁和舟楫形成了与众不同的景观，很多公共活动也在这些山水之间展开。在清代中后期，城市中的自然山水，包括越秀山、珠江和城内外的濠渠，仍然是城市公共空间系统重要的组成部分。民国后期，珠江更窄，六脉渠和城濠淤塞，公共空间中的自然山水越来越少，广州逐渐成为陆上城市。以往的自然景观以及与之相关的人文景观逐渐成为记忆。

　　第五，从清代中后期至民国时期，广州城市公共空间所体现的内涵意义随着社会价值观的变化而变化。广州在历史上是以商贸著称的城市，清代中后期的广州市民生活丰富多样，表现出较强的世俗性。但是，在这样的公共空间结构中，数量繁多的茶楼、商铺四周分布着牌坊、庙宇、祠堂等建筑，体现了公共空间的纪念性，为个人的精神寄托、家庭和社会的和谐稳定提供了空间层面的深层意义。民国时期的广州适应了社会价值观和社会生活的转换，建设了大量的公园和纪念场所等公共开敞空间，其中面积最大的公共空间是中山纪念堂及纪念广场，也体现了社会转型期的公共空间所具有的意义。不同时期的城市公共空间所体现的深层意义与社会价值观相契合，构成促进空间与人的行为良好互动的重要因素。

　　第六，从清代中后期至民国时期，广州城市公共空间形态的演进表现为渐进的连续过程，并没有发生暴风骤雨似的突变，城市公共空间架构演进的历史延续性清晰。在这个演进过程中，城市公共空间结构呈现拼贴特征，各部分形态区域在密度、尺度等方面有较大不同，形态的拼贴关系以紧邻和相近为主，形成与国内其他大城市不同的特色。

广州城市公共空间的形态与演进并不是一个简单的个案。作为封建社会地域中心城市、清代曾经唯一的外贸口岸、民国时期的模范市，在清代中后期到民国时期处于社会转型期的广州城市公共空间形态及其演进也体现了我国城市公共空间发展的一般情况，具有一定的代表性意义。笔者认为在本书基础上，一方面可以结合对同一时期国内其他城市公共空间形态及其演进的研究，深入认识我国城市形态及其演进的规律；另一方面也可以此实例带动学者对城市公共空间形态学的进一步研究。本书抛砖引玉，希望能够引发其他学者更深层次的思考。

参考文献

古籍方志：

（清）郝玉麟：《广东通志》。

（清）梁廷枏：《粤海关志》，广东人民出版社，2014。

（清）仇巨川：《羊城古钞》，广东人民出版社，1993。

（清）崔弼：《白云越秀二山合志》，古籍出版社，1849。

广州市地方志编纂委员会：《广州市志》，广州出版社，1995。

番禺市地方志编纂委员会办公室：《清同治十年番禺县志》，广东人民出版社，1998。

（清）黄佛颐：《广州城坊志》，广东人民出版社，1994。

（清）长善等：《驻粤八旗志》，辽宁大学出版社，1992。

（清）屈大均：《广东新语》，中华书局，1985。

（清）《南海百咏续编》，载张智主编《中国风土志丛刊（62）》，广陵书社，2003。

（清）康熙：《广州府志》。

（清）阮元：《广东通志》。

（清）郑梦玉等：《南海县志》。

民国文献：

广州市工务局：《清理全市濠涌之计划》，《市政公报》1930年第355期。

广州市工务局：《整理东濠计划等》，《市政公报》1933年第427期。

广州市工务局：《工务局增开黄花岗马路近况》，《市政公报》

1933 年第 422 期。

　　广州市市政厅：《黄花岗游览规则》，《市政公报》1931 年第 376 期。

　　广州市市政厅：《太平仓边一德等路涂扫腊青》，《市政公报》1928 年第 342 期。

　　广州市工务局：《广州市工务局建筑六月廿三路（即沙基路）章程》，《市政公报》1926 年第 215 期。

　　广州市工务局：《呈省长据工务局呈第一公园围墙不便拆卸请令尊由》，《市政公报》1922 年第 1 期。

　　广州市工务局：《中央公园兽室已建成》，《市政公报》1928 年第 581 期。

　　广州市市政厅：《拟定开辟观音山公园及住宅区详细办法》，《市政公报》1923 年第 11 期。

　　广州市工务局：《积极兴筑镇海花园》，《市政公报》1929 年第 340 期。

　　广州市工务局：《工务局整理中山公园》，《市政公报》1932 年第 407 期。

　　广州市工务局：《动物公园内容之布置》，《市政公报》1932 年第 6 期。

　　广州市工务局：《工务局变更改建旧英领署公园工程》，《市政公报》1932 年第 405 期。

　　广州市工务局：《广州市工务局一年来之进行状况》，《市政公报》1927 年第 244 期。

　　广州市工务局：《工务局栽植各公园花木之统计》，《市政公报》1928 年第 297 期。

　　广州市市政厅：《河南尾建筑平民村之计划》，《市政公报》1929 年第 336 期。

　　广州市市政厅：《刘市长在联合纪念周中之市政报告》，《市政公报》1936 年第 526 期。

　　广州市市政厅：《本市新建改建房屋之统计》，《市政公报》1930 年第 372 期、1936 年第 542 期。

　　广州市市政厅：《修正取缔建筑章程》，《市政公报》1930 年第 367 期。

广州市市政厅:《训令教育局请拨玄妙观余地辟做儿童游乐园应准照拨由》,《市政公报》1931 年第 9 期。

广州市市政厅:《市长提议拟整理濠畔街等二十二处内街意见案》,《市政公报》1934 年第 464 期。

程天固:《确定全市马路线意见书》,《市政公报》1929 年第 341 期。

广州市市政厅:《广州市暂行缩宽街道规则》,《市政公报》1921 年第 11 期。

广州市市政厅:《房屋高度的限制》,《市政公报》1927 年第 256 期。

广州市市政厅:《修正取缔建筑章程》,《市政公报》1930 年第 367 期。

广州市市政厅:《房屋高度的限制》,《市政公报》1927 年第 256 期。

广州市工务局:《兴筑杨巷各马路之详细办法》,《市政公报》1928 年第 284 期。

厚庵:《工务局最近工程面面观》,《市政公报》1929 年第 341 期。

广州市工务局:《广州市工务局一年来之进行状况》,《市政公报》1927 年第 244 期。

《公园及娱乐场所》(1933 年 3 月 8 日),广州市档案馆,案卷号:2043。

《为提议继续分期开辟市郊各公园》(1937 年 4 月 10 日),广州市档案馆,卷号:134。

《广州市园林概况》(1946 年 6 月 20 日),广州市档案馆,案卷号:2117。

《为呈报计划小公园位置图表请查核备案》(1937 年 10 月 18 日),广州市档案馆,案卷号:123。

《广州市体育场所一览表》(1946 年 2 月 2 日),广州市档案馆,卷号:102。

《广州市工务局提议白云等路不准建筑骑楼意见书》(1929 年 6 月 15 日),广州市档案馆,案卷号:6。

《市府合署奠基礼详情》,《新广州》1931 年第 3 期。

程天固：《二十年度之广州市政实施大纲》，《新广州》1931年第1期。

徐家锡：《最近实施中之新广州市建设计划》，《新广州》1932年第6期。

程天固：《训政时期建设计划之商榷》，《新广州》1931年第4期。

陈殿杰：《城市设计与地方自治》，《新广州》1932年第6期。

方规：《广州市政总述评》，《新广州》1931年第2期。

《清理广州市沟渠计划》，《工务季刊》1929年第1期。

潘绍宪：《广州城市计划之要点》，《工务季刊》1929年第1期。

何国华：《商业年鉴》，广州市商会商业年鉴出版委员会，1946。

广州市市政厅：《广东省现行单行法令》，1921。

程天固：《广州工务之实施计划》，广州市工务局，1929。

《广州市工务报告》，1933。

广州市西堤土地重划区建筑规定原则：《新广州建设概览》，1946。

《广州年鉴》卷三，1935。

黄炎培：《一岁之广州市》，1912。

李宗黄：《模范之广州市》（第3版），1929。

广州市政府：《广州指南》，1934。

《各界公祭黄花岗盛纪》，《广州民国日报》1925年3月31日。

《劳动大会致祭先烈》，《广州民国日报》1925年5月16日。

《今日公祭黄花岗七十二烈士》，《广州民国日报》1929年3月29日。

《市面之形势》，《广州民国日报》1924年8月28日。

《维新路两旁铺户不准建筑骑楼》，《广州民国日报》1929年2月21日。

《公园火警》，《广州民国日报》1923年10月22日。

《公园未便长借》，《民国日报》1924年5月13日。

《昨日市民大会之详情》，《广州民国日报》1924年8月25日。

《九七国耻纪念活动》，《广州民国日报》1924年9月6日。

《我旅粤同志昨假第一公园开会追悼》，《广州民国日报》1925

年 3 月 24 日。

《十龄女童在公园卖字》，《广州民国日报》1929 年 3 月 2 日。

《平南王故宫将开放做公园》，《广州民国日报》1929 年 3 月 22 日。

《市厅保留海珠公园》，《广州民国日报》1929 年 2 月 21 日。

《增加建筑》，《广州民国日报》1924 年 1 月 10 日。

《儿童游乐园重新整理》，《广州民国日报》1929 年 1 月 9 日。

《游乐园讯》，《广州民国日报》1923 年 9 月 28 日。

《玩乐园讯》，《广州民国日报》1923 年 10 月 13 日。

《保护园游》，《广州民国日报》1923 年 9 月 25 日。

《空前未有之孙中山先生追悼大会》，《广州民国日报》1925 年 4 月 16 日。

《明日举行免乞讨运动大会》，《广州民国日报》1929 年 1 月 21 日。

《市厅对于官市产之意见》，《广州民国日报》1925 年 8 月 29 日。

《建设中山纪念堂》，《广州民国日报》1925 年 3 月 31 日。

《勘拆小北城楼》，《民国日报》1924 年 5 月 13 日。

《中央公园播音台今日开唱党歌》，《广州民国日报》1929 年 3 月 16 日。

《市厅规定广告场张贴广告办法》，《广州民国日报》1929 年 1 月 9 日。

《保护公园》，《广州民国日报》1923 年 10 月 23 日。

《保护马路树木》，《广州民国日报》1924 年 6 月 10 日。

《勿在公园开奖》，《广州民国日报》1924 年 6 月 16 日。

《中央公园放音台被窃》，《广州民国日报》1929 年 2 月 27 日。

学术著作：

杨万秀、钟卓安：《广州简史》，广东人民出版社，1996。

广州近代史博物馆：《近代广州》，中华书局，2003。

徐中约：《中国近代史》（第六版），世界图书出版公司北京公司，2008。

陈代光：《广州城市发展史》，暨南大学出版社，1996。

董鉴泓：《中国城市建设史》（第三版），中国建筑工业出版社，2004。

〔奥〕卡米诺·西特：《城市建设艺术》，仲德昆译，东南大学出版社，1990。

〔挪〕诺伯格·舒尔茨：《存在·空间·建筑》，尹培桐译，中国建筑工业出版社，1984。

〔美〕凯文·林奇：《城市意象》，益萍、何晓军译，华夏出版社，2001。

〔挪〕诺伯格·舒尔茨：《场所精神——迈向建筑现象学》，施植明译，田园城市文化事业有限公司，2002。

〔日〕芦原义信：《外部空间设计》，尹培桐译，中国建筑工业出版社，1988。

〔美〕克里斯托弗·亚历山大：《城市设计新理论》，陈治业、童丽萍译，知识产权出版社，2002。

〔美〕罗伯特·克里尔《城市空间》，钟山、秦家濂、姚远编译，同济大学出版社，1991。

〔意〕阿尔多·罗西《城市建筑》，施植明译，博远出版有限公司，1992。

〔德〕格哈德·库德斯：《城市结构与城市造型设计》，秦洛峰、蔡永洁、魏薇译，中国建筑工业出版社，2007。

〔丹麦〕杨·盖尔：《交往与空间》（第4版），何人可译，中国建筑工业出版社，2002。

〔日〕芦原义信：《街道的美学》，尹培桐译，百花文艺出版社，2006。

〔英〕克利夫·芒福汀：《街道与广场》（第2版），张永刚、陆卫东译，中国建筑工业出版社，2004。

〔美〕迈克尔·索斯沃斯、伊万·本-约瑟夫：《街道与城镇的形成》，李凌虹译，中国建筑工业出版社，2006。

〔德〕汉斯·罗易德、斯蒂芬·伯拉德：《开放空间设计》，罗娟、雷波译，中国电力出版社，2007。

蔡永洁：《城市广场》，东南大学出版社，2006。

〔美〕斯皮罗·科斯托夫：《城市的形成》，单皓译，中国建筑工业出版社，2005。

〔美〕斯皮罗·科斯托夫：《城市的组合》，邓东译，中国建筑工业出版社，2008。

〔意〕贝纳沃罗：《世界城市史》，薛钟灵、余靖芝、葛明义等

译，科学出版社，2000

〔美〕刘易斯·芒福德：《城市发展史——起源、演变和前景》，宋俊岭、倪文彦译，中国建筑工业出版社，2005。

梁江、孙晖：《模式与动因——中国城市中心区的形态演变》，中国建筑工业出版社，2007。

张仲礼：《东南沿海城市与中国近代化》，上海人民出版社，1996。

〔美〕施坚雅：《中华帝国晚期的城市》，叶光庭等译，中华书局，2002。

庄林德、张京祥：《中国城市发展与建设史》，东南大学出版社，2002。

杨秉德：《中国近代城市与建筑》，中国建筑工业出版社，1993。

曾昭璇：《广州历史地理》，广东人民出版社，1991。

王晴佳、古伟瀛：《后现代与历史学》，山东大学出版社，2006。

汪晖、陈燕谷：《文化与公共性》，生活·读书·新知三联书店，2005。

〔德〕哈贝马斯：《公共领域的机构转型》，曹卫东等译，学林出版社，1999。

〔美〕保罗·诺克斯、史蒂文·平奇：《城市社会地理学导论》，柴彦威、张景秋等译，商务印书馆，2005。

〔美〕莎朗·佐宗：《城市文化》，包亚明译，上海教育出版社，2006。

李德华：《城市规划原理》（第3版），中国建筑工业出版社，2001。

周进：《城市公共空间建设的规划控制与引导》，中国建筑工业出版社，2005。

王鹏：《城市公共空间的系统化建设》，东南大学出版社，2002。

夏铸九：《公共空间》，艺术家出版社，1994。

于雷：《空间公共性研究》，东南大学出版社，2005。

〔美〕克莱德·克鲁克洪：《文化与个人》，高佳、何红、何维凌译，浙江人民出版社，1986。

〔美〕露丝·本尼迪克特：《文化模式》，王炜等译，生活·读书·新知三联书店，1992。

〔美〕阿摩斯·拉普卜特：《文化特性与建筑设计》，常青、张昕、张鹏译，中国建筑工业出版社，2004。

〔美〕阿摩斯·拉普卜特：《建成环境的意义——非言语表达方法》，黄兰谷等译，中国建筑工业出版社，2003。

〔瑞士〕皮亚杰：《结构主义》，倪连生、王琳译，商务印书馆，1984。

徐崇温：《结构主义与后结构主义》，辽宁人民出版社，1986。

段进、邱国潮：《国外城市形态学概论》，东南大学出版社，2009。

〔意〕阿尔多·罗西：《城市建筑学》，黄士钧译，中国建筑工业出版社，2006。

〔德〕格哈德·库德斯：《城市形态结构设计》，杨枫译，中国建筑工业出版社，2008。

〔美〕凯文·林奇：《城市形态》，林庆怡、陈朝晖、邓华译，华夏出版社，2001。

〔日〕井上徹：《中国的宗族与国家礼制》，钱杭译，上海书店出版社，2008。

赵冈、陈钟毅：《中国经济制度史论》，新星出版社，2006。

王尔敏：《五口通商变局》，广西师范大学出版社，2006。

唐力行：《商人与中国近世社会》，商务印书馆，2006。

梁嘉彬：《广东十三行考》，广东人民出版社，1999。

罗一星：《明清佛山经济发展与社会变迁》，广东人民出版社，1994。

〔荷〕约翰·尼霍夫、（中）包乐史、（中）庄国土：《〈荷使初访中国记〉研究》，厦门大学出版社，1989。

楼庆西：《中国古建筑小品》，中国建筑工业出版社，1993。

龚伯洪：《商都广州》，广东省地图出版社，1999。

《珠江风貌——澳门、广州及香港》，1996。

阿海：《雍正十年：那条瑞典船的故事》，中国社会科学出版社，2006。

曾昭璇等：《广州十三行商馆区的历史地理　广州十三行沧桑》，广东省地图版社，2001。

亨特：《旧中国杂记》，沈正邦译，广东人民出版社，2000。

〔法〕奥古斯特·博尔热：《奥古斯特·博尔热的广州散记》，钱林森等译，上海书店出版社，2006。

马士：《中华帝国对外关系》，三联书店，1957。

〔法〕伊凡：《广州城内》，张小贵、杨向艳译，广东人民出版社，2008。

汤国华：《广州沙面近代建筑群艺术·技术·保护》，博士学位论文，华南理工大学出版社，2004。

汤国华：《岭南历史建筑测绘图选集（一）》，华南理工大学出版社，2004。

杜赫德：《耶稣会士中国书简集——中国回忆录Ⅱ》，大象出版社，2001。

马国贤：《清廷十三年——马国贤在华回忆录》，上海古籍出版社，2004。

陆琦：《广东民居》，中国建筑工业出版社，2008。

广州市越秀区地方志办公室、政协学习文史委员会：《广州越秀古书院概观》，中山大学出版社，2002。

黄海妍：《在城市与乡村之间》，生活·读书·新知三联书店，2008。

荔湾区政协文史委：《荔湾风采》，广东人民出版社，1996。

程天固：《程天固回忆录》，龙文出版社股份有限公司，1993。

朱文一：《空间·符号·城市——一种城市设计理论》，淑馨出版社，1995。

〔美〕巫鸿：《中国古代艺术与建筑中的纪念碑性》，李清泉、郑岩等译，上海人民出版社，2009。

吴庆洲：《建筑哲理、意匠与文化》，中国建筑工业出版社，2005。

任军：《文化视野下的中国传统庭院》，天津大学出版社，2005。

陈旭麓：《近代中国社会的新陈代谢》，上海社会科学院出版社，2006。

卢洁峰：《广州中山纪念堂》，广东人民出版社，2004。

卢洁峰：《黄花岗七十二烈士墓》，广东人民出版社，2004。

赖德霖：《中国近代建筑史研究》，清华大学出版社，2007。

骆伟、骆廷《岭南古代方志辑佚》，广东人民出版社，2002。

张荣明：《权力的谎言——中国传统的政治宗教》，浙江人民出版社，2000。

〔法〕斐迪南·罗特：《古代世界的终结》，王春侠、曹明玉译，上海三联书店，2008。

杨庆堃：《中国社会中的宗教》，上海人民出版社，2007。

孙文：《建国方略》，中州出版社，1998。

〔美〕马克·吉罗德：《城市与人》，郑炘、周琦译，中国建筑工业出版社，2008。

〔日〕针之谷钟吉：《西方造园变迁史——从伊甸园到天然公园》，邹洪灿译，中国建筑工业出版社，2007。

沈玉麟：《外国城市建设史》，中国建筑工业出版社，2002。

广东省立中山图书馆：《旧粤百态》，中国人民大学出版社，2008。

学术期刊：

张富强：《西势东渐与民初广州城市的发展》，《近代史研究》1993 年第 3 期。

杨秉德：《中国近代建筑史分期问题研究》，《建筑学报》1998 年第 9 期。

赖德霖：《从宏观的叙述到个案的追问：近 15 年中国近代建筑史研究评述》，《建筑学报》2002 年第 6 期。

任吉东：《从宏观到微观　从主流到边缘——中国近代城市史研究回顾与展望》，《理论与现代化》2007 年第 4 期。

何一民：《中国近代城市史研究述评》，《中华文化论坛》2000 年第 1 期。

李百浩、韩秀：《如何研究中国近代城市规划史》，《城市规划》2000 年第 12 期。

倪俊明：《广州城市道路近代化的起步》，《广东史志》2002 年第 1 期。

杨颖宇：《近代广州长堤的兴筑与广州城市发展的关系》，《广东史志》2002 年第 4 期。

杨颖宇：《近代广州第一个城建方案缘起经过历史意义》，《学术研究》2003 年第 3 期。

朱晓秋：《近代广州城市中轴线的形成》，《广东史志》2002 年第 1 期。

曾昭璇、曾新、曾宪珊：《广州十三行商馆区的历史地理——我国租界的萌芽》，《岭南文史》1999 年第 1 期。

沈克宁：《重温类型学》，《建筑师》2006 年第 6 期。

陈锋：《城市广场公共空间市民社会》，《城市规划》2003 年第 9 期。

敬海新：《公共领域理论形成的历时态分析》，《黑龙江教育学院学报》2007 年第 2 期。

李佃来：《哈贝马斯市民社会理论探讨》，《哲学研究》2004 年第 6 期。

刘荣增：《西方现代城市公共空间问题研究述评》，《城市问题》2000 年第 5 期。

郑莘、林琳：《1990 年以来国内城市形态研究述评》，《城市规划》2002 年第 7 期。

谷凯：《城市形态的理论与方法》，《城市规划》2001 年第 12 期。

刘志伟：《试论清代广东地区商品经济的发展》，《中国经济史研究》1988 年第 2 期。

司徒尚纪：《从生产分布的历史演变看珠江三角洲与资本主义世界体系的关系》，《中山大学学报》（自然科学版）1992 年第 4 期。

曾新、梁国昭：《广州古城湿地及其功能》，《热带地理》2006 年第 1 期。

徐俊鸣：《广州市区的水陆变迁初探》，《中山大学学报》1978 年第 1 期。

彭长歆：《"铺廊"与骑楼：从张之洞广州长堤计划看岭南骑楼的官方原型》，《华南理工大学学报社科版》2006 年第 6 期。

曾新：《明清时期广州城图研究》，《热带地理》2004 年第 3 期。

黄菊艳：《日本侵粤与广州工业化进程的中断》，《广东社会科学》2005 年第 4 期。

朱晓秋：《近代广州城市中轴线的形成》，《广东史志》2002 年第 1 期。

鲁西奇：《"小国家"、"大地方"：士的地方化与地方社会——读韩明士〈官僚与士绅〉》，《中国图书评论》2006 年第 5 期。

袁洪亮：《中国近代国民性改造思潮研究综述》，《史学月刊》

2000 年第 6 期。

林家有：《孙中山对中国近代化道路的探索》，《人民论坛》2002 年第 7 期。

刘仁坤、刘兴华：《论孙中山国民性改造问题》，《北方论丛》2006 年第 3 期。

马航：《十九世纪的美国城市公共空间》，《规划师》2004 年第 10 期。

金经元：《奥姆斯特德和波斯顿公园系统（上）》，《上海城市管理职业技术学院学报》2002 年第 2 期。

学位论文

彭长歆：《岭南建筑的近代化历程研究》，博士学位论文，华南理工大学，2003。

林冲：《骑楼型街屋的发展与形态的研究》，华南理工大学，2000。

陈建华：《广州山水城市营建及其形态演进的研究》，华南理工大学，2002。

袁粤：《广州越秀传统商市形态与城市设计策略研究》，华南理工大学，2003。

黄立：《广州近代城市规划研究》，武汉理工大学，2002。

龚方文：《广州市荔湾区街道演变的初步研究》，中山大学，2002。

陈晶晶：《1910 至 30 年代广州市政建设——以城区建设为中心》，中山大学，2000。

邢军：《广州明清时期商业建筑研究》，博士学位论文，华南理工大学，2008。

史林杰：《清末民初国民性改造思潮研究》，厦门大学，2002。

吴清：《十六至十八世纪欧洲人笔下的广州》，暨南大学，2005。

电子文献：

"Merriam-Webster Online"，http：∥www. merriam – webster. com/dictionary.

李欧梵、季进：《现代性的中国面孔：从晚清到当代》，http：∥www. 2008red. com/member_ pic _ 56/files/dpoem/html/article _ 6166 _

1. shtml。

杨万翔：《家在广州：四牌楼起源》，http：∥www. ycwb. com/gb/content/2004 − 11/16/content_795827. htm。

卢杰峰：《黄强捐出私家狩猎场建十九路军坟场》，http：∥www. ycwb. com/ePaper/ycwb/html/2009 − 05/10/content_494518. htm。

《广东省志·体育志大事记》，http：∥www. gdsports. net/shengzhi/docc/dajishi/dajishi. htm。

《广州历史照片》，http：∥www. memoryofchina. org/bbs/read. php? tid = 26120，http：∥bbs. ilzp. com/forum − 78 − 1. html，http：∥bbs. voc. com. cn/topic − 1753704 − 1 − 1. html，http：∥www. fotoe. com/sub/100071/5。

学术著作：

Aldo Rossi, *The Architecture of the City* (New York：The MIT Press, 2002)。

Lewis Mumford, *The Culture of Cities* (New York：Harcourt, Brace and Company, 1938)。

M. R. G. Conzen. Alnwick, *Northumberland：A Study in Town-Plan Analysis* (Institute of British Geographers, 1969)。

Rodolphe el-Khoury, Edward Robins, *Shaping the City* (New York：Routledge, 2003)。

Simon Eisner, Stanley A. Eisder, Arthur B. Gallion, *Urban Pattern*, bth edition (New York：John Wiley&Sons, inc, 1993)。

Stephen Carr, Mark Francis, Leanne Rivlin, et al. , *Public Space* (New York：Cambridge University Express, 1992)。

Stephen Carr, Mark Francis, Leanne Rivlin, *Public Space* (New York：Cambridge University Express, 1992)。

Wolfgang Braunfels, *Urban Design in Western Europe* (Chicago：The University of Chicago Press, 1988)。

附　录
清代中后期广州数字地图的绘制

　　清代广州城图的内容基本完备，里面的信息也比较丰富（见附图 1 到附图 3）。但是由于中国文化特点，这些城图没有按照实际比例进行绘制。图中只能确定有哪些街道及其大致的位置，但是这些位置并不准确，不能成为研究清代城市形态的基本依据。清末以来，20 世纪初，出现了按比例绘制的广州城图（见附图 4、附图 5）。德国人绘制于 1907 年的广州城图就是其中一例，但是笔者却无法确定此图的准确程度，而且只根据此图也无法确认当年的城内道路与当今城市中道路的对应关系，没有这种对应关系，就失去了城市发展的连续性，失去了与当代广州的密切联系，清代的广州对于当代的我们来说仍然像是另外一个世界，无法直观的理解清代城市的空间结构。因此笔者需要一个整合了历史与现代道路信息的，具有准确比例形状的清代广州城图。

　　笔者根据《广州城坊志》《羊城古钞》《广州市志》等文字文献中清代城墙、街道相对应的当代城市道路，利用 Google Earth 软件在当前广州城市航拍图中，绘制出具有实际尺寸的清代老城、新城和鸡翼城墙的轮廓，以及城墙内部和东关、西关的主要道路。再把这个地图与 1907 年德国人绘制的广州城图在 Auto CAD 软件中进行叠加，发现二者几乎可以百分之百的重叠。这既验证了清代广州街巷转变为现代道路的情况，也验证了 1907 年地图的准确性。这份道路系统图就成了清代广州城市公共空间形态研究的基础图。在这个图面上，笔者继续按照相关文献以及多个清代城图的记述，调整、增添各种小巷、公共建筑等信息，这份具有实际尺寸的数字化广州城图真实地再现了清代广州城市地图，笔者完全可以据此运用数字定量的分析城市公共空间系统的系列特征，从而构成一系列清代广州城市形态研究图示。

在绘制地图的过程中，其中的街道主要根据《广州城坊志》中对番禺、南海两县的道路情况的记述，并综合清代前期几个地图的信息总结而来。清代前期的地图中，没有将城市中的街道完全描画出来，很多小巷更是没有标示。这也给笔者一个提示，中国古代的地图技术有很多的意向性成分，唯其有这样的成分，笔者也可以将其中的街道算作城中的主要道路，而将那些没有表示出来的街道看作是次要道路。比对《广州城坊志》中对街道名称数量的文字描述，基本上与清前期的城图是对应的，也就是说，文字与地图都表明这些道路是主要道路。实际的城市地图中，这些道路都可以连贯的穿越几个街区，因此，这些道路就成为清代广州城市地图中的主要道路。

虽然笔者没有 18 世纪中叶以后准确的地图，不过，并不阻碍清代中期城市的研究。清顺治八年（1651），广州被藩王尚可喜、耿继茂攻占，两藩大肆屠杀无辜，以至十室九空。两藩"官兵悉居城内，官衙民舍迁移城外。"当时的城内必然街道空旷，居民稀少。康熙二十二年（1683），清政府重新掌握广州，"自归德门内大街以西驻兵，以东处民，兵民各有攸处，官署民居悉还城内，劝谕招徕，经年始定"①。由此可见，1683 年以后，广州的城市发展才逐步走上正轨。当时城中必然有很多空地，既有屠城留下的空住宅，也有两藩撤走之后原来的军事设施、宅院府邸空地。经过近 80 年的发展，18 世纪中后期广州城内的建设逐渐饱和，也促使广州向城外的南面、东面新兴地方扩展。因此可以认为，广州内城，在 18 世纪中后期以后逐渐进入一个稳定发展的时期，街巷道路公共空间网格形成，直到清末没有大的变化，笔者也就可以根据清末时期广州城图来推断 1759 年至 1840 年广州城内的公共空间情况。民国时期按比例绘制的城图就比较多了，笔者就可以继续改绘清末地图以得到民国数字地图。

---

① （清）黄佛颐：《广州城坊志》，广东人民出版社，1994，第 8 页。

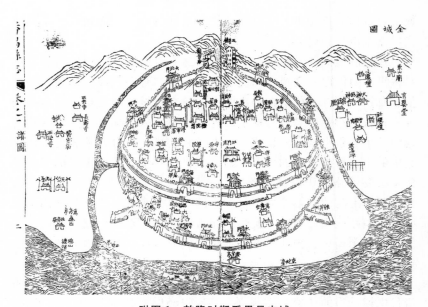

附图 1　乾隆时期番禺县志城

资料来源：任果修：《番禺县志》，清乾隆三十九年（1774）。

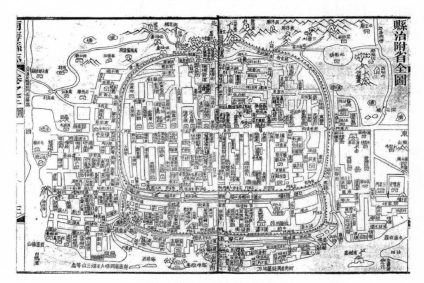

附图 2　道光十五年南海县志城

注：清道光十五年（1835）修、同治八年（1869）重修。

资料来源：潘尚楫：《南海县志》。

附图 3　1900 年粤东省城

资料来源:《粤东省城图》, 羊城澄天阁点石书局, 光绪二十六年 (1900)。

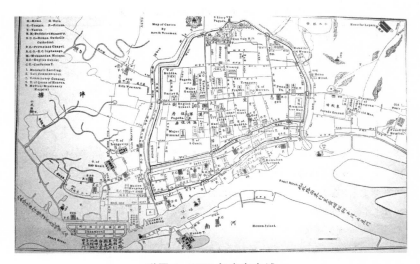

附图 4　1890 年广东省城

资料来源:西方人所绘, 原图藏于国家图书馆。

附图 5　1907 年广东省城内外情况

资料来源：德国营造师舒乐测绘，光绪三十三年（1907），省立中
山图书馆。

附表 1　清代中后期广州的牌坊情况

编号	坊名	旌表纪念人物	地点
1	大司寇坊	刑部尚书陈道	番禺直街
2	百岁坊	黄天球	秉政街南街
3	贞节坊	李天祐妻马氏	大塘街
4	贞节坊	舒尚孟妻殷氏	仓边街
5	旌表节孝坊	宋钊之妻曾氏	史巷
6	旌表节孝坊	许其光妻顾氏	状元桥高阳里
7	旌表贞洁坊	曾观祐妻陆氏	卫边街
8	逸士坊	少詹黄佐、父亲黄畿	双槐洞贡院右
9	贞节坊	张以民妻党氏	小北门直街
10	大司成坊	祭酒黄佐	承宣街（双门底）
11	榜眼坊	刘存业	承宣街（双门底）
12	会元宰辅坊	梁储	承宣街（双门底）
13	甲辰进士坊	李待问、郭尚宾、吴光龙、关骥	承宣街（双门底）

编号	坊名	旌表纪念人物	地点
14	七宿经天坊	黄士俊、韩日缵	承宣街（双门底）
15	癸丑进士坊	霍化鹏、陈国章	承宣街（双门底）
16	辛丑进士坊	刘士斗、杨邦翰、邓务忠	承宣街（双门底）
17	亮天元弼圣朝硕辅坊	内阁何吾驺	承宣街（双门底）
18	太子宾客宗伯学士坊	尚书王宏海	承宣街（双门底）
19	进士同科坊	乙未、戊戌、庚戌、癸丑	承宣街（双门底）
20	己未进士坊	陈子壮等	承宣街（双门底）
21	父子存问坊	大学士黄士俊	承宣街（双门底）
22	鼎元台辅坊	黄士俊	承宣街（双门底）
23	兄弟进士坊	涂瑾、涂瑞	仙湖街
24	进士坊	涂瑾	仙湖街
25	惠爱坊		四牌楼
26	孝友坊		西牌楼
27	忠贤坊		西牌楼
28	贞烈坊		四牌楼
29	熙朝元老坊	梁储等	忠贤坊（四牌楼）
31	盛世直臣坊	海瑞	忠贤坊（四牌楼）
32	大学士坊	方献夫	忠贤坊（四牌楼）
33	总揆百僚承恩五代坊	礼部尚书何雄祥	忠贤坊（四牌楼）
34	父子会元坊	陈麟、陈密	忠贤坊（四牌楼）
35	乙丑进士坊	李觉斯、梁士济	忠贤坊（四牌楼）
36	戊辰进士坊	梁衍泗等	忠贤坊（四牌楼）
37	百岁恩荣坊	知府张断先	忠贤坊（四牌楼）
38	银台坊	通政参议张翊	忠贤坊（四牌楼）
39	奕世台光熙朝人瑞坊	内阁黄士俊、祖黄廷机、父黄镐	忠贤坊（四牌楼）
40	进士坊	毕廷琪	早亨坊（南海县署）
41	尚书都宪坊	戴缙	早亨坊（南海县署）
42	贞烈坊	陈南妻戴氏等55人	将军前
43	旌表贞节坊	指挥使王俊妻于氏	将军前
44	父子及第坊	修撰伦文叙、榜眼伦以训	将军前贞烈坊
45	兄弟进士坊	伦以凉、以训、以铣	贞烈坊
46	辛丑进士坊	冯奕垣等	贞烈坊

编号	坊名	旌表纪念人物	地点
47	青宫保相坊	尚书霍韬	朝天街
48	硕辅名儒文章经济坊	尚书霍韬	朝天街
49	会元坊	己未科伦文叙	学宫街（南海县学左）
50	旌表贞节坊	陈恒庆妻赵氏	蒲宜人巷
51	太宰宗伯坊	方献夫	大市街
52	清朝柱石坊	尚书何维柏	大市街
53	贞烈流芳坊	王命召妻滕氏	大市街
54	贞节坊	大参谢云虬母何氏	仙羊街
55	兄弟进士坊	熊孟芳、熊季方	南濠街
56	贞节坊	李宗妻萧氏	纸行街
57	九牧书香坊	林诚通	诗书街
58	贞节坊	冯文俊妻陈氏	诗书街
59	旌表贞节坊二	章京徐开母周氏、金有库妻白氏	资德里
60	贞节坊	张以民妻党氏	大北门（内）
61	大京兆坊	府尹陈锡	清宁里（西门）
62	进士坊	黄簴	大巷口（官渡头）
63	父子兄弟进士坊	张璠、张翊、张诩	小市街
64	壬戌进士坊	蒙沼、郭橐、张廷臣等	小市街
65	三阶复始六华重光坊	尚书陈子壮	小市街
66	百岁坊	番禺罗献等	小市街
67	挺秀坊	张璠	石亭巷
68	贞节坊	方存黄妻谭氏	状元坊
69	贞烈坊	崔赵氏	西门外第五甫

资料来源：根据《广州城坊志》和《羊城古钞》中的相关记载整理。

附表 2　广州市民国 35 年（1946）商业分布情况

单位：间

街道	商业类型及间数
十三行	金银 4、进出口 2
故衣街	金银 3
太平南路	金银 5、糖面杂粮 3、进出口 14、旅业 4、中西药品 1、医生 3、卷烟业 2、纸张文具 1、花纱 1、杂货 1、汽车租赁 1、餐饮 4

续表

街道	商业类型及间数
抗日东	金银 2、糖面杂粮 2、进出口 3、五金电器 1、餐饮 1
梯云东	金银 2、旅业 1
上九路	金银 1
新豆栏	金银 1
六二三路	谷米 12、糖面杂粮 5、进出口 12、鲜鱼 2、饼食罐头 1
东堤	谷米 11、进出口 2
一德路	糖面杂粮 35、进出口 9、中西药品 2、纸张文具 8、鲜果 5、饼食罐头 2、餐饮 2
越秀南路	糖面杂粮 1、进出口 2
天成路	糖面杂粮 2、进出口 2、卷烟业 1、纸张文具 3、杂货 1、饼食罐头 1
光复南路	糖面杂粮 1、进出口 2、中西药品 3
珠玑路	糖面杂粮 1
桨栏路	糖面杂粮 1、进出口 3、中西药品 2、杂货 1、五金电器 1
海珠南路	糖面杂粮 1、进出口 1、卷烟业 4
紫薇街	糖面杂粮 1
大新路	糖面杂粮 2、进出口 1、卷烟业 1、纸张文具 4、杂货 1
杉木栏	糖面杂粮 6、进出口 1、卷烟业 1、纸张文具 2
长堤	糖面杂粮 2、进出口 6、旅业 5、卷烟业 3、杂货 2、汽车租赁 2、饼食罐头 1、餐饮 4
仁济路	糖面杂粮 4、进出口 2、建筑家具 1、汽水啤酒 1
西濠二马路	糖面杂粮 1、进出口 2、旅业 1、杂货 1
靖海二马路	糖面杂粮 1
惠爱东	糖面杂粮 1、旅业 2、建筑家具 14、中西药品 2、医生 2、杂货 1、五金电器 1、饼食罐头 4、餐饮 12
盐亭东西街	糖面杂粮 2、进出口 1
大德路	糖面杂粮 1
叢桂路	糖面杂粮 1、进出口 2、卷烟业 1、杂货 1
西堤大马路	进出口 4、杂货 1
西堤二马路	餐饮 2
杨巷	进出口 1、土布 11、五金电器 1

续表

街道	商业类型及间数
维新路	进出口2、建筑家具2、汽水啤酒3、杂货1、五金电器1、餐饮2
杨仁新街	进出口1
德兴路	进出口1
联兴路	进出口1、中西药品1
万福路	进出口1
中华南路	进出口1
中华中路	餐饮1、建筑家具11
潮音横街	进出口1
惠爱中、西路	旅业3、建筑家具13、中西药品3、医生3、汽水啤酒1、杂货3、五金电器5、影像7、饼食罐头8、餐饮16、
公园路	旅业1
白云路	旅业2
文明路	旅业1、建筑家具2
惠福东	旅业2、建筑家具3
惠福西	五金电器1、餐饮1
靖远路	旅业1
西湖路	建筑家具3
广卫路	建筑家具2
教育路	建筑家具2、五金电器1
芳草街	建筑家具1、饼食罐头1
东华西路	建筑家具5
越秀南路	建筑家具3、五金电器1、鲜果业1
德政路	建筑家具1
新民路	建筑家具8、杂货1、汽车租赁1
汉民路	建筑家具15、中西药品3、纸张文具6、杂货4、五金电器4、五金电器5、影像2、汽车租赁1、饼食罐头1、餐饮9
昌兴街	建筑家具26
广大路	建筑家具2、餐饮2
小北路	医生2、汽水啤酒1、饼食罐头1
光复中、南路	土布3、花纱1、五金电器3、饼食罐头1

续表

街道	商业类型及间数
龙津中路	花纱 1
上九路	杂货 1、玻璃镜 1
大德路	五金电器 3
恩宁路	汽车租赁 1、餐饮 1
大南路	汽车租赁 1
东沙角	鲜果业 3
挹翠路	鲜果业 4
凤安街	饼食罐头 2
西濠口	餐饮 2
荔枝湾	餐饮 4

资料来源：何国华：《商业年鉴》，广州市商会商业年鉴出版委员会，1946，第 1 ~ 26 页。

附表3　民国时期广州道路建设情况

单位：年，米

道路名称	年份	路长	路宽	备注
东沙路	1907	2550	11 ~ 33	1921 年改为先烈南路与先烈中路
烟墩路	1907	300	9	因烟墩岗得名
培正路	1907	371	7.4	建培正中学而建
龟岗大马路	1915	185	9	
龟岗一、二、三、四、五马路	1915	分别长 110、100、95、80、103	分别宽 3.1、4.5、4.9、4.9、4	东山新开辟住宅区，龟岗小区马路
白云路	1915 ~ 1925	960	45	当时最宽马路
署前路	1916	237	11	
启明大马路	1918	200	5.3	
启明一、二、三、四马路	1918	分别长 88、139、101、100	分别宽 5.9、6.5、5.9、5.4	东山启明住宅小区马路
合群小区马路	1918	129 ~ 430 不等	5 ~ 7 不等	

续表

道路名称	年份	路长	路宽	备注
广九大马路	1918	162	17	近广九车站
越秀中、南路	1918	450、770	14、10.5	拆东城墙而建
文德路	1918	630	15	拆府学东街而建
文德南路	1918	470	11	拆珠光通津及三水码头大街
禺山路	1918	89	12	扩育贤坊连关帝庙前广场
盘福路	1918	527	32	拆广州西北城墙墙基建
上九路	1918	330	17	扩上九甫建成
下九路	1918	417	17	扩下九甫建成
第十甫路	1918	460	18	在第十甫建成马路
珠光路	1918～1920	537	11	拆珠光里而建
东铁桥马路	1918～1922	63	7～10	
东园路	1918～1920	280	8	近东园
新河浦路	1918～1920	620	5.5	扩新河浦街而建
恤孤院路	1918～1920	375	7	为华侨住宅小区配套而建
惠爱中路	1919	637	16	扩展惠爱四约、五约、六约建成，1948年改为中山路
惠爱西路	1919	767	16	扩展惠爱首约、二约、三约成
惠爱东路	1919	1000	15	开惠爱东街建成
惠福东路	1919	280	12	拆寺前街、惠福巷等建成
惠福西路	1919	1125	12	拆早亨坊、大市街、安义街
万福路	1919	864	16	拆新城城墙和万福里而建
维新路	1919	525	27	多穿越清代衙门内空地拆建，当时广州最宽马路
泰康路	1919	454	16	拆新城城墙建
越秀北路	1919	603	7	拆城建路，因此路可北上越秀山，故名
长庚路	1919	2323	27	原为西城西面城墙墙基，今为人民北路南段
丰宁路	1919	695	21～30	拆城基建，今为人民中路
太平南路	1919	820	32	拆鸡翼城并填平西濠筑路

道路名称	年份	路长	路宽	备注
永汉路	1919	1252	16	清代由北而南依次为承宣直街、双门底、雄镇直和永清街等
美华路	1920	94～26不等	大于5.4	因美华书局而定名
德宣路	1920	1488	28	拆德宣街、太平街、二牌楼、天官里扩建而成，今东风中路
南堤大马路	1920	875	10～12	今为沿江中路（西段）
越华路	1920	577	13	拆司后街扩为路
大南路	1920	294	12.2	拆城开路，因大南门处而名
官禄路	1920	294	9	拆官禄巷扩建，今为观绿路
维新横路	1920	47	12	新城城墙内空地
一德路	1920	1150	15～17	拆新城城基建
长堤大马路	1920	710	12	
南堤大马路	1920	125	12～13	今为沿江中路
仓边路	1920	534	16	扩建仓边街成路
正南路	1920	204	7.8	扩建正南街
广仁路	1920	158	20	
广大路	1920	172	12	拆广州府署开为马路
吉祥路	1920	943	15	扩阔莲塘街、洛城街、卫边街和厚玉街
连新路	1920	544	15	扩建连新街而成
西堤二马路	1920	414	20	在西堤大马路后侧新建
大德路	1921	1163	16	拆城墙建为马路，因有归德门，故名
大东路	1921	772	15	原为正东门大街，1948年改为中山路
仁济路	1921	400	8	拆仁济大街建
仁济西路	1921	128	6	原为濠涌
带河路	1921	575	10	扩带河基、晚景大街等建成
文明路	1922	925	16	拆老城南城墙
均益路	1923	220	5.5	
德星路	1924	865	8	扩德星里、长寿直街建成
西濠二马路	1924	125	9	因当西濠口而得名

续表

道路名称	年份	路长	路宽	备注
中山公路	1924	13000	11	
百子路	1925	960	12～13.5	大东路向东拓建而成，1948年改为中山路
东川路	1925	610	14	因近川龙口得名
广卫路	1925	315	15	拆通广州府后院及左、右卫建马路
中山公路	1925	6100	6	西段扩为现今的中山一路
十三行路	1925	315	12	
六二三路	1925	1417	25	原名沙基，南对沙面
净慧路	1925～1928	284	15	拆净慧街、西营巷建
达道路	1925～1930	1200	7	开水田菜地而建成
光复南路	1926	375	12	扩建打铜街成路
三育路	1926	465	6	因教会三育中学得名
东沙角路	1927	290	14	建于东沙角沙滩地
小北路	1927	1023	13～20	扩建小北直街而成
十八甫北、南路	1927	170、310	19	扩十八甫街北段建为北路，拆扩福德里、菜栏街为南路
豪贤路	1928	820	12	扩建古濠弦街而成
执信南路	1928	900	6.5	因执信女中得名
珠玑路	1928～1929	458	13	拆珠玑巷和三角市大巷建
法政路	1929	475	15	清法政学堂所在
东华东路	1929	875	11	拆紫来、前鉴两街而建
西湾路	1929	1800	12	原广雅中学至西樵石板路
西增路	1929	1020	8	西村至增埗的大路
寺右新马路	1930	1300	7	拆寺右大街而建
德政路	1930	德政北589 德政中675 德政南500	德政北12 德政中10 德政南11	原为番禺县前直街——德政街
禺东路	1930	一路27、二路40、三路54	各宽3～5	拆番禺县署建成
禺西路	1930	35	5	拆番禺县署建成

道路名称	年份	路长	路宽	备注
广德路	1930	328	6	清将军府前部地
广德北路	1930	32	8	
瑞南路	1930	393	5	将军府地建房时筑
农林上路	1930	410	5.6	猫儿岗坡上因农林试验场
中华北路	1930	2908	33	扩建大北直街而成，今名解放北路
中华中路	1930	554	16	扩建四牌楼街，今为解放中路
中华南路	1930	405	15	扩展小市街，今为解放南路
靖海路	1930	179	22	扩展靖海门外靖海直街建成骑楼式马路
惠吉东、西路	1930	156	5.3、8	清代右都统署地建成
光孝路	1930	340	9	扩建光孝街而成
同乐路	1930	47	7	因有广州警察同乐会（今广州日报社址）而得名
龙津中路	1930	650	16	拆上龙津、龙津首约和二约、三圣社建成
多宝路	1930～1932	1390	18	扩建多宝大街和宝庆新街为多宝路
大新路	1931	1106	11	清末大新街
府前路	1931	203	11	建广州市政府署于中央公园北，并同时建路
泰来路	1931	170	7	官舍区
天成路	1931	398	9	扩建天平街筑成
恩宁路	1931	1115	18	拆十一甫、恩宁东约、恩宁市建成马路
光复中路	1931	595	13	扩第六甫、第七甫、第八甫
光复北路	1931	835	12	扩第三、四、五甫建成
长寿东路	1931	407	13	拆第七甫水脚、大巷、华光庙前街、长寿新街建成
长寿西路	1931	238	13	拆福星街、永兴大街、永华坊、宝华正街、汝南洲建成
文昌南路	1931	524	12	拆文昌巷建成

续表

道路名称	年份	路长	路宽	备注
文昌北路	1931	688	12	拆宝华正街、福寿巷、五福巷等狭巷区建成
华贵路	1931	663	13	扩华贵街、观澜街建成
十八甫路	1931	375	12	扩十八甫街，并入十七甫部分为路
大同路	1931	470	12	拆观音大巷乐燕社、同德街建
丛桂路	1931	735	13	拆芽菜巷、三界庙前、宁溪大街、梯云桥、梯云上街等建成
蓬莱路	1931	342	13	拆蓬莱西约、蓬莱新街建成
梯云东路	1931	465	12	拆蓑衣街、梯云桥建成
和平西路	1931	604	13	拆荣华西、毓秀坊、三板桥、十三甫和十二甫东约部分建成马路
和平东路	1931	321	12	拆普济桥宁远坊、登龙街、兴隆东街、兴隆西街建成
和平中路	1931	383	9	拆鸡栏孖庙、拱日门、旧豆栏、荣华东建成
桨栏路	1931	302	13	
宝华路	1931～1933	770	11	扩展十五甫和宝华中约、宝华市建成
西湖路	1932	461	13	扩展西湖街建成
东华西路	1932	838	11	拆文明里、复兴里等而建
广中路	1932	173	7	拆清光绪时广州府中学堂（1913年称广府中学）建
竹丝岗马路	1932	80～46不等	3.6～5不等	开发住宅区环竹丝岗筑成
新堤大马路	1932	1670	11－20	今为沿江西路
教育路	1932	487	15	扩展观莲街，穿学署地入书坊街建成
回龙路	1932	127	12	路北旧有横跨玉带濠的回龙桥而得名
将军东（西）路	1932	393	5.3	清将军府内巷兴建

续表

道路名称	年份	路长	路宽	备注
新堤一、二、三横路	1932	30、67、67	10、15、15	筑新堤时建
海珠北路	1932	615	10	拆官塘街、窦富巷扩建为海珠北路
海珠中路	1932	890	10	利用西濠街及其东侧南濠洼地（渠道）、仙羊街筑成
海珠南路	1932	780	10	拆板箱巷、油栏门及油栏通津筑成
纸行路	1932	488	9	扩建纸行街和南段木牌坊
宝源路	1932	542	12	扩建宝逢大街成路
逢源路	1932	660	17	扩建逢源东街成路
诗书路	1932	429	8	扩建诗书街而成
杉木栏路	1932	397	8	拆高华里的杉木栏建马路
杨巷路	1932	320	12	改清代街道杨巷（一名羊巷）为马路
禺东西路	1932	660	9	
湛塘路	1933	204	9	
百灵路	1933	311	10	扩建百灵街（一名北城街）
西华路	1933	1600	18	扩建万善里、连桂坊、宜民市（移民市）为路
十九路军坟场路	1933	2000	6	今为水荫路
荔湾路（东）	1934			
石牌公路	1934		6	先烈路至石牌一段
东皋大道	1934	240	5	
光塔路	1934	493	9	扩光塔街、大纸街建成
朝天路	1934	310	10	扩展朝天街而成
米市路	1934	187	10	扩米市街建成
迎宾路	1935	120	3.2	以清代大茶巷拆建修成
光孚路	1935	210	7	官舍区
原道路	1935~1937	280	8	－

道路名称	年份	路长	路宽	备注
六榕路	1937	528	12	扩建花塔街而成
德坭路	1937	3100	30～40	今为东风西路
校场路		570	6	为清北演武场所在地
公园路		203	15	清巡抚部院前空地

致　谢

　　本书是在我的博士论文基础上修改而成的，论文写作的道路充满艰辛，在老师、同学、朋友、同事、家人的指引和帮助下，我才得以完成写作。

　　首先衷心感谢我的导师——孙一民先生的关怀和指导。在论文的选题、写作、修改和答辩过程中，孙一民先生都为我指明方向，不倦教诲，给予了大量的支持和帮助。先生治学严谨的作风、精益求精的要求、丰富广博的学识和精辟独到的见解都让我受益匪浅，跟随先生学到的东西，必将成为我终身的财富。

　　其次感谢吴庆洲老师、陆琦老师、田银生老师、郭谦老师和汤朝晖老师在预答辩过程中对论文所提的宝贵意见，以及论文校外评审专家所提的中肯建议，是他们的真知灼见让论文更加完善。

　　再次感谢王璐、汪奋强、周毅刚、江宏、孙永生等同学的关心和建议，特别是师弟孙永生在答辩过程中对我的帮助，使我顺利完成了答辩的各项任务。

　　论文的最终完成还得益于很多同事和良师益友给我的帮助和指导，不能一一尽数，在此一并感谢！

　　最后要感谢我的家人，他们的无私奉献和关爱是我在求知路上坚持前行的动力！

图书在版编目（CIP）数据

广州城市公共空间形态及其演进：1759－1949／周祥著. -- 北京：社会科学文献出版社，2019.8
（羊城学术文库）
ISBN 978－7－5201－4300－4

Ⅰ．①广… Ⅱ．①周… Ⅲ．①城市空间－公共空间－研究－广州－1759－1949 Ⅳ．①TU984.265.1

中国版本图书馆 CIP 数据核字（2019）第 028273 号

·羊城学术文库·

广州城市公共空间形态及其演进（1759~1949）

著　　者／周　祥

出 版 人／谢寿光
责任编辑／张建中
文稿编辑／朱子晔

出　　版／社会科学文献出版社·社会政法分社（010）59367156
　　　　　　地址：北京市北三环中路甲 29 号院华龙大厦　邮编：100029
　　　　　　网址：www.ssap.com.cn
发　　行／市场营销中心（010）59367081　59367083
印　　装／三河市尚艺印装有限公司

规　　格／开　本：787mm×1092mm　1/16
　　　　　　印　张：22.5　字　数：352 千字
版　　次／2019 年 8 月第 1 版　2019 年 8 月第 1 次印刷
书　　号／ISBN 978－7－5201－4300－4
定　　价／118.00 元

本书如有印装质量问题，请与读者服务中心（010－59367028）联系